工程量清单计价编制快学快用系列

水暖工程清单计价编制快学快用

本书编写组 编

中国建材工业出版社

图书在版编目(CIP)数据

水暖工程清单计价编制快学快用/《水暖工程清单计价编制快学快用》编写组编. —北京:中国建材工业出版社,2014.7
(工程量清单计价编制快学快用系列)
ISBN 978-7-5160-0803-4

Ⅰ.①水… Ⅱ.①水… Ⅲ.①给排水系统—建筑安装—工程造价—基本知识 ②采暖设备—建筑安装—工程造价—基本知识 Ⅳ.①TU723.3

中国版本图书馆 CIP 数据核字(2014)第 071900 号

水暖工程清单计价编制快学快用
本书编写组 编

出版发行:中国建材工业出版社
地　　址:北京市西城区车公庄大街 6 号
邮　　编:100044
经　　销:全国各地新华书店
印　　刷:北京紫瑞利印刷有限公司
开　　本:850mm×1168mm　1/32
印　　张:14.5
字　　数:446 千字
版　　次:2014 年 7 月第 1 版
印　　次:2014 年 7 月第 1 次
定　　价:38.00 元

本社网址:www.jccbs.com.cn　　微信公众号:zgjcgycbs
本书如出现印装质量问题,由我社营销部负责调换。电话:(010)88386906
对本书内容有任何疑问及建议,请与本书责编联系。邮箱:dayi51@sina.com

内 容 提 要

本书根据《建设工程工程量清单计价规范》(GB 50500—2013)和《通用安装工程工程量计算规范》(GB 50856—2013),紧扣"快学快用"的理念进行编写,全面系统地介绍了水暖工程工程量清单计价的基础理论和方式方法。全书主要内容包括水暖工程施工图识读、水暖工程工程量清单及计价、水暖工程量清单计价取费、水暖工程工程量计算、水暖工程索赔、合同价款管理等。

本书内容丰富实用,可供水暖工程造价编制与管理人员使用,也可供高等院校相关专业师生学习时参考。

水暖工程清单计价编制快学快用

编 写 组

主　　编： 张微笑

副主编： 蒋林君　刘伟娜

编　　委： 李建钊　吴　薇　王秀珍　王艳丽
　　　　　　张　娜　范　迪　刘海珍　贾　宁
　　　　　　孙世兵　聂广军　崔奉卫　秦礼光

前 言

工程造价是工程建设的核心之一,也是市场运行的重要内容,建筑市场存在着许多不规范的行为,大多数与工程造价有直接联系。工程量清单计价是建设工程招标投标中,按照国家统一的工程量清单计价规范及相关工程国家计量规范,由招标人提供工程数量,投标人自主报价,经评审低价中标的工程造价计价模式。采用工程量清单计价有利于发挥企业自主报价的能力,同时也有利于规范业主在工程招标中的计价行为,有效改变招标单位在招标中盲目压价的行为,从而真正体现公开、公平、公正的原则,反映市场经济规律。

2012 年 12 月 25 日,住房和城乡建设部发布了《建设工程工程量清单计价规范》(GB 50500—2013)及《房屋建筑与装饰工程工程量计算规范》(GB 50854—2013)等 9 本工程量计算规范。这 10 本规范是在《建设工程工程量清单计价规范》(GB 50500—2008)的基础上,以原建设部发布的工程基础定额、消耗量定额、预算定额以及各省、自治区、直辖市或行业建设主管部门发布的工程计价定额为参考,以工程计价相关的国家或行业的技术标准、规范、规程为依据,收集近年来新的施工技术、工艺和新材料的项目资料,经过整理,在全国广泛征求意见后编制而成的,于 2013 年 7 月 1 日起正式实施。

《工程量清单计价编制快学快用系列》丛书即以《建设工程工程量清单计价规范》(GB 50500—2013)和《房屋建筑与装饰工程工程量计算规范》(GB 50854—2013)、《通用安装工程工程量计算规范》(GB 50856—2013)、《市政工程工程量计算规范》(GB 50857—2013)、《园林绿化工程工程量计算规范》(GB 50858—2013)等计价计量规范为依据编写而成。本套书共包含以下分册:

1. 《建筑工程清单计价编制快学快用》

2.《装饰装修工程清单计价编制快学快用》
3.《水暖工程清单计价编制快学快用》
4.《建筑电气工程清单计价编制快学快用》
5.《通风空调工程清单计价编制快学快用》
6.《市政工程清单计价编制快学快用》
7.《园林绿化工程清单计价编制快学快用》
8.《公路工程清单计价编制快学快用》

本套丛书主要具有以下特色：

(1) 丛书的编写严格参照 2013 版工程量清单计价规范及相关工程现行国家计量规范进行编写，对建设工程工程量清单计价方式、各相关工程的工程量计算规则及清单项目设置注意事项进行了详细阐述，并细致介绍了施工过程中工程合同价款约定、工程计量与价款支付、索赔与现场签证、工程价款调整、工程计价争议处理中应注意的各项要求。

(2) 丛书内容翔实、结构清晰、编撰体例新颖，在理论与实例相结合的基础上，注重应用理解，以更大限度地满足实际工作的需要，增加了图书的适用性和使用范围，提高了使用效果。

(3) 丛书直接以各工程具体应用为叙述对象，详细阐述了各工程量清单计价的实用知识，具有较高的实用价值，方便读者在工作中随时查阅学习。

丛书在编写过程中，参考或引用了有关部门、单位和个人的资料，得到了相关部门及工程造价咨询单位的大力支持与帮助，在此表示衷心感谢。限于编者的学识及专业水平和实践经验，丛书中难免有疏漏或不妥之处，恳请广大读者指正。

编　者

目 录

第一章 水暖工程施工图识读 …………………………………… (1)

第一节 水暖工程施工图识读基础 ………………………… (1)
一、图纸幅面及编排顺序 …………………………………… (1)
二、图线 ……………………………………………………… (4)
三、比例 ……………………………………………………… (5)
四、标高 ……………………………………………………… (5)

第二节 室内给排水工程施工图识读 ……………………… (11)
一、室内给水系统简介 ……………………………………… (11)
二、室内排水系统简介 ……………………………………… (14)
三、室内给排水工程施工图识读 …………………………… (18)

第三节 采暖工程施工图识读 ……………………………… (21)
一、室内采暖系统简介 ……………………………………… (21)
二、采暖系统施工图识读 …………………………………… (31)

第二章 水暖工程工程量清单及计价 ………………………… (34)

第一节 工程量清单计价概述 ……………………………… (34)
一、实行工程量清单计价的目的和意义 …………………… (34)
二、2013版清单计价规范简介 ……………………………… (36)

第二节 工程量清单计价相关规定 ………………………… (38)
一、计价方式 ………………………………………………… (38)
二、发包人提供材料和机械设备 …………………………… (40)
三、承包人提供材料和工程设备 …………………………… (40)
四、计价风险 ………………………………………………… (41)

第三节　工程量清单编制 …………………………………… (42)
一、一般规定 ………………………………………………… (43)
二、工程量清单编制依据 …………………………………… (43)
三、工程量清单编制原则 …………………………………… (43)
四、工程量清单编制内容 …………………………………… (44)
五、工程量清单编制标准格式 ……………………………… (51)
六、水暖工程工程量清单编制示例 ………………………… (67)

第四节　水暖工程招标与招标控制价编制 ………………… (79)
一、水暖工程招标概述 ……………………………………… (79)
二、招标控制价的编制 ……………………………………… (85)
三、招标控制价编制标准格式 ……………………………… (89)
四、水暖工程招标控制价编制示例 ………………………… (96)

第五节　水暖工程投标与投标报价编制 …………………… (112)
一、水暖工程投标概述 ……………………………………… (112)
二、投标报价的原则 ………………………………………… (115)
三、投标报价的编制 ………………………………………… (115)
四、投标报价的竞争力 ……………………………………… (118)
五、投标报价的策略与技巧 ………………………………… (120)
六、投标报价编制标准格式 ………………………………… (125)
七、水暖工程清单投标报价编制示例 ……………………… (129)

第六节　水暖工程竣工结算编制 …………………………… (146)
一、一般规定 ………………………………………………… (147)
二、竣工结算编制与复核 …………………………………… (147)
三、竣工结算价编制标准格式 ……………………………… (149)
四、水暖工程竣工结算编制示例 …………………………… (163)

第七节　水暖工程造价鉴定 ………………………………… (180)
一、一般规定 ………………………………………………… (181)
二、取证 ……………………………………………………… (182)
三、鉴定 ……………………………………………………… (183)

四、造价鉴定标准格式 ……………………………………… (184)

第三章　水暖工程工程量清单计价取费 …………………… (187)

第一节　建筑安装工程费用组成与计算 ……………………… (187)
　　一、建筑安装工程费用组成 …………………………………… (187)
　　二、建筑安装工程费用计算方法 ……………………………… (194)
　　三、工程计价程序 ……………………………………………… (199)

第二节　水暖工程清单计价取费费率 ………………………… (202)
　　一、水暖工程施工技术措施费 ………………………………… (202)
　　二、水暖工程施工组织措施费费率 …………………………… (202)
　　三、水暖工程企业管理费费率 ………………………………… (202)
　　四、水暖工程利润 ……………………………………………… (203)
　　五、水暖工程规费费率 ………………………………………… (203)
　　六、水暖工程税金费率 ………………………………………… (203)

第三节　水暖工程清单计价取费工程类别划分标准 ………… (204)
　　一、水暖工程取费工程类别划分 ……………………………… (204)
　　二、水暖工程类别划分说明 …………………………………… (204)

第四章　水暖工程工程量计算 ………………………………… (206)

第一节　给排水、采暖、燃气管道 …………………………… (206)
　　一、管道工程概述 ……………………………………………… (206)
　　二、关于管道界限的划分 ……………………………………… (212)
　　三、给排水、采暖、燃气管道工程量计算 …………………… (213)
　　四、给排水、采暖、燃气管道工程量计算注意事项 ………… (236)

第二节　支架及其他 …………………………………………… (236)
　　一、支架及其他工程量计算 …………………………………… (236)
　　二、支架及其他工程量计算注意事项 ………………………… (243)

第三节　管道附件 ……………………………………………… (244)
　　一、管道附件概述 ……………………………………………… (244)

二、管道附件工程量计算 …………………………………… (252)
　　三、管道附件工程量计算注意事项 ………………………… (276)
第四节　卫生器具 …………………………………………………… (276)
　　一、卫生器具简介 …………………………………………… (276)
　　二、卫生器具工程量计算 …………………………………… (278)
　　三、卫生器具安装工程量计算注意事项 …………………… (314)
第五节　供暖器具 …………………………………………………… (315)
　　一、散热器简介 ……………………………………………… (315)
　　二、供暖器具工程量计算 …………………………………… (322)
　　三、供暖器具工程量计算注意事项 ………………………… (336)
第六节　采暖、给排水设备 ………………………………………… (336)
　　一、采暖、给排水设备工程量计算 ………………………… (336)
　　二、采暖、给排水设备工程量计算注意事项 ……………… (357)
第七节　燃气器具及其他 …………………………………………… (358)
　　一、燃气器具及其他工程量计算 …………………………… (358)
　　二、燃气器具及其他工程量计算注意事项 ………………… (379)
第八节　医疗气体设备及附件 ……………………………………… (379)
　　一、医疗气体设备及附件工程量计算 ……………………… (379)
　　二、医疗气体设备及附件工程量计算注意事项 …………… (384)
第九节　采暖、空调水工程系统调试 ……………………………… (385)
　　一、采暖工程系统调试 ……………………………………… (385)
　　二、空调水工程系统调试 …………………………………… (390)
　　三、系统调试工程量计算注意事项 ………………………… (390)
第十节　安装工程措施项目 ………………………………………… (391)
　　一、专业措施项目 …………………………………………… (391)
　　二、安全文明施工及其他措施项目 ………………………… (393)

第五章　水暖工程索赔 ………………………………………… (396)
第一节　概述 ………………………………………………………… (396)

一、工程索赔的特征与作用 ·· (396)
　　二、工程索赔发生的原因与事件 ·· (397)
　　三、工程索赔的分类 ·· (398)
　第二节　工程索赔处理 ·· (401)
　　一、工程索赔工作程序 ·· (401)
　　二、索赔机会的寻找与发现 ·· (403)
　　三、工程索赔的证据 ·· (404)
　　四、工程索赔的处理方法 ··· (405)
　　五、调查分析干扰事件的影响 ··· (406)
　第三节　工程反索赔 ··· (409)
　　一、索赔与反索赔的关系 ··· (409)
　　二、反索赔的种类 ··· (409)
　　三、反索赔的内容 ··· (411)
　　四、反索赔的工作步骤 ·· (412)

第六章　合同价款管理 ·· (416)

　第一节　合同价款约定 ·· (416)
　　一、一般规定 ··· (416)
　　二、合同价款约定的内容 ··· (417)
　第二节　合同价款调整 ·· (418)
　　一、一般规定 ··· (418)
　　二、合同价款调整方法 ·· (420)
　第三节　合同价款期中支付 ··· (438)
　　一、预付款 ·· (438)
　　二、安全文明施工费 ·· (439)
　　三、进度款 ·· (440)
　第四节　竣工结算价款支付 ··· (442)
　　一、结算款支付 ·· (442)
　　二、质量保证金 ·· (444)

三、最终结清 ………………………………………………… (444)
第五节 合同解除的价款结算与支付 ……………………… (445)
第六节 合同价款争议的解决 ………………………………… (446)
 一、监理或造价工程师暂定 ………………………………… (447)
 二、管理机构的解释和认定 ………………………………… (447)
 三、协商和解 …………………………………………………… (448)
 四、调解 ………………………………………………………… (448)
 五、仲裁、诉讼 ………………………………………………… (449)

参考文献 ………………………………………………………… (451)

第一章 水暖工程施工图识读

第一节 水暖工程施工图识读基础

一、图纸幅面及编排顺序

1. 图纸幅面

图纸幅面简称图幅,是指图纸尺寸的大小。为了使图纸整齐,便于保管和装订,在《房屋建筑制图统一标准》(GB/T 50001—2010)中规定了所有设计图纸的幅面及图框尺寸,见表1-1。常见的图幅有A0、A1、A2、A3、A4等。

表1-1　　　　　　　　　幅面及图框尺寸　　　　　　　　(单位:mm)

尺寸代号＼幅面代号	A0	A1	A2	A3	A4
$b×l$	841×1189	594×841	420×594	297×420	210×297
c	10			5	
a	25				

注:表中b为幅面短边尺寸,l为幅面长边尺寸,c为图框线与幅面线间宽度,a为图框线与装订边间宽度。

表1-1中所示尺寸是裁边之后的尺寸。从表1-1中可知,1号图幅是0号图幅的对裁,2号图幅是1号图幅的对裁,以此类推。

需要微缩复制的图纸,其一个边上应附有一段准确米制尺度,四个边上均附有对中标志,米制尺度的总长应为100mm,分格应为10mm。对中标志应画在图纸内框各边长的中点处,线宽0.35mm,并应伸入内框边,在框外为5mm。对中标志的线段,于l_1和b_1范围取中。

图纸幅面通常有两种形式,即横式和立式。以长边为水平边的称横式幅面;以短边为水平边的称立式幅面。一般 A0～A3 号图幅宜横式使用,必要时也可立式使用。图纸的短边尺寸不应加长,根据实际需要,A0～A3 幅面的长边尺寸可适当加长,但需符合规范的规定,详见表 1-2。

表 1-2　　　　　　　　　图纸长边加长尺寸　　　　　　　（单位:mm）

幅面代号	长边尺寸	长边加长后的尺寸
A0	1189	1486(A0+1/4l)　1635(A0+3/8l)　1783(A0+1/2l) 1932(A0+5/8l)　2080(A0+3/4l)　2230(A0+7/8l) 2378(A0+l)
A1	841	1051(A1+1/4l)　1261(A1+1/2l)　1471(A1+3/4l) 1682(A1+l)　1892(A1+5/4l)　2012(A1+3/2l)
A2	594	743(A2+1/4l)　891(A2+1/2l)　1041(A2+3/4l) 1189(A2+l)　1338(A2+5/4l)　1486(A2+3/2l) 1635(A2+7/4l)　1783(A2+2l)　1932(A2+9/4l) 2080(A2+5/2l)
A3	420	630(A3+1/2l)　841(A3+l)　1051(A3+3/2l) 1261(A3+2l)　1471(A3+5/2l)　1682(A3+3l) 1892(A3+7/2l)

注:有特殊需要的图纸,可采用 $b×l$ 为 841mm×891mm 与 1189mm×1261mm 的幅面。

2. 图号和图纸编排

(1)建筑给水排水工程设计图纸宜按下列规定进行编号:

1)规划设计阶段宜以水规—1、水规—2……以此类推表示;

2)初步设计阶段宜以水初—1、水初—2……以此类推表示;

3)施工图设计阶段宜以水施—1、水施—2……以此类推表示;

4)单体项目只有一张图纸时,宜采用水初—全、水施—全表示,并宜在图纸图框线内的右上角标"全部水施图纸均在此页"字样(图 1-1);

5)施工图设计阶段,各单体项目通用的统一详图宜以水通—1、水通—2……以此类推表示。

(2)设计图纸宜按下列规定编写目录:

1)初步设计阶段工程设计的图纸目录宜以工程项目为单位进行编写;

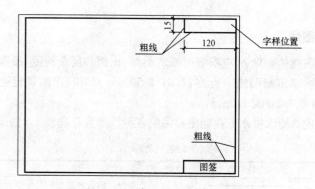

图1-1 只有一张图纸时的右上角字样位置

2)施工图设计阶段工程设计的图纸目录宜以工程项目的单体项目为单位进行编写;

3)施工图设计阶段,各单体项目共同使用的统一详图宜单独进行编写。

(3)设计图纸宜按下列规定进行排列:

1)图纸目录、使用标准图目录、使用统一详图目录、主要设备器材表、图例和设计施工说明宜在前,设计图样宜在后;

2)图纸目录、使用标准图目录、使用统一详图目录、主要设备器材表、图例和设计施工说明在一张图纸内排列不完时,应按所述内容顺序单独成图和编号;

3)设计图样宜按下列规定进行排列:

①管道系统图在前,平面图、放大图、剖面图、轴测图、详图依次在后编排;

②管道展开系统图应按生活给水、生活热水、直饮水、中水、污水、废水、雨水、消防给水等依次编排;

③平面图中应按地面下各层依次在前,地面上各层由低向高依次编排;

④水净化(处理)工艺流程断面图在前,水净化(处理)机房(构筑物)平面图、剖面图、放大图、详图依次在后编排;

⑤总平面图应按管道布置图在前,管道节点图、阀门井剖面示意图、管道纵断面图或管道高程表、详图依次在后编排。

二、图线

(1)图线的宽度 b,应根据图纸的类型、比例和复杂程度,按国家现行标准《房屋建筑制图统一标准》(GB/T 50001—2010)中的规定选用。线宽 b 宜为 0.7mm 或 1.0mm。

(2)建筑给水排水专业制图常用的各种线型宜符合表1-3的规定。

表1-3　　　　　　　　　　线　型

名称	线型	线宽	用途
粗实线	———	b	新设计的各种排水和其他重力流管线
粗虚线	— — —	b	新设计的各种排水和其他重力流管线的不可见轮廓线
中粗实线	———	$0.7b$	新设计的各种给水和其他压力流管线;原有的各种排水和其他重力流管线
中粗虚线	— — —	$0.7b$	新设计的各种给水和其他压力流管线及原有的各种排水和其他重力流管线的不可见轮廓线
中实线	———	$0.5b$	给水排水设备、零(附)件的可见轮廓线;总图中新建的建筑物和构筑物的可见轮廓线;原有的各种给水和其他压力流管线
中虚线	— — —	$0.5b$	给水排水设备、零(附)件的不可见轮廓线;总图中新建的建筑物和构筑物的不可见轮廓线;原有的各种给水和其他压力流管线的不可见轮廓线
细实线	———	$0.25b$	建筑的可见轮廓线;总图中原有的建筑物和构筑物的可见轮廓线;制图中的各种标注线
细虚线	— — —	$0.25b$	建筑的不可见轮廓线;总图中原有的建筑物和构筑物的不可见轮廓线
单点长画线	—·—·—	$0.25b$	中心线、定位轴线
折断线	—/\—	$0.25b$	断开界线
波浪线	～～～	$0.25b$	平面图中水面线;局部构造层次范围线;保温范围示意线

三、比例

(1)建筑给水排水专业制图常用的比例宜符合表 1-4 的规定。

表 1-4　　　　　　　　　　常用比例

名　称	比　例	备　注
区域规划图	1∶50000、1∶25000、1∶10000	宜与总图专业一致
区域位置图	1∶5000、1∶2000	
总平面图	1∶1000、1∶500、1∶300	
管道纵断面图	竖向 1∶200、1∶100、1∶50 纵向 1∶1000、1∶500、1∶300	—
水处理厂(站)平面图	1∶500、1∶200、1∶100	—
水处理构筑物,设备间,卫生间,泵房平、剖面图	1∶100、1∶50、1∶40、1∶30	—
建筑给水排水平面图	1∶200、1∶150、1∶100	宜与建筑专业一致
建筑给水排水轴测图	1∶150、1∶100、1∶50	宜与相应图纸一致
详图	1∶50、1∶30、1∶20、1∶10、1∶5、1∶2、1∶1、2∶1	—

(2)在管道纵断面图中,竖向与纵向可采用不同的组合比例。

(3)在建筑给水排水轴测系统图中,如局部表达有困难时,该处可不按比例绘制。

(4)水处理工艺流程断面图和建筑给水排水管道展开系统图可不按比例绘制。

四、标高

(1)标高符号及一般标注方法应符合国家现行标准《房屋建筑制图统一标准》(GB/T 50001—2010)的规定。

(2)室内工程应标注相对标高;室外工程宜标注绝对标高,当无绝对标高资料时,可标注相对标高,但应与总图专业一致。

(3)压力管道应标注管中心标高;重力流管道和沟渠宜标注管(沟)内底标高。标高单位以 m 计时,可注写到小数点后第二位。

(4)在下列部位应标注标高:

1)沟渠和重力流管道。

①建筑物内应标注起点、变径(尺寸)点、变坡点、穿外墙及剪力墙处;

②需控制标高处。

2)压力流管道中的标高控制点;

3)管道穿外墙、剪力墙和构筑物的壁及底板等处;

4)不同水位线处;

5)建(构)筑物中土建部分的相关标高。

(5)总图管道布置图上标注管道标高宜符合下列规定:

1)检查井上、下游管道管径无变径,且无跌水时,宜按图 1-2 的方式标注;

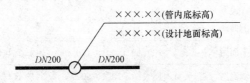

图 1-2 检查井上、下游管道管径无变径且无跌水时管道标高标注

2)检查井内上、下游管道管径有变化或有跌水时,宜按图 1-3 的方式标注;

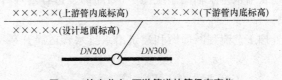

图 1-3 检查井上、下游管道的管径有变化或有跌水时管道标高标注

3)检查井内一侧有支管接入时,宜按图 1-4 的方式标注;

4)检查井内两侧均有支管接入时,宜按图 1-5 的方式标注。

(6)设计采用管道纵断面图的方式表示管道标高时,管道纵断面图宜

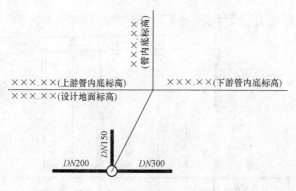

图 1-4 检查井内一侧有支管接入时管道标高标注

图 1-5 检查井内两侧均有支管接入时管道标高标注

按下列规定绘制：

1）采用管道纵断面图表示管道标高时，压力流管道纵断面图如图 1-6 所示，重力流管道纵断面图如图 1-7 所示；

2）管道纵断面图所用图线宜按下列规定选用：

①压力流管道管径不大于 400mm 时，管道宜用中粗实线单线表示；

②重力流管道除建筑物排出管外，不分管径大小均宜以中粗实线双线表示；

③图样中平面示意图栏中的管道宜用中粗单线表示；

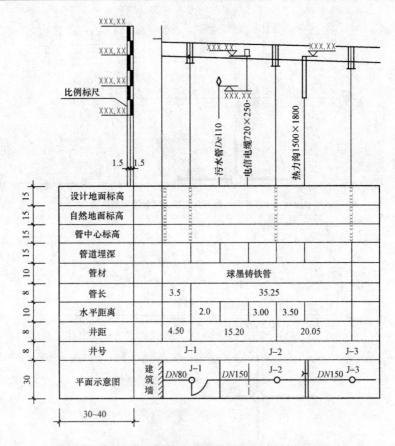

图1-6 给水管道(压力流管道)纵断面图(纵向1∶500,竖向1∶50)

④平面示意图中宜将与该管道相交的其他管道、管沟、铁路及排水沟等按交叉位置绘出;

⑤设计地面线、竖向定位线、栏目分隔线、检查井、标尺线等宜用细实线,自然地面线宜用细虚线。

3)在同一图样中可采用两种不同的比例。纵向比例应与管道平面图一致;竖向比例宜为纵向比例的1/10,并应在图样左端绘制比例标尺;

4)绘制与管道相交叉管道的标高标注,交叉管道位于该管道上面时,宜标注交叉管的管底标高;交叉管道位于该管道下面时,宜标注交叉管的

第一章 水暖工程施工图识读

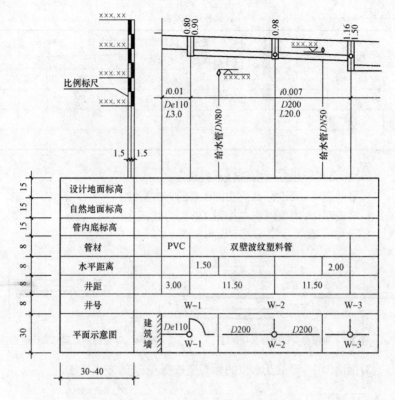

图 1-7 污水(雨水)管道(重力流管道)纵断面图(纵向 1∶500,竖向 1∶50)

管顶或管底标高；

5)图样中的"水平距离"栏中应标出交叉管距检查井或阀门井的距离,或相互间的距离；

6)压力流管道从小区引入管经水表后应按供水水流方向先干管后支管的顺序绘制；

7)排水管道以小区内最起端排水检查井为起点,并应按排水水流方向先干管后支管的顺序绘制。

(7)设计采用管道高程表的方法表示管道标高时,宜符合下列规定：

1)重力流管道也可采用管道高程表的方式表示管道敷设标高；

2)管道高程表的格式见表 1-5。

表 1-5　　　　　　　　　　　　××管道高程表

序号	管段编号		管长(m)	管径(mm)	坡度(%)	管底坡降(m)	管底跌落(m)	设计地面标高(m)		管内底标高(m)		埋深(m)		备注
	起点	终点						起点	终点	起点	终点	起点	终点	

(8)标高的标注方法应符合下列规定:
1)平面图中,管道标高应按图 1-8 的方式标注;
2)平面图中,沟渠标高应按图 1-9 的方式标注;

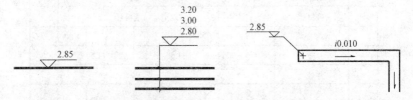

图 1-8　平面图中管道标高标注法　　　　图 1-9　平面图中沟渠标高标注法

3)剖面图中,管道及水位的标高应按图 1-10 的方式标注;

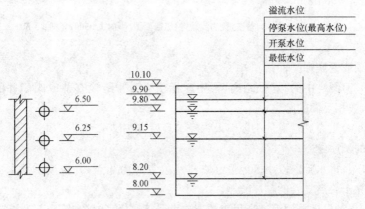

图 1-10　剖面图中管道及水位标高标注法

4)轴测图中,管道标高应按图 1-11 的方式标注。

(9)建筑物内的管道也可按本层建筑地面的标高加管道安装高度的方式标注管道标高,标注方法应为 $H+\times.\times\times$,H 表示本层建筑地面标高。

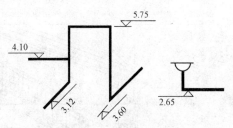

图 1-11　轴测图中管道标高标注法

(10)标高和管径的标注应符合下列规定:
1)单体建筑应标注相对标高,并应注明相对标高与绝对标高的换算关系;
2)总平面图应标注绝对标高,宜注明标高体系;
3)压力流管道应标注管道中心;
4)重力流管道应标注管道内底;
5)横管的管径宜标注在管道的上方;竖向管道的管径宜标注在管道的左侧,斜向管道应按国家现行标准《房屋建筑制图统一标准》(GB/T 50001—2010)的规定标注。

第二节　室内给排水工程施工图识读

一、室内给水系统简介

(一)室内给水系统的组成

不论是独立的还是共用的室内给水系统,均由图1-12所示基本部分组成。

(二)室内给水管道的布置与敷设

1. 给水管道的布置

对于单独建筑物的给水引入管,通常从建筑物用水量最大处引入。如建筑物卫生用具布置比较均匀时,应在建筑物中央位置引入。如建筑物不允许间断供水或室内消火栓总数在10个以上时,须设置两条引入管,并由城市管网的不同侧引入。

严禁室内给水管道敷设在排水沟、烟道和风道内,不允许穿过大小便槽、橱窗、壁柜、木装修,应尽量避免穿过建筑物的沉降缝,如果必须穿过时要采取相应措施。

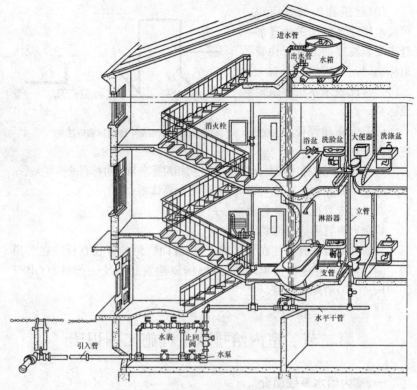

图 1-12 室内给水系统

2. 给水管道的敷设

室内给水管道的敷设分为明装和暗装两种形式。

(1)明装。明装管道通常在室内沿墙、梁、柱、天花板下、地板旁暴露敷设。其优点是造价低,施工安装、维护修理均较方便;缺点是由于管道表面积灰、产生凝水等,影响环境卫生,而且明装有碍房屋美观。

(2)暗装。暗装管道通常设置在房内的地下室天花板下或吊顶中,或在管井、管槽、管沟中隐蔽敷设。暗装的形式美观、卫生,但工程投资高,不利于维修。

给水管道可单独敷设,亦可与其他管道一同架设,考虑到安全、施工、维护等要求,当平行或交叉设置时,对管道间的相互位置、距离、固定方法等应按管道综合有关要求统一处理。

引入管的敷设,通常在冰冻线以下 20mm、覆土不小于 0.7~1.0m 的深度。在穿过墙壁进入室内部分,可有下面两种情况,如图 1-13 所示。

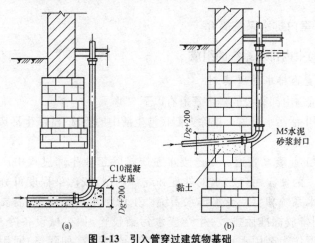

图 1-13　引入管穿过建筑物基础
(a)由基础下面通过;(b)穿过建筑物基础或地下室墙壁

(1)由基础下面通过。

(2)穿过建筑物基础或地下室墙壁。

其中任一情况都必须用引入管保护,使其不致因建筑物沉降而受到损坏。为此,在管道穿过基础墙壁部分时需预留大于引入管直径 200mm 的孔洞,在管外填充柔性或刚性材料,或者采取预埋套管、砌分压拱或设置过梁等措施。

水表节点一般安装在建筑物的外墙内或室外专门的水表井中,如图 1-14 所示。温暖地区的水表井一般设在室外,寒冷地区为避免水表冻

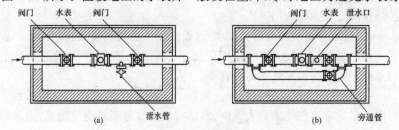

图 1-14　水表节点
(a)无旁通管的水表节点;(b)有旁通管的水表节点

裂,可将水表设在采暖房间内。管道在穿过建筑物内墙及楼板时,一般均应预留孔洞,待管道施工完毕后,用水泥砂浆堵塞,以防孔洞影响结构强度。

二、室内排水系统简介

(一)室内排水系统的组成

1. 室内排水管道类别

建筑物内部装设的排水管道有以下三类:

(1)生活污水管道。排除人们日常生活中的盥洗、洗涤生活废水和粪便污水。

(2)工业废水管道。生产废水系统排除工业生产过程中产生的污(废)水。为便于污(废)水的处理和综合利用,按污染程度可分为生产污水排水系统和生产废水排水系统。生产污水污染较重,需要经过处理,达到排放标准后排放;生产废水污染较轻,如机械设备冷却水,生产废水可作为杂用水水源,也可经过简单处理后(如降温)回用或排入水体。

(3)室内雨水管道。排除屋面的雨、雪水。

上述三类污(废)水如分别设置管道排出建筑物,则称为室内排水分流制;若将其两类或三类污(废)水合流排出,则称为室内排水合流制。

2. 室内排水系统的组成

室内排水系统一般由下列几部分组成,如图 1-15 所示:

(1)卫生器具或生产设备受水器。卫生器具是建筑内部排水系统的起点,用来满足日常生活和生产过程中各种卫生要求,收集和排除污废水的设备。卫生器具的结构、形式和材料很多,应根据其用途、设置地点、维护条件和安装条件选用。

(2)排水管系统。有器具排水管(连接卫生器具和横支管之间的一段短管,除坐式大便器外,其间包括存水弯)、横支管、立管、埋设在室内地下的总横干管和排至室外的出户管等。

(3)通气管系统。使室内外排水管道与大气相通,其作用是将排水管道中散发的有害气体排到大气中去,使管道内常有新鲜空气流通以减轻管内废气对管壁的腐蚀,同时,使管道内的压力与大气取得平衡,防止水封破坏。

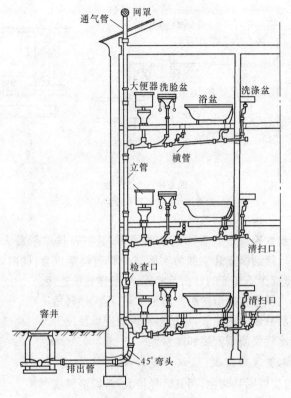

图 1-15 室内排水系统

(4)清通设置。有检查口、清扫口、检查井以及带有清通门的 90°弯头或三通接头等,如图 1-16 所示。

(5)提升设备。地下建筑物内的污(废)水不能自流排至室外时,必须设置污水提升设备,如民用建筑中的地下室、人防建筑物、高层建筑的地下技术层、某些工业企业车间地下室或半地下室、地下铁道等。

(二)室内排水管道的布置

1. 排水管道的布置原则

排水管道的布置应满足水力条件最佳、便于维护管理、保护管道不易受损坏、保证生产及使用安全以及经济和美观要求。其布置原则具体有以下几点:

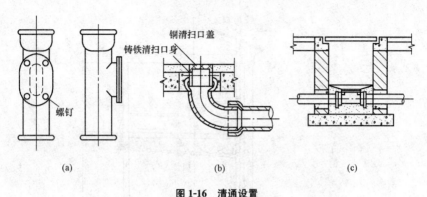

图 1-16 清通设置
(a)检查口;(b)清扫口;(c)室内检查井

(1)污水立管应设置在靠近杂质最多、最脏及排水量最大的排水点处,以尽快地接纳横支管来的污水而减少管道堵塞机会;同时,污水管的布置应尽量减少不必要的转角及曲折,尽量作直线连接。

(2)排水横管宜以最短距离通至室外,不应作转角。

(3)对层数较多的建筑,底层污水管道应单独设置。

(4)排水管要便于安装和维修。

2. 排水管道的敷设

排水管应以明装为主,因其管径较大,常需清通修理。

排水立管管壁与墙壁、柱等表面的净距应有 25～35mm。排水管与其他管道共同埋设时的最小距离,水平向净距为 1.0～3.0m,竖直向净距为 0.15～0.20m。若排水管平行埋设在给水管之上并高出净距 0.5m 以上时,其水平净距不得小于 5m;交叉埋设时,垂直净距不得小于 0.4m,且给水管应有保护套管,保护管段长度为给水管外径加 4m。

排水立管需要穿过楼层时,预留孔洞尺寸一般较通过的管径大 50～100mm,并且应在通过的立管外加套一段套管,现浇楼板可预先镶入套管。

排水管在穿越建筑物基础时,应在垂直通过基础的管道外套以较其直径大 200mm 的金属套管,或设置在钢筋混凝土过梁的壁孔内,管顶与过管梁间应有足够沉陷量的距离以保证管道不致受建筑物下沉而破坏,如图 1-17 所示。

第一章 水暖工程施工图识读

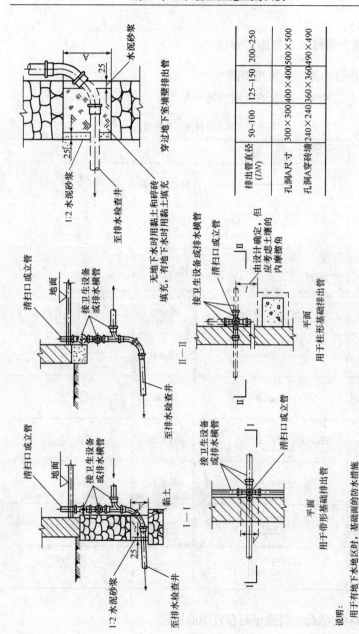

图1-17 管道穿越带形基础的敷设方式

三、室内给排水工程施工图识读

(一)给排水施工图常用图例

给排水工程施工图常见的图例符号见表1-6。

表1-6　　　　　　常见给水排水工程施工图图例

名称	图例	名称	图例
给水管	———	蹲式大便器	
排水管	- - - -	坐式大便器	
阀门		挂式小便斗	
止回阀		洗涤盆	
水表		淋浴盆	
消火栓		地漏	
水泵		清扫口	
龙头		检查口	
洗脸盆		存水弯	
浴盆		系统编号	J／2　W／1

(二)室内给排水管道平面布置图的识读

室内给排水管道平面布置图,主要用来表示建筑物内给水和排水管道及有关卫生器具或用水设备的平面布置。图上的线条都是示意性的，管配件(如活接头、补心、管箍等)不需要画出来，因此要识读图纸，还必须熟悉给排水管道的施工工艺。

(1)查明卫生器具、用水设备(开水炉、水加热器等)和升压设备(水泵、水箱)的类型、数量、安装位置、定位尺寸。卫生器具及各种设备通常是用图例来表示的，它只能说明器具和设备的类型，而没有具体表现各部尺寸及构造。因此，必须结合有关详图或技术资料，弄清楚这些器具和设备的构造、接管方式和尺寸。常用的卫生器具和设备的构造与安装尺寸应心中有数，以便于准确无误地计算工程量。

(2)弄清楚给水引入管和污水排出管的平面位置、走向、定位尺寸，与室外给水排水管网的连接形式、管径、坡度等。给水引入管通常是从用水量最大或不允许间断供水的位置引入，这样可使大口径管道最短，供水可靠。给水引入管上一般都装设阀门。如果阀门装在室外阀门井内，在平面图上就能够表示出来，这时要查明阀门的型号、规格及距建筑物的位置。

污水排出管与室外排水总管的连接，是通过检查井来实现的。要了解检查井距外墙的距离，即排出管的长度。排出管在检查井内通常取管顶平连接(排出管与检查井内排水管的管顶标高相同)，以免排出管埋设过深或产生倒流。

给水引入管和污水排出管通常都注上系统编号，编号和管道种类分别写在直径为 8~10mm 的圆圈内，圆圈内过圆心画一水平线，线上面标注管道种类，如给水系统写"给"或写汉语拼音字母"J"，污水系统写"污"或写汉语拼音字母"W"。线下面标注编号，用阿拉伯数字书写。

(3)查明给水排水干管、立管、支管的平面位置、走向、管径及立管编号。虽然平面图上的管线是示意性的，但它还是按一定比例绘制的，因此，计算平面图上的工程量可以结合详图、图注尺寸或用比例尺计算。

如果系统内立管较少时，可只在引入管处进行系统编号，只有当立管较多时，才在每个立管旁边进行编号。立管编号标注方法与系统编号基本相同。

(4)在给水管道上设置水表时，要查明水表的型号、安装位置以及水表前后的阀门设置。

(5)对于室内排水管道,还要查明清通设备布置情况,明露敷设弯头和三通。有时为了便于通扫,应在适当位置设置有门弯头和有门三通(即设有清扫口的弯头和三通),在识读时也要注意。对于大型厂房,要设置检查井和检查井进口管的连接方向;对于雨水管道,要查明雨水斗的型号、数量及布置情况,并结合详图弄清雨水斗与天沟的连接方式。

(三)系统轴测图的识读

给水和排水管道系统轴测图,通常按系统画成正面斜等测图,主要表明管道系统的立体走向。在给水系统轴测图上,卫生器具不画出来,只画出水龙头、淋浴器莲蓬头、冲洗水箱等符号;用水设备如锅炉、热交换器、水箱等则画出示意性的立体图,并在支管上注以文字说明;在排水系统轴测图上也只画出相应的卫生器具的存水弯或器具排水管。识读系统轴测图应掌握的主要内容和注意事项如下:

(1)查明给水管道系统的具体走向、干管的敷设形式、管径及其变径情况,阀门的设置,引入管、干管及各支管的标高。

识读给水管道系统图时,一般按引入管、干管、立管、支管及用水设备的顺序进行。

(2)查明排水管道系统的具体走向、管路分支情况、管径、横管坡度、管道各部标高、存水弯形式、清通设备设置情况,弯头及三通的选用(90°弯头还是135°弯头,正三通还是斜三通等)。

识读排水管道系统图时,一般按卫生器具或排水设备的存水弯、器具排水管、排水横管、立管、排出管的顺序进行。

在识读时结合平面图及说明,了解和确定管材及管件。排水管道为了保证水流通畅,根据管道敷设的位置往往选用135°弯头和斜三通,在分支处变径不用大小头而用变径三通。存水弯有铸铁、黑铁和"P"式、"S"式以及有清扫口和不带清扫口之分。在识读图纸时,也要弄清楚卫生器具的种类、型号和安装位置等。

(3)在给水排水施工图上一般都不表示管道支架,而由施工人员按规程和习惯做法自己确定。给水管支架一般分为管卡、钩钉、吊环和角钢托架,支架需要的数量及规格应在识读图纸时确定下来。民用建筑的明装给水管通常用管卡,工业厂房给水管则多用角钢托架或吊环。铸铁排水立管通常用铸铁立管卡子装设在铸铁排水管的承口上面,每根管子上设一个;铸铁排水横管则采用吊卡,间距不超过2m,吊在承口上。

第三节 采暖工程施工图识读

一、室内采暖系统简介

(一)热水采暖系统

热水采暖系统按照水循环动力可分为两种:一是自然循环系统;二是机械循环系统。自然循环系统内的热水是靠水的密度进差进行循环的;机械循环系统内热水是靠机械(泵)的动力进行循环的。自然循环系统只适用于低层小型建筑;机械循环系统适用于作用半径大的热水采暖系统。

1. 自然循环热水采暖系统

自然循环热水采暖系统一般分为双管系统和单管系统。

(1)双管系统。自然循环双管热水采暖系统是指连接散热器的供水主管和回水主管分别设置的热水采暖系统。其特点是每组散热器可以组成一个循环管路,每组散热器的进水温度基本是一致的,各组散热器可自行调节热媒流量,互相不受影响,因此便于使用和检修。双管热水采暖系统的形式如图1-18所示。

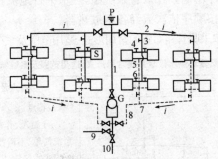

图 1-18 自然循环双管上分式热水采暖系统
G—锅炉;P—膨胀水箱;S—散热器;
1—供水总立管;2—供水干管;3—供水立管;4—供水支管;5—回水支管;6—回水立管;
7—回水干管;8—回水总立管;9—充水管(给水管);10—放水管

(2)单管系统。自然循环单管热水采暖系统是指连接散热器的供水立管和回水立管用同一根立管的热水采暖系统。其特点是立管将散热器串联起来,构成一个循环环路,各楼层间散热器进水温度不同,离热水进口越近,温度越高,离热水出口端越近,温度越低。单管热水采暖系统的形式如图 1-19 所示。

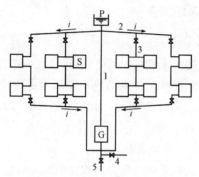

图 1-19 自然循环单管上分式热水采暖系统
G—锅炉;P—膨胀水箱;S—散热器;
1—供水总立管;2—供水干管;3—供水立管;4—给水管;5—放水管

单管系统的工作过程与双管系统基本相同,两者的主要区别是热水流向散热器的顺序不同。在双管系统中,热水平行地流经各组散热器,而单管系统中热水按顺序依次流经各组散热器。

自然循环热水采暖管路布置的常用形式、适用范围及系统特点,见表1-7。

表 1-7 自然循环热水采暖系统常用形式、适用范围及系统特点

序号	形式	图 式	特点及适用范围
1	单管上供下回式		(1)特点: 1)升温慢、作用压力小、管径大、系统简单、不消耗电能。 2)水力稳定性好。 3)可缩小锅炉中心与散热器中心距离,节约钢材。 4)不能单独调节热水流量及室温。 (2)适用范围:作用半径不超过50m的多层建筑

续表

序号	形式名称	图式	特点及适用范围
2	单管跨越式		(1)特点： 1)升温慢、作用压力小、系统简单，不消耗电能。 2)水力性稳定。 3)节约钢材。 4)可单独调节热水流量及室温。 (2)适用范围：作用半径不超过50m的多层建筑
3	双管上供下回式		(1)特点： 1)升温慢、作用压力小、管径大、系统简单，不消耗电能。 2)易产生垂直失调。 3)室温可调节。 (2)适用范围：作用半径不超过50m的三层（≤10m)以下建筑
4	单户式		(1)特点： 1)一般锅炉与散热器在同一平面，故散热器安装应至少提高到300~400mm的高度。 2)尽量缩小配管长度减少阻力。 (2)适用范围：单户单层建筑

2.机械循环热水采暖系统

机械循环热水采暖系统是依靠水泵提供的动力克服流动阻力使热水流动循环的系统。它的循环作用压力比自然循环系统大得多，且种类多。机械循环热水供暖系统的常用形式有如下几种：

(1)机械循环上分式热水采暖系统。机械循环上分式热水采暖系统可分为机械循环上分式双管及单管热水采暖系统，如图1-20和图1-21所示。机械循环上分式双管和单管的热水采暖系统，与自然循环上分式双管和单管采暖系统相比，除了增加了水泵外，还增加了排气设备。

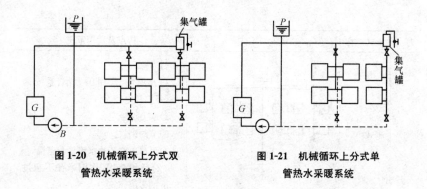

图 1-20 机械循环上分式双管热水采暖系统

图 1-21 机械循环上分式单管热水采暖系统

(2)机械循环下分式双管热水采暖系统。机械循环下分式双管热水采暖系统的供水干管和回水管均敷设在系统所有散热器之下,如图 1-22 所示。下分式双管热水采暖系统排除空气较困难,主要靠顶层散热器的跑风阀排除空气。工作时,热水从底层散热器依次流向顶层散热器。

下分式与上分式相比较,上分式系统干管敷设在顶层天棚下,适用于顶层有天棚的建筑物,而下分式系统供水干管和回水干管均敷设在地沟中,适用于平屋顶的建筑物或有地下室的建筑物。

(3)机械循环下供上回式热水采暖系统。系统的供水干管设在下部,回水干管设在上部,顶部设置顺流式膨胀水箱,如图 1-23 所示。

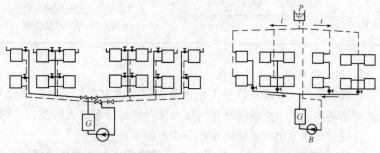

图 1-22 机械循环下分式双管热水采暖系统

图 1-23 机械循环下供上回式热水采暖系统

水平式采暖系统有顺流式和跨越式两种,如图 1-24 和图 1-25 所示。

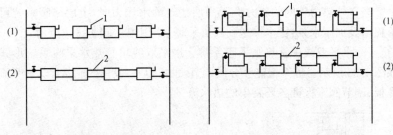

图1-24 水平顺流式采暖系统
1—冷风阀；2—空气管

图1-25 水平跨越式采暖系统
1—冷风阀；2—空气管

3. 高层建筑物的热水采暖系统

高层建筑热水采暖系统的形式有按层分区垂直热水采暖系统、水平双线单管热水采暖系统、垂直双线单管采暖系统及单双管混合式热水采暖系统。

(1)按层分区垂直式热水采暖系统。该系统是在垂直方向上分成两个或两个以上的热水采暖系统。每个系统都设置膨胀水箱及排气装置，自成独立系统，互不影响。下层采暖系统通常与室外管直接连接，其他层系统与外网隔绝式连接。通常采用热交换器使上层系统与室外管网隔绝，尤其是高层建筑采用的散热器承压能力较低时，这种隔绝方式应用较多。利用热交换器使上层采暖系统与室外管网隔绝的采暖系统如图1-26所示。

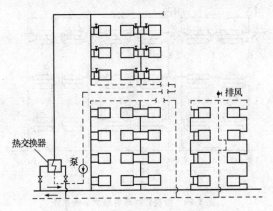

图1-26 按层分区垂直式热水采暖系统

当室外热力管网的压力低于高层建筑静水压力时,上层采暖系统可单独增设加压水泵,把水输送到高层采暖系统中去,如图 1-27 所示。

(2)水平双线单管热水采暖系统。水平双线单管热水采暖系统形式如图 1-28 所示。该系统能够分层调节,也可以在每一个环路上设置节流孔板、调节阀来保证各环路中的热水流量。

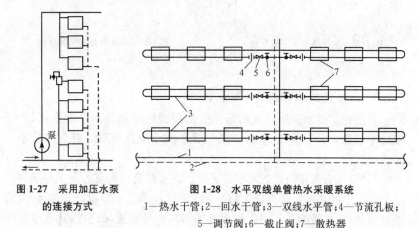

图 1-27 采用加压水泵的连接方式

图 1-28 水平双线单管热水采暖系统
1—热水干管;2—回水干管;3—双线水平管;4—节流孔板;
5—调节阀;6—截止阀;7—散热器

(3)双线式系统。双线式系统有常用的垂直式(图 1-29)和水平式(图 1-30)两种。

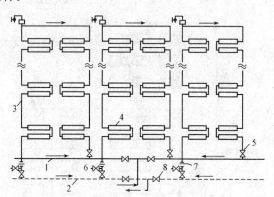

图 1-29 垂直双线单管热水采暖系统
1—回水干管;2—供水干管;3—双线立管;4—散热器或加热盘管;
5—截止阀;6—立管冲洗排水阀;7—节流孔板;8—调节阀

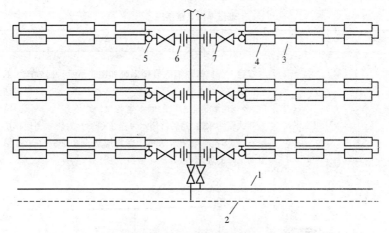

图 1-30 水平式双线单管热水供暖系统
1—供水干管;2—回水干管;3—双线水平管;4—散热器;
5—截止阀;6—节流孔板;7—调节阀

(4) 单双管混合式热水采暖系统。单、双管混合式热水采暖系统是将高层建筑中的散热器沿垂直方向,每 2～3 层分为一组,在每一组内采用双管系统形式,而各组之间用单管连接而组成的系统,如图 1-31 所示。这种系统既能防止楼层过多时双管系统所产生的垂直水力失调现象,又能防止单管系统难以对散热器进行单个调节的缺点。

(二)蒸汽采暖系统

蒸汽采暖系统按供汽压力的不同可分为低压蒸汽采暖系统和高压蒸汽采暖系统。当供汽压力$\leqslant 0.07$MPa 时,称为低压蒸汽采暖系统;当供汽压力>0.07MPa 时,称为高压蒸汽采暖系统。

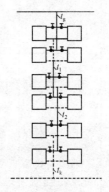

图 1-31 单、双管混合式采暖系统

1. 低压蒸汽采暖系统

低压蒸汽采暖系统的常用形式见表 1-8。

表 1-8　　低压蒸汽采暖系统

序号	类别	说明
1	双管上分式低压蒸汽供暖系统	双管上分式低压蒸汽供暖系统如图 1 所示。锅炉产生的低压蒸汽经主立管、干管、支立管进入散热器,放出汽化潜热后,经装在散热器出口的回水盒与凝结水管连接,靠重力流入开式凝结水箱,然后再用水泵送入锅炉。为能顺利地排出凝结水,蒸汽与凝结水水平干管均应敷设 0.003～0.005 沿流向下降的坡度 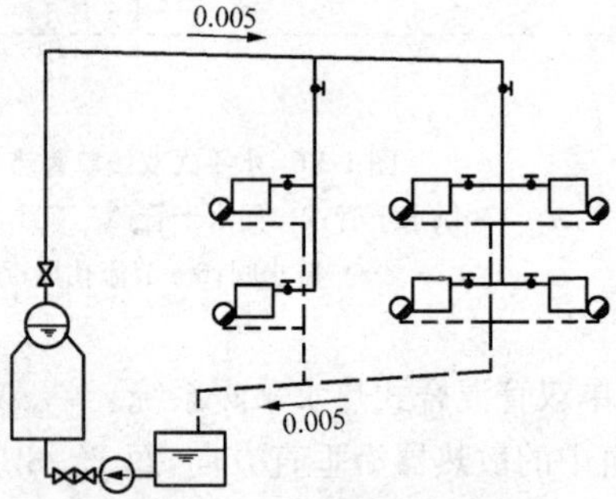 图 1　双管上分式低压蒸汽供暖系统图
2	双管下分式蒸汽采暖系统	双管下分式蒸汽采暖系统如图 2 所示。蒸汽干管和凝结水干管敷设在底层地面下专用的采暖地沟内。蒸汽通过立管向上供汽 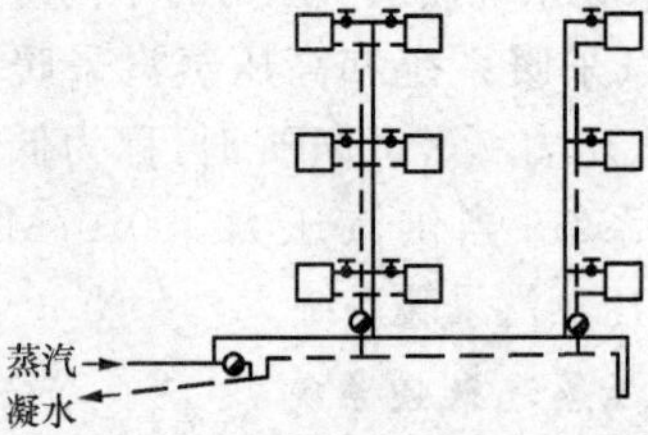 图 2　双管下分式蒸汽采暖系统图

续表

序号	类别	说明
3	双管中分式蒸汽采暖系统	双管中分式蒸汽采暖系统如图3所示。当天棚下面和底层地面不能敷设干管时采用多层建筑的蒸汽采暖系统 图 3 双管中分式蒸汽采暖系统图
4	重力回水式蒸汽采暖系统	重力回水式蒸汽采暖系统如图4所示。该系统中凝结水依靠重力直回锅炉,要求锅炉房位置很低 图 4 重力回水式蒸汽采暖系统图

2. 高压蒸汽采暖系统

图1-32所示为高压蒸汽供热系统工作示意图。

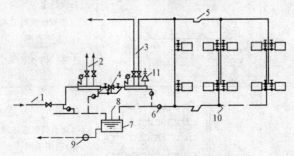

图 1-32 高压蒸汽供热系统工作示意图
1—室外蒸汽管;2—室内高压蒸汽供热管;3—室内高压蒸汽供暖管;4—减压装置;
5—补偿器;6—疏水器;7—开式凝水箱;8—空气管;9—凝水泵;10—固定支点;11—安全阀

高压蒸汽采暖系统管路布置常用的形式、适用范围及系统特点,见表 1-9。

表 1-9 高压蒸汽采暖系统管路布置常用的形式、适用范围及系统特点

序号	形式	图式	特点及适用范围
1	上供下回式		(1)特点: 可节约地沟。 (2)适用范围: 单层公用建筑或工业厂房
2	上供上回式		(1)特点: 1)节省地沟,检修方便。 2)系统泄水不便。 (2)适用范围: 工业厂房暖风机供暖系统
3	水平串联式		(1)特点 1)构造最简单、造价低。 2)散热器接口处易漏水漏气。 (2)适用范围: 单层公用建筑
4	同程辐射板式		(1)特点: 1)供热量较均匀。 2)节省地面有效面积。 (2)适用范围: 工业厂房及车间
5	双管上供下回式		(1)特点: 可调节每组散热器的热流量。 (2)适用范围: 多层公用建筑及辅助建筑,作用半径不超过 80m

二、采暖系统施工图识读

(一) 采暖工程常用图例

采暖工程常用图例见表 1-10。

表 1-10　　　　采暖工程常用图例

图 例	名 称	图 例	名 称
———————	采暖热水供给管	— — — — —	热水回水管
— — — —	采暖热水回水管	——————	排水管
—/—/—	蒸汽管	—▷◁—	闸阀
—/—	凝结水管	—▶—	止回阀
— — —	排气管	—⊥—	调节阀
—×—	循环管	—┼—	截止阀
—+—	膨胀管	—●—	三通阀
—/—/—/—	压力凝结水管	—⚡—	安全阀
—R—	软化水管	□ □	散热器
—N—	盐水管	—✕—≢—	固定卡
———————	给水管	—▭—	减压阀
—··—··—	热水管	—□ □—	自动排气阀
—◯—[ ]—	立式集水罐	—⎍⎍—	方形伸缩器

图例	名称	图例	名称
	卧式集水罐		套筒伸缩器
	温度表		水泵
	压力表		疏水器
	调压板		管沟及人孔
	活接头		地漏
	立式除污器		水龙头
	卧式除污器		软接头

(二)采暖工程施工图的识读

1. 首页图识读

采暖施工图首页常包括施工说明、图例、采暖设计概况、设备材料表等内容。

2. 平面图识读

(1)平面图上可看出墙、柱、门窗、踏步、楼梯、轴线号、开间尺寸、总尺寸、室内外地面标高和房间名称等建筑图的内容,首层右上角绘指北针。

(2)可以看出取暖设备的设计内容,如散热器位置(片数或长度)、立管位置及编号、管道及阀门、放风及泄水、固定卡、伸缩器、入口装置疏水器、管沟及人孔等。

3. 采暖系统轴测图识读

采暖系统轴测图表示从热媒入口至出口的管道、散热器、主要设备、附件的空间位置和相互关系。系统轴测图是以平面图为主视图,进行斜投影绘制的斜等测图。识读系统轴测图要掌握的主要内容和注意事项如下:

(1) 要了解各管段管径、坡度坡向、水平管的标高、管道的连接方法，以及立管编号等。散热器支管都有一定的坡度，其中供水支管坡向散热器，回水支管则坡向回水立管。

(2) 了解散热器类型及片数。光滑管散热要查明散热器的型号（A 型或 B 型）、管径、排数及长度；翼型或柱型散热器，要查明规格及片数以及带脚散热器的片数；其他采暖方式，则要查明采暖器具的形式、构造以及标高等。

(3) 要弄清各种阀件、附件与设备在系统中的位置，凡注有规格型号者，要与平面图和材料明细表进行核对。

(4) 查明热媒入口装置中各种设备、附件、阀门、仪表之间的关系及热媒的来源、流向、坡向、标高、管径等。如有节点详图时，要查明详图编号。

4. 详图大样识读

详图是施工安装图册及国家标准图中没有且需详细交代的内容。

室内采暖详图，包括标准图和非标准图两种。标准图包括散热器的连接和安装、膨胀水箱的制作和安装、集气罐和补偿器的制作和连接等，它可直接查阅标准图集或有关施工图；非标准图是指在平面图、系统图中表示不清的而又无标准图的节点图、零件图。

第二章 水暖工程工程量清单及计价

第一节 工程量清单计价概述

一、实行工程量清单计价的目的和意义

(1)实行工程量清单计价是深化工程造价管理改革，推进建设市场化的重要途径。

长期以来，工程预算定额是我国承发包计价、定价的主要依据。现预算定额中规定的消耗量和有关施工措施性费用是按社会平均水平编制的，以此为依据形成的工程造价基本上也属于社会平均价格。这种平均价格可作为市场竞争的参考价格，但不能反映参与竞争企业的实际消耗和技术管理水平，在一定程度上限制了企业的公平竞争。

20世纪90年代我国提出了"控制量、指导价、竞争费"的改革措施，将工程预算定额中的人工、材料、机械消耗量和相应的量价分离，国家控制量为保证质量、价格逐步走向市场化，走出了向传统工程预算定额改革的第一步。但是，这种做法难以改变工程预算定额中国家指令性内容较多的状况，难以满足招标投标竞争定价和经评审的合理低价中标的要求。因为，国家定额的控制量是社会平均消耗量，不能反映企业的实际消耗量，不能全面体现企业的技术装备水平、管理水平和劳动生产率，不能体现公平竞争的原则，社会平均水平不能代表社会先进水平，因此，改变以往的工程预算定额的计价模式，适应招标投标的需要，实行工程量清单计价办法是十分必要的。

工程量清单计价是建设工程招标投标中，按照国家统一的工程量清单计价规范，由招标人提供工程数量，投标人自主报价，经评审低价中标的工程造价计价模式。采用工程量清单计价能反映工程个别成本，有利于企业自主报价和公平竞争。

(2)在建设工程招标投标中实行工程量清单计价是规范建筑市场秩序的治本措施之一,是适应社会主义市场经济的需要。

工程造价是工程建设的核心,也是市场运行的核心内容,建筑市场存在着许多不规范的行为,大多数与工程造价有直接联系。建筑产品是商品,具有商品的共性,它受价值规律、货币流通规律和供求规律的支配。但是,建筑产品与一般的工业产品价格构成不一样,建筑产品具有某些特殊性。其特别如下:

1)竣工后一般不在空间发生物理运动,可以直接移交用户,立即进入生产消费或生活消费,因而价格中不含商品使用价值运动发生的流通费用,即因生产过程在流通领域内继续进行而支付的商品包装运输费、保管费;

2)它是固定在某地方的;

3)由于施工人员和施工机具围绕着建设工程流动,因此,有的建设工程构成还包括施工企业远离基地的费用,甚至包括成建制转移到新的工地所增加的费用等。

建筑产品价格随建设时间和地点而变化,相同结构的建筑物在同一地段建造,施工的时间不同造价就不一样;同一时间、不同地段造价也不一样;即使时间和地段相同,施工方法、施工手段、管理水平不同,工程造价也有所差别。所以说,建筑产品的价格既有它的同一性,又有它的特殊性。

为了推动社会主义市场经济的发展,国家颁发了相应的有关法律,如《中华人民共和国价格法》第三条规定:"我国实行并逐步完善宏观经济调控下主要由市场形成价格的机制。价格的制定应当符合价格规律,对多数商品和服务价格实行市场调节价,极少数商品和服务价格实行政府指导价或政府定价"。市场调节价,是指由经营者自主定价,通过市场竞争形成的价格。中华人民共和国建设部第107号令《建设工程施工发包与承包计价管理办法》第七条规定:"投标报价应依据企业定额和市场信息,并按国务院和省、自治区、直辖市人民政府建设行政主管部门发布的工程造价计价办法编制"。建筑产品市场形成价格是社会主义市场经济的需要。过去工程预算定额在调节承发包双方利益和反映市场价格、需求方面存在着不相适应的地方,特别是公开、公平、公正竞争方面,还缺乏合理的机制,甚至出现了一些漏洞,高估冒算、相互串通、从中回扣。发挥市场规律"竞争"和"价格"的作用是治本之策。尽快建立和完善市场形成工程造价的机制,是当前规范建筑市场的需要。推行工程量清单计价有利于发挥企业自主报价的能力,同时也有利于规范业主在工程招标中的计价行为,有效改变招标单位在招标中盲目压价的行为,从而真正体现公开、公平、公正的原则,反映市场经济规律。

(3)实行工程量清单计价,是促进建设市场有序竞争和企业健康发展的需要。

工程量清单是招标文件的重要组成部分,由招标单位编制或委托有资质的工程造价咨询单位编制,工程量清单编制得准确、详尽、完整,有利于提高招标单位的管理水平,减少索赔事件的发生。由于工程量清单是公开的,有利于防止招标工程中弄虚作假、暗箱操作等不规范行为。投标单位通过对单位工程成本、利润进行分析,统筹考虑,精心选择施工方案,根据企业的定额合理确定人工、材料、机械等要素投入量的合理配置,优化组合,合理控制现场经费和施工技术措施费,在满足招标文件需要的前提下,合理确定自己的报价,让企业有自主报价权。它改变了过去依赖建设行政主管部门发布的定额和规定的取费标准进行计价的模式,有利于提高劳动生产率,促进企业技术进步,节约投资和规范建设市场。采用工程量清单计价后,将使招标活动的透明度增加,在充分竞争的基础上降低了造价,提高了投资效益,且便于操作和推行,业主和承包商都将会接受这种计价模式。

(4)实行工程量清单计价,有利于我国工程造价政府职能的转变。

按照政府部门真正履行起"经济调节、市场监督、社会管理和公共服务"的职能要求,政府对工程造价管理的模式要进行相应的改变,将推行"政府宏观调控、企业自主报价、市场形成价格、社会全面监督"的工程造价管理思路。实行工程量清单计价,有利于我国工程造价政府职能的转变,由过去的政府控制的指令性定额转变为适应市场经济规律需要的工程量清单计价方法,由过去的行政干预转变为对工程造价进行依法监管,有效地强化政府对工程造价的宏观调控。

二、2013版清单计价规范简介

2012年12月25日,住房和城乡建设部发布了《建设工程工程量清单计价规范》(GB 50500—2013)(以下简称"13 计价规范")和《房屋建筑与装饰工程工程量计算规范》(GB 50854—2013)、《仿古建筑工程工程量计算规范》(GB 50855—2013)、《通用安装工程工程量计算规范》(GB 50856—2013)、《市政工程工程量计算规范》(GB 50857—2013)、《园林绿化工程工程量计算规范》(GB 50858—2013)、《矿山工程工程量计算规范》(GB 50859—2013)、《构筑物工程工程量计算规范》(GB 50860—2013)、《城市轨道交通工程工程量计算规范》(GB 50861—2013)、《爆破工程工程量计算规范》(GB 50862—2013)等 9 本计量规范(以下简称"13 工程计量规范"),全部 10 本规范于 2013 年 7 月 1 日起实施。

"13 计价规范"及"13 工程计量规范"是在《建设工程工程量清单计价规范》(GB 50500—2008)(以下简称"08 计价规范")基础上,以原建设部发布的工程基础定额、消耗量定额、预算定额以及各省、自治区、直辖市或行业建设主管部门发布的工程计价定额为参考,以工程计价相关的国家或行业的技术标准、规范、规程为依据,收集近年来新的施工技术、工艺和新材料的项目资料,经过整理,在全国广泛征求意见后编制而成。

"13 计价规范"共设置 16 章、54 节、329 条,各章名称为:总则、术语、一般规定、工程量清单编制、招标控制价、投标报价、合同价款约定、工程计量、合同价款调整、合同价款期中支付、竣工结算与支付、合同解除的价款结算与支付、合同价款争议的解决、工程造价鉴定、工程计价资料与档案和工程计价表格。相比"08 计价规范"而言,分别增加了 11 章、37 节、192 条。

"13 计价规范"适用于建设工程发承包及实施阶段的招标工程量清单、招标控制价、投标报价的编制,工程合同价款的约定,竣工结算的办理以及施工过程中的工程计量、合同价款支付、施工索赔与现场签证、合同价款调整和合同价款争议的解决等计价活动。相对于"08 计价规范","13 计价规范"将"建设工程工程量清单计价活动"修改为"建设工程发承包及实施阶段的计价活动",从而对清单计价规范的适用范围进一步进行了明确,表明了不分何种计价方式,建设工程发承包及实施阶段的计价活动必须执行"13 计价规范"。之所以规定"建设工程发承包及实施阶段的计价活动",主要是因为工程建设具有周期长、金额大、不确定因素多的特点,从而决定了建设工程计价具有分阶段计价的特点。建设工程决策阶段、设计阶段的计价要求与发承包及实施阶段的计价要求是有区别的,这就避免了因理解上的歧义而发生纠纷。

"13计价规范"规定："建设工程发承包及实施阶段的工程造价应由分部分项工程费、措施项目费、其他项目费、规费和税金组成"。这说明了不论采用什么计价方式，建设工程发承包及实施阶段的工程造价均由这五部分组成，这五部分也称之为建筑安装工程费。

根据原人事部、原建设部《关于印发〈造价工程师执业制度暂行规定〉的通知》(人发[1996]77号)、《注册造价工程师管理办法》(建设部第150号令)以及《全国建设工程造价员管理办法》(中价协[2011]021号)的有关规定，"13计价规范"规定："招标工程量清单、招标控制价、投标报价、工程计量、合同价款调整、合同价款结算与支付以及工程造价鉴定等工程造价文件的编制与核对，应由具有专业资格的工程造价人员承担。""承担工程造价文件的编制与核对的工程造价人员及其所在单位，应对工程造价文件的质量负责"。

另外，由于建设工程造价计价活动不仅要客观反映工程建设的投资，更应体现工程建设交易活动的公正、公平的原则，因此"13计价规范"规定："工程建设双方，包括受其委托的工程造价咨询方，在建设工程发承包及实施阶段从事计价活动均应遵循客观、公正、公平的原则"。

第二节　工程量清单计价相关规定

一、计价方式

(1)使用国有资金投资的建设工程发承包，必须采用工程量清单计价。国有投资的资金包括国家融资资金、国有资金为主的投资资金。

1)国有资金投资的工程建设项目包括：

①使用各级财政预算资金的项目；

②使用纳入财政管理的各种政府性专项建设资金的项目；

③使用国有企事业单位自有资金，并且国有资产投资者实际拥有控制权的项目。

2)国家融资资金投资的工程建设项目包括：

①使用国家发行债券所筹资金的项目；

②使用国家对外借款或者担保所筹资金的项目；
③使用国家政策性贷款的项目；
④国家授权投资主体融资的项目；
⑤国家特许的融资项目。

3)国有资金为主的工程建设项目是指国有资金占投资总额50%以上，或虽不足50%但国有投资者实质上拥有控股权的工程建设项目。

(2)非国有资金投资的建设工程，"13计价规范"鼓励采用工程量清单计价方式，但是否采用，由项目业主自主确定。

(3)不采用工程量清单计价的建设工程，应执行"13计价规范"中除工程量清单等专门性规定外的其他规定。

(4)实行工程量清单计价应采用综合单价法，不论分部分项工程项目、措施项目、其他项目，还是以单价形式或以总价形式表现的项目，其综合单价的组成内容均包括完成该项目所需的、除规费和税金以外的所有费用。

(5)根据《中华人民共和国安全生产法》、《中华人民共和国建筑法》、《建设工程安全生产管理条例》、《安全生产许可证条例》等法律、法规的规定，建设部办公厅印发了《建筑工程安全防护、文明施工措施费及使用管理规定》(建办[2005]89号)，将安全文明施工费纳入国家强制性标准管理范围，其费用标准不予竞争，并规定"投标方安全防护、文明施工措施的报价，不得低于依据工程所在地工程造价管理机构测定费率计算所需费用总额的90%"。2012年2月14日，财政部、国家安全生产监督管理总局印发的《企业安全生产费用提取和使用管理办法》(财企[2012]16号)规定："建设工程施工企业提取的安全费用列入工程造价，在竞标时，不得删减，列入标外管理"。

"13计价规范"规定措施项目清单中的安全文明施工费必须按国家或省级、行业建设主管部门的规定费用标准计算，招标人不得要求投标人对该项费用进行优惠，投标人也不得将该项费用参与市场竞争。此处的安全文明施工费包括《建筑安装工程费用项目组成》(建标[2013]44号)中措施费的文明施工费、环境保护费、临时设施费、安全施工费。

(6)根据建设部、财政部印发的《建筑安装工程费用项目组成》(建标[2013]44号)的规定，规费是政府和有关权力部门规定必须缴纳的费用，税金是国家按照税法预先规定的标准，强制地、无偿地要求纳税人缴纳的费用。它们都是工程造价的组成部分,但是其费用内容和计取标准都不是发、承包人能自主确定的,更不是由市场竞争决定的。因而"13计价规范"规定:"规费和税金必须按国家或省级、行业建设主管部门的规定计算,不得作为竞争性费用"。

二、发包人提供材料和机械设备

《建设工程质量管理条例》第14条规定:"按照合同约定,由建设单位采购建筑材料、建筑构配件和设备的,建设单位应当保证建筑材料、建筑构配件和设备符合设计文件和合同要求";《中华人民共和国合同法》第283条规定:"发包人未按照约定的时间和要求提供原材料、设备、场地、资金、技术资料的,承包人可以顺延工程日期,并有权要求赔偿停工、窝工等损失"。"13计价规范"根据上述法律条文对发包人提供材料和机械设备的情况进行了如下约定:

(1)发包人提供的材料和工程设备(以下简称甲供材料)应在招标文件中按照规定填写《发包人提供材料和工程设备一览表》,写明甲供材料的名称、规格、数量、单价、交货方式、交货地点等。承包人投标时,甲供材料价格应计入相应项目的综合单价中,签约后,发包人应按合同约定扣除甲供材料款,不予支付。

(2)承包人应根据合同工程进度计划的安排,向发包人提交甲供材料交货的日期计划。发包人应按计划提供。

(3)发包人提供的甲供材料如规格、数量或质量不符合合同要求,或由于发包人原因发生交货日期延误、交货地点及交货方式变更等情况的,发包人应承担由此增加的费用和(或)工期延误,并应向承包人支付合理利润。

(4)发承包双方对甲供材料的数量发生争议不能达成一致的,应按照相关工程的计价定额同类项目规定的材料消耗量计算。

(5)若发包人要求承包人采购已在招标文件中确定为甲供材料的,材料价格应由发承包双方根据市场调查确定,并应另行签订补充协议。

三、承包人提供材料和工程设备

《建设工程质量管理条例》第29条规定:"施工单位必须按照工程设计要求、施工技术标准和合同约定,对建筑材料、建筑构配件、设备和商品混凝土进行检验,检验应当有书面记录和专人签字;未经检验或者检验不合格的,不得使用"。"13 计价规范"根据此法律条文对承包人提供材料和机械设备的情况进行了如下约定:

(1)除合同约定的发包人提供的甲供材料外,合同工程所需的材料和工程设备应由承包人提供,承包人提供的材料和工程设备均应由承包人负责采购、运输和保管。

(2)承包人应按合同约定将采购材料和工程设备的供货人及品种、规格、数量和供货时间等提交发包人确认,并负责提供材料和工程设备的质量证明文件,满足合同约定的质量标准。

(3)对承包人提供的材料和工程设备经检测不符合合同约定的质量标准,发包人应立即要求承包人更换,由此增加的费用和(或)工期延误应由承包人承担。对发包人要求检测承包人已具有合格证明的材料、工程设备,但经检测证明该项材料、工程设备符合合同约定的质量标准,发包人应承担由此增加的费用和(或)工期延误,并向承包人支付合理利润。

四、计价风险

(1)建设工程发承包,必须在招标文件、合同中明确计价中的风险内容及其范围,不得采用无限风险、所有风险或类似语句规定计价中的风险内容及范围。

风险是一种客观存在的、会带来损失的、不确定的状态。它具有客观性、损失性、不确定性的特点,并且风险始终是与损失相联系的。工程施工发包是一种期货交易行为,工程建设本身又具有单件性和建设周期长的特点。在工程施工过程中影响工程施工及工程造价的风险因素很多,但并非所有的风险都是承包人能预测、能控制和应承担其造成损失的。

工程施工招标发包是工程建设交易方式之一,一个成熟的建设市场应是一个体现交易公平性的市场。在工程建设施工发包中实行风险共担和合理分摊原则是实现建设市场交易公平性的具体体现,也是维护建设市场正常秩序的措施之一。其具体体现则是应在招标文件或合同中对发、承包双方各自应承担的风险内容及其风险范围或幅度进行界定和明确,而不能要求承包人承担所有风险或无限度风险。

根据我国工程建设特点,投标人应完全承担的风险是技术风险和管理风险,如管理费和利润;应有限度承担的是市场风险,如材料价格、施工机械使用费等的风险;应完全不承担的是法律、法规、规章和政策变化的风险。

(2)由于下列因素出现,影响合同价款调整的,应由发包人承担:

1)由于国家法律、法规、规章或有关政策出台导致工程税金、规费等发生变化的;

2)对于根据我国目前工程建设的实际情况,各省、自治区、直辖市建设行政主管部门均根据当地人力资源和社会保障行政主管部门的有关规定发布人工成本信息或人工费调整,对此关系职工切身利益的人工费进行调整的,但承包人对人工费或人工单价的报价高于发布的除外;

3)按照《中华人民共和国合同法》第63条规定:"执行政府定价或者政府指导价的,在合同约定的交付期限内价格调整时,按照交付的价格计价。逾期交付标的物的,遇价格上涨时,按照原价格执行;价格下降时,按照新价格执行。逾期提取标的物或者逾期付款的,遇价格上涨时,按照新价格执行;价格下降时,按照原价格执行"。因此,对政府定价或政府指导价管理的原材料价格是按照相关文件规定进行合同价款调整的。

因承包人原因导致工期延误的,应按本书第六章第二节"合同价款调整"中"法律法规变化"和"物价变化"中的有关规定进行处理。

(3)对于主要由市场价格波动导致的价格风险,如工程造价中的建筑材料、燃料等价格风险,应由发承包双方合理分摊,并按规定填写《承包人提供主要材料和工程设备一览表》作为合同附件。当合同中没有约定,发承包双方发生争议时,应按"13计价规范"的相关规定调整合同价款。

"13计价规范"中提出,承包人所承担的材料价格的风险宜控制在5%以内,施工机械使用费的风险可控制在10%以内,超过者予以调整。

(4)由于承包人使用机械设备、施工技术以及组织管理水平等自身原因造成施工费用增加的,应由承包人全部承担。

(5)当不可抗力发生,影响合同价款时,应按本书第六章第二节"合同价款调整"中"不可抗力"的相关规定处理。

第三节 工程量清单编制

工程量清单是载明建设工程分部分项工程项目、措施项目、其他项目的名称和相应数量以及规费、税金项目等内容的明细清单。其中由招标人依据国家标准、招标文件、设计文件以及施工现场实际情况编制的，随招标文件发布，供投标报价的工程量清单(包括其说明和表格)称为招标工程量清单。构成合同文件组成部分的投标文件中已标明价格，经算术性错误修正(如有)且承包人已确认的工程量清单(包括其说明和表格)称为已标价工程量清单。

一、一般规定

（1）招标工程量清单应由招标人负责编制，若招标人不具有编制工程量清单的能力，则可根据《工程造价咨询企业管理办法》(建设部第149号令)的规定，委托具有工程造价咨询性质的工程造价咨询人编制。

（2）招标工程量清单必须作为招标文件的组成部分，其准确性(数量不算错)和完整性(不缺项漏项)应由招标人负责。招标人应将工程量清单连同招标文件一起发(售)给投标人。投标人依据工程量清单进行投标报价时，对工程量清单不负有核实的义务，更不具有修改和调整的权力。如招标人委托工程造价咨询人编制工程量清单，其责任仍由招标人负责。

（3）招标工程量清单是工程量清单计价的基础，应作为编制招标控制价、投标报价、计算或调整工程量以及工程索赔等的依据之一。

（4）招标工程量清单应以单位(项)工程为单位编制，由分部分项工程项目清单、措施项目清单、其他项目清单、规费和税金项目清单组成。

二、工程量清单编制依据

（1）"13计价规范"和相关专业工程的国家计量规范。
（2）国家或省级、行业建设主管部门颁发的计价定额和办法。
（3）建设工程设计文件及相关资料。
（4）与建设工程有关的标准、规范、技术资料。
（5）拟定的招标文件。
（6）施工现场情况、地勘水文资料、工程特点及常规施工方案。
（7）其他相关资料。

三、工程量清单编制原则

工程量清单的编制必须遵循"四个统一、三个自主、两个分离"的原则。

1. 四个统一

工程量清单编制必须满足项目编码统一、项目名称统一、计量单位统一、工程量计算规则统一。

项目编码是"13 计价规范"和相关专业工程国家计量规范规定的内容之一,编制工程量清单时必须严格按照规范要求执行。项目名称基本上按照形成工程实体命名,工程量清单项目特征是按不同的工程部位、施工工艺或材料品种、规格等分别列项,必须对项目进行的描述,是各项清单计算的依据,描述得详细、准确与否是直接影响项目价格的一个主要因素;计量单位是按照能够准确地反映该项目工程内容的原则确定的;工程量数量的计算是按照相关专业工程量计算规范中工程量计算规则计算的,比以往采用预算定额增加了多项组合步骤,所以在计算前一定要注意计算规则的变化,还要注意新组合后项目名称的计量单位。

2. 三个自主

三个自主是指投标人在投标报价时自主确定工料机消耗量,自主确定工料机单价,自主确定措施项目费及其他项目的内容和费率。

3. 两个分离

两个分离即量与价的分离、清单工程量与定额计价工程量分离。

量与价分离是从定额计价方式的角度来表达的。定额计价的方式采用定额基价计算分部分项工程费,工料机消耗量是固定的,量价没有分离;而工程量清单计价由于自主确定工料机消耗量、自主确定工料机单价,因此量价是分离的。

清单工程量与定额计价工程量分离是从工程量清单报价方式来描述的。清单工程量是根据"13 计价规范"和相关专业工程国家计量规范编制的,定额计价工程量是根据所选定的消耗量定额计算的,一项清单工程量可能要对应几项消耗量定额,两者的计算规则也不一定相同。因此,一项清单工程量可能要对应几项定额计价工程量,其清单工程量与定额计价工程量是分离的。

四、工程量清单编制内容

(一)分部分项工程项目清单

(1)分部分项工程项目清单必须载明项目编码、项目名称、项目特征、计量单位和工程量。这是构成一个分部分项工程项目清单的五个要件,在分部分项工程项目清单的组成中缺一不可。

(2)分部分项工程项目清单应根据"13 计价规范"和相关专业工程国家计量规范附录中规定的项目编码、项目名称、项目特征、计量单位和工程量计算规则进行编制。

分部分项工程项目清单项目编码栏应根据相关专业工程国家计量规范项目编码栏内规定的 9 位数字另加 3 位顺序码共 12 位阿拉伯数字填写。各位数字的含义为:一、二位为专业工程代码,房屋建筑与装饰工程为 01,仿古建筑为 02,通用安装工程为 03,市政工程为 04,园林绿化工程为 05,矿山工程为 06,构筑物工程为 07,城市轨道交通工程为 08,爆破工程为 09;三、四位为专业工程附录分类顺序码;五、六位为分部工程顺序码;七、八、九位为分项工程项目名称顺序码;十至十二位为清单项目名称顺序码。

在编制工程量清单时应注意对项目编码的设置不得有重码,特别是当同一标段(或合同段)的一份工程量清单中含有多个单项或单位工程且工程量清单是以单项或单位工程为编制对象时,应注意项目编码中的十至十二位的设置不得重码。例如一个标段(或合同段)的工程量清单中含有三个单项或单位工程,每一单项或单位工程中都有项目特征相同的管道支架,在工程量清单中又需反映三个不同单项或单位工程的管道支架工程量时,此时工程量清单应以单项或单位工程为编制对象,第一个单项或单位工程的管道支架的项目编码为 031002001001,第二个单项或单位工程的管道支架的项目编码为 031002001002,第三个单项或单位工程的管道支架的项目编码为 031002001003,并分别列出各单项或单位工程管道支架的工程量。

分部分项工程量清单项目名称栏应按相关专业国家工程量计算规范的规定,根据拟建工程实际填写。在实际填写过程中,"项目名称"有两种填写方法:一是完全保持相关专业国家工程量计算规范的项目名称不变;二是根据工程实际在工程量计算规范项目名称下另行确定详细名称。

分部分项工程量清单项目特征栏应按相关专业工程国家计量规范的规定,根据拟建工程实际进行描述。

分部分项工程量清单的计量单位应按相关专业工程国家计量规范规

定的计量单位填写。有些项目工程量计算规范中有两个或两个以上的计量单位,应根据拟建工程项目的实际,选择最适宜表现该项目特征并方便计量的单位。如管道支架项目,工程量计算规范以"kg"和"套"两个计量单位表示,此时应根据工程项目的特点,选择其中一个即可。

"工程量"应按相关工程国家工程量计算规范规定的工程量计算规则计算填写。

工程量的有效位数应遵守下列规定:

(1)以"t"为单位,应保留小数点后三位小数,第四位小数四舍五入。

(2)以"m"、"m^2"、"m^3"、"kg"为单位,应保留小数点后两位小数,第三位小数四舍五入。

(3)以"台"、"个"、"件"、"套"、"根"、"组"、"系统"等为单位,应取整数。

分部分项工程量清单编制应注意问题:

(1)不能随意设置项目名称,清单项目名称一定要按相关专业工程国家计量规范附录的规定设置。

(2)正确对项目进行描述,一定要将完成该项目的全部内容完整地体现在清单上,不能有遗漏,以便投标人报价。

(二)措施项目清单

措施项目清单是指为完成工程项目施工,发生于该工程施工准备和施工过程中的技术、生活、安全、环境保护等方面的项目。相关专业工程国家计量规范中有关措施项目的规定和具体条文比较少,投标人可根据施工组织设计中采取的措施增加项目。

措施项目清单的设置,首先要参考拟建工程的施工组织设计,以确定安全文明施工、材料的二次搬运等项目。其次参阅施工技术方案,以确定夜间施工增加费、大型机械进出场及安拆费、脚手架工程费等项目。

措施项目清单的编制应注意下列问题:

(1)措施项目清单应根据拟建工程的实际情况列项。

(2)措施项目中可以计算工程量的项目清单宜采用分部分项工程量清单的方式编制,列出项目编码、项目名称、项目特征、计量单位和工程量计算规则;不能计算工程量的项目清单,以"项"为计量单位。

(3)相关专业工程国家计量规范将实体性项目划分为分部分项工程

量清单,非实体性项目划分为措施项目。所谓非实体性项目,一般来说,其费用的发生和金额的大小与使用时间、施工方法或者两个以上工序相关,与实际完成的实体工程量的多少关系不大,例如是大中型施工机械、文明施工和安全防护、临时设施等。但有的非实体性项目,则是可以计算工程量的项目,例如建筑工程混凝土浇筑的模板工程。用分部分项工程量清单的方式采用综合单价,更有利于措施费的确定和调整,有利于合同管理。

(三)其他项目清单

其他项目清单是指除分部分项工程量清单、措施项目清单所包含的内容以外,因招标人的特殊要求而发生的与拟建工程有关的其他费用项目和相应数量的清单。其他项目清单包括暂列金额、暂估价(包括材料暂估单价、工程设备暂估单价、专业工程暂估价)、计日工、总承包服务费。工程建设标准的高低、工程的复杂程度、工程的工期长短、工程的组成内容、发包人对工程管理要求等都直接影响其他项目清单的具体内容。

1. 暂列金额

暂列金额是招标人在工程量清单中暂定并包括在合同价款中的一笔款项。清单计价规范中明确规定暂列金额用于施工合同签订时尚未确定或者不可预见的所需材料、设备、服务的采购,施工中可能发生的工程变更、合同约定调整因素出现时的工程价款调整以及发生的索赔、现场签证确认等的费用。

不管采用何种合同形式,工程造价理想的标准是,一份合同的价格就是其最终的竣工结算价格,或者至少两者应尽可能接近。我国规定对政府投资工程实行概算管理,经项目审批部门批复的设计概算是工程投资控制的刚性指标,即使商业性开发项目也有成本的预先控制问题,否则,无法相对准确预测投资的收益和科学合理地进行投资控制。但工程建设自身的特性决定了工程的设计需要根据工程进展不断地进行优化和调整,业主需求可能会随工程建设进展出现变化,工程建设过程还会存在一些不能预见、不能确定的因素。消化这些因素必然会影响合同价格的调整,暂列金额正是为这类不可避免的价格调整而设立,以便达到合理确定和有效控制工程造价的目标。

另外,暂列金额列入合同价格不等于就属于承包人所有了,即使是总价包干合同,也不等于列入合同价格的所有金额就属于承包人,是否属于承包人应得金额取决于具体的合同约定,只有按照合同约定程序实际发生后,才能成为承包人的应得金额,纳入合同结算价款中。扣除实际发生金额后的暂列金额余额仍属于发包人所有。设立暂列金额并不能保证合同结算价格不会再出现超过合同价格的情况,是否超出合同价格完全取决于工程量清单编制人对暂列金额预测的准确性,以及工程建设过程是否出现了其他事先未预测到的事件。

2. 暂估价

暂估价是指招标阶段直至签订合同协议时,招标人在招标文件中提供的用于支付必然发生但暂时不能确定价格的材料以及专业工程的金额。暂估价包括材料暂估单价、工程设备暂估单价和专业工程暂估价。暂估价类似于 FIDIC 合同条款中的 Prime Cost Items,在招标阶段预见肯定要发生,只是因为标准不明确或者需要由专业承包人完成,暂时无法确定价格。暂估价数量和拟用项目应当结合工程量清单中的"暂估价表"予以补充说明。

为方便合同管理,需要纳入分部分项工程项目清单综合单价中的暂估价应只是材料费、工程设备费,以方便投标人组价。

专业工程的暂估价一般应是综合暂估价,应当包括除规费和税金以外的管理费、利润等取费。总承包招标时,专业工程设计深度往往是不够的,一般需要交由专业设计人设计,国际上,出于提高可建造性考虑,一般由专业承包人负责设计,以发挥其专业技能和专业施工经验的优势。这类专业工程交由专业分包人完成是国际工程的良好实践,目前在我国工程建设领域也已经比较普遍。公开透明地合理确定这类暂估价的实际开支金额的最佳途径,就是通过施工总承包人与工程建设项目招标人共同组织的招标。

3. 计日工

计日工是为解决现场发生的零星工作的计价而设立的,其为额外工作和变更的计价提供了一个方便快捷的途径。计日工适用的所谓零星工作一般是指合同约定之外的或者因变更而产生的、工程量清单中没有相应项目的额外工作,尤其是那些时间不允许事先商定价格的额外工作。计日工以完成零星工作所消耗的人工工时、材料数量、机械台班进行计量,并按照计日工表中填报的适用项目的单价进行计价支付。

国际上常见的标准合同条款中,大多数都设立了计日工(Daywork)计价机制。但在我国以往的工程量清单计价实践中,由于计日工项目的单价水平一般要高于工程量清单项目的单价水平,因而经常被忽略。从理论上讲,由于计日工往往是用于一些突发性的额外工作,缺少计划性,承包人在调动施工生产资源方面难免不影响已经计划好的工作,生产资源的使用效率也有一定的降低,客观上造成超出常规的额外投入。另外,其他项目清单中计日工往往是一个暂定的数量,其无法纳入有效的竞争。所以合理的计日工单价水平一定是要高于工程量清单的价格水平的。为获得合理的计日工单价,发包人在其他项目清单中对计日工一定要给出暂定数量,并需要根据经验尽可能估算一个较接近实际的数量。

4. 总承包服务费

总承包服务费是为了解决招标人在法律、法规允许的条件下进行专业工程发包,以及自行供应材料、设备,并需要总承包人对发包的专业工程提供协调和配合服务,对供应的材料、设备提供收、发和保管服务以及进行施工现场管理时发生,并向总承包人支付的费用。招标人应预计该项费用并按投标人的投标报价向投标人支付该项费用。

为保证工程施工建设的顺利实施,投标人在编制招标工程量清单时应对施工过程中可能出现的各种不确定因素对工程造价的影响进行估算,列出一笔暂列金额。暂列金额可根据工程的复杂程度、设计深度、工程环境条件(包括地质、水文、气候条件等)进行估算,一般可按分部分项工程费的10%~15%作为参考。

暂估价中的材料、工程设备暂估单价应根据工程造价信息或参照市场价格估算,列出明细表;专业工程暂估价应分不同专业,按有关计价规定估算,列出明细表。

计日工应列出项目名称、计量单位和暂估数量。

总承包服务费应列出服务项目及其内容等。

出现未列的项目,应根据工程实际情况补充。如办理竣工结算时就需将索赔及现场签证列入其他项目中。

(四)规费项目清单

规费是根据省级政府或省级有关权力部门规定必须缴纳的,应计入建筑安装工程造价的费用。根据住房和城乡建设部、财政部"关于印发《建筑安装工程费用项目组成》的通知"(建标[2013]44号)的规定,规费主要包括社会保险费、住房公积金、工程排污费,其中社会保险费包括养老保险费、医疗保险费、失业保险费、工伤保险费和生育保险费;税金主要包括营业税、城市维护建设税、教育费附加和地方教育附加。规费作为政府和有关权力部门规定必须缴纳的费用,政府和有关权力部门可根据形势发展的需要,对规费项目进行调整。因此,清单编制人对《建筑安装工程费用项目组成》中未包括的规费项目,在编制规费项目清单时应根据省级政府或省级有关权力部门的规定列项。

规费项目清单应按照下列内容列项:

(1)社会保险费:包括养老保险费、失业保险费、医疗保险费、工伤保险费、生育保险费。

(2)住房公积金。

(3)工程排污费。

相对于"08计价规范","13计价规范"对规费项目清单进行了以下调整:

(1)根据《中华人民共和国社会保险法》的规定,将"08计价规范"使用的"社会保障费"更名为"社会保险费",将"工伤保险费、生育保险费"列入社会保险费。

(2)根据十一届全国人大常委会第20次会议,将《中华人民共和国建筑法》第48条由"建筑施工企业必须为从事危险作业的职工办理意外伤害保险,支付保险费"修改为"建筑施工企业应当依法为职工参加工伤保险缴纳工伤保险费。鼓励企业为从事危险作业的职工办理意外伤害保险,支付保险费"。由于建筑法将意外伤害保险由强制改为鼓励,因此,"13计价规范"中规费项目增加了工伤保险费,删除了意外伤害保险,将其列入企业管理费中列支。

(3)根据《财政部、国家发展改革委关于公布取消和停止征收100项行政事业性收费项目的通知》(财综[2008]78号)的规定,工程定额测定费从2009年1月1日起取消,停止征收。因此,"13计价规范"中规费项目取消了工程定额测定费。

(五)税金

根据住房和城乡建设部、财政部"关于印发《建筑安装工程费用项目组成》的通知"(建标[2013]44号)的规定,目前我国税法规定应计入建筑安装工程造价的税种包括营业税、城市建设维护税、教育费附加和地方教育附加。如国家税法发生变化,税务部门依据职权增加了税种,应对税金项目清单进行补充。

税金项目清单应按下列内容列项:
(1)营业税。
(2)城市维护建设税。
(3)教育费附加。
(4)地方教育附加。

根据《财政部关于统一地方教育政策有关内容的通知》(财综[2011]98号)的有关规定,"13计价规范"相对于"08计价规范",在税金项目增列了地方教育附加项目。

五、工程量清单编制标准格式

工程量清单编制使用的表格包括:招标工程量清单封面(封-1),招标工程量清单扉页(扉-1),工程计价总说明表(表-01),分部分项工程和单价措施项目清单与计价表(表-08),总价措施项目清单与计价表(表-11),其他项目清单与计价汇总表(表-12)[暂列金额明细表(表-12-1),材料(工程设备)暂估单价及调整表(表-12-2),专业工程暂估价及结算价表(表-12-3),计日工表(表-12-4),总承包服务费计价表(表-12-5)],规费、税金项目计价表(表-13),发包人提供材料和工程设备一览表(表-20),承包人提供主要材料和工程设备一览表(适用于造价信息差额调整法)(表-21)或承包人提供主要材料和工程设备一览表(适用于价格指数差额调整法)(表-22)。

1. 招标工程量清单封面

招标工程量清单封面(封-1)上应填写招标工程项目的具体名称,招标人应盖单位公章,如委托工程造价咨询人编制,还应加盖工程造价咨询人所在单位公章。

招标工程量清单封面的样式见表2-1。

表 2-1　　　　　　　招标工程量清单封面

_____工程

招标工程量清单

招　标　人：_____
　　　　　　　（单位盖章）

造价咨询人：_____
　　　　　　　（单位盖章）

年　　月　　日

封-1

2. 招标工程量清单扉页

招标工程量清单扉页(扉-1)由招标人或招标人委托的工程造价咨询人编制招标工程量清单时填写。

招标人自行编制工程量清单的,编制人员必须是在招标人单位注册的造价人员,由招标人盖单位公章,法定代表人或其授权人签字或盖章。当编制人是注册造价工程师时,由其签字盖执业专用章;当编制人是造价员时,由其在编制人栏签字盖专用章,并应由注册造价工程师复核,在复核人栏签字盖执业专用章。

招标人委托工程造价咨询人编制工程量清单的,编制人必须是在工程造价咨询人单位注册的造价人员,由工程造价咨询人盖单位资质专用章,法定代表人或其授权人签字或盖章。当编制人是注册造价工程师时,由其签字盖执业专用章;当编制人是造价员时,由其在编制人栏签字盖专用章,并应由注册造价师复核,在复核人栏签字盖执业专用章。

招标工程量清单扉页的样式见表2-2。

表 2-2　　　　　　　　招标工程量清单扉页

_____工程

招标工程量清单

招　标　人：_____　　　造价咨询人：_____
　　　（单位盖章）　　　　　　　　（单位资质专用章）

法定代表人　　　　　　　　　法定代表人
或其授权人：_____　　　或其授权人：_____
　　　（签字或盖章）　　　　　　　（签字或盖章）

编　制　人：_____　　　复　核　人：_____
　（造价人员签字盖专用章）　　（造价工程师签字盖专用章）

编制时间：　年　月　日　　　复核时间：　年　月　日

扉-1

3. 总说明

工程计价总说明表（表-01）适用于工程计价的各个阶段。对工程计价的不同阶段，总说明表中说明的内容是有差别的，要求也有所不同。

(1)工程量清单编制阶段。工程量清单中总说明应包括的内容有：①工程概况：如建设地址、建设规模、工程特征、交通状况、环保要求等；②工程招标和专业工程发包范围；③工程量清单编制依据；④工程质量、材料、施工等的特殊要求；⑤其他需要说明的问题。

(2)招标控制价编制阶段。招标控制价中总说明应包括的内容有:①采用的计价依据;②采用的施工组织设计;③采用的材料价格来源;④综合单价中风险因素、风险范围(幅度);⑤其他等。

(3)投标报价编制阶段。投标报价中总说明应包括的内容有:①采用的计价依据;②采用的施工组织设计;③综合单价中包含的风险因素,风险范围(幅度);④措施项目的依据;⑤其他有关内容的说明等。

(4)竣工结算编制阶段。竣工结算中总说明应包括的内容有:①工程概况;②编制依据;③工程变更;④工程价款调整;⑤索赔;⑥其他等。

(5)工程造价鉴定阶段。工程造价鉴定书中总说明应包括的内容有:①鉴定项目委托人名称、委托鉴定的内容;②委托鉴定的证据材料;③鉴定的依据及使用的专业技术手段;④对鉴定过程的说明;⑤明确的鉴定结论;⑥其他需说明的事宜等。

工程计价总说明的样式见表2-3。

表2-3 总说明

工程名称: 第 页 共 页

| |
| |

表-01

4. 分部分项工程和单价措施项目清单与计价表

分部分项工程和单价措施项目清单与计价表(表-08)是依据"08计价规范"中《分部分项工程量清单与计价表》和《措施项目清单与计价表(二)》合并而来。单价措施项目和分部分项工程项目清单编制与计价均使用本表。

分部分项工程和单价措施项目清单与计价表不只是编制招标工程量清单的表式,也是编制招标控制价、投标报价和竣工结算的最基本用表。

在编制工程量清单时,在"工程名称"栏应填写详细具体的工程称谓,对于房屋建筑而言,习惯上并无标段划分,可不填写"标段"栏,但相对于管道敷设、道路施工,则往往以标段划分,此时,应填写"标段"栏,其他各表涉及此类设置,道理相同。

由于各省、自治区、直辖市以及行业建设主管部门对规费计取基础的不同设置,为了计取规费等的使用,可在分部分项工程和单价措施项目清单与计价表中增设其中:"定额人工费"。编制招标控制价时,"综合单价"、"合计"以及"其中:暂估价"按"13计价规范"的规定填写。编写投标报价时,投标人对表中的"项目编码"、"项目名称"、"项目特征"、"计量单位"、"工程量"均不应进行改动。"综合单价"、"合价"自主决定填写,对其中的"暂估价"栏,投标人应将招标文件中提供了暂估材料单价的暂估价计入综合单价,并应计算出暂估单价的材料在"综合单价"及其"合价"中的具体数额,因此,为更详细反应暂估价情况,也可在表中增设一栏"综合单价"其中的"暂估价"。

编制竣工结算时,使用分部分项工程和单价措施项目清单与计价表可取消"暂估价"。

分部分项工程和单价措施项目清单与计价表的样式见表2-4。

表2-4　　　　分部分项工程和单价措施项目清单与计价表

工程名称:　　　　　　　　　　标段:　　　　　　　　第　页共　页

序号	项目编码	项目名称	项目特征描述	计量单位	工程量	金额(元)		
						综合单价	合价	其中暂估价
本页小计								
合　计								

注:为计取规费等使用,可在表中增设其中:"定额人工费"。

表-08

5. 总价措施项目清单与计价表

在编制招标工程量清单时,总价措施项目清单与计价表(表-11)中的项目可根据工程实际情况进行增减。在编制招标控制价时,计费基础、费率应按省级或行业建设主管部门的规定计取。编制投标报价时,除"安全文明施工费"必须按"13计价规范"的强制性规定,按省级、行业建设主管部门的规定计取外,其他措施项目均可根据投标施工组织设计自主报价。

总价措施项目清单与计价表见表2-5。

表 2-5　　　　　　　　总价措施项目清单与计价表

工程名称:　　　　　　　　标段:　　　　　　　第　页共　页

序号	项目编码	项目名称	计算基础	费率(%)	金额(元)	调整费率(%)	调整后金额(元)	备注
		安全文明施工费						
		夜间施工增加费						
		二次搬运费						
		冬雨季施工增加费						
		已完工程及设备保护费						
	合　　　计							

编制人(造价人员):　　　　　　复核人(造价工程师):

注:1. "计算基础"中安全文明施工费可为"定额基价"、"定额人工费"或"定额人工费+定额机械费",其他项目可为"定额人工费"或"定额人工费+定额机械费"。
2. 按施工方案计算的措施费,若无"计算基础"和"费率"的数值,也可只填"金额"数值,但应在备注栏说明施工方案出处或计算方法。

表-11

6. 其他项目清单与计价汇总表

编制招标工程量清单时,应汇总"暂列金额"和"专业工程暂估价",以提供给投标人报价。

编制招标控制价时,应按有关计价规定估算"计日工"和"总承包服务费"。如招标工程量清单中未列"暂列金额",应按有关规定编列。编制投标报价时,应按招标文件工程量提供的"暂列金额"和"专业工程暂估价"填写金额,不得变动。"计日工"、"总承包服务费"自主确定报价。编制或核对竣工结算时,"专业工程暂估价"按实际分包结算价填写,"计日工"、"总承包服务费"按双方认可的费用填写,如发生"索赔"或"现场签证"费用,按双方认可的金额计入其他项目清单与计价汇总表(表-12)。

其他项目清单与计价汇总表的样式见表 2-6。

表 2-6　　　　　　　其他项目清单与计价汇总表

工程名称：　　　　　　标段：　　　　　　　第　页共　页

序号	项目名称	金额(元)	结算金额(元)	备注
1	暂列金额			明细详见表-12-1
2	暂估价			
2.1	材料(工程设备)暂估价/结算价	—		明细详见表-12-2
2.2	专业工程暂估价/结算价			明细详见表-12-3
3	计日工			明细详见表-12-4
4	总承包服务费			明细详见表-12-5
5	索赔与现场签证	—		明细详见表-12-6
	合　计			

注:材料(工程设备)暂估单价计入清单项目综合单价,此处不汇总。

表-12

7. 暂列金额明细表

暂列金额在实际履约过程中可能发生,也可能不发生。暂列金额明细表(表-12-1)要求招标人能将暂列金额与拟用项目列出明细,但如确实不能详列也可只列暂定金额总额,投标人应将上述暂列金额计入投标总价中。

暂列金额明细表的样式见表 2-7。

表 2-7　　　　　　　　　　暂列金额明细表

工程名称：　　　　　　　标段：　　　　　　　第　页共　页

序号	项目名称	计量单位	暂定金额(元)	备注
1				
2				
3				
4				
5				
6				
7				
8				
9				
10				
11				
合　　计				—

注：此表由招标人填写,如不能详列,也可只列暂定金额总额,投标人应将上述暂列金额计入投标总价中。

表-12-1

8. 材料(工程设备)暂估单价及调整表

暂估价是在招标阶段预见肯定要发生,只是因为标准不明确或者需要由专业承包人完成,暂时无法确定材料、工程设备的具体价格而采用的一种临时性计价方式。暂估价的材料、工程设备数量应在材料(工程设备)暂估单价及调整表(表-12-2)内填写,拟用项目应在备注栏给予补充说明。

"13计价规范"要求招标人针对每一类暂估价给出相应的拟用项目,即按照材料、工程设备的名称分别给出,这样的材料、工程设备暂估价能够纳入到清单项目的综合单价中。

材料(工程设备)暂估单价及调整表的样式见表2-8。

表2-8　　　　　　材料(工程设备)暂估单价及调整表

工程名称:　　　　　　　　标段:　　　　　　　　第　页共　页

序号	材料(工程设备)名称、规格、型号	计量单位	数量		暂估(元)		确认(元)		差额±(元)		备注
			暂估	确认	单价	合价	单价	合价	单价	合价	
合计											

注:此表由招标人填写"暂估单价",并在备注栏说明暂估单价的材料、工程设备拟用在哪些清单项目上,投标人应将上述材料、工程设备暂估单价计入工程量清单综合单价报价中。

表-12-2

9. 专业工程暂估价及结算价表

专业工程暂估价及结算价表(表-12-3)内应填写工程名称、工程内容、暂估金额,投标人应将上述金额计入投标总价中。专业工程暂估价项目及其表中列明的专业工程暂估价,是指分包人实施专业工程的含税金后的完整价,除了合同约定的发包人应承担的总包管理、协调、配合和服务责任所对应的总承包服务费以外,承包人为履行其总包管理、配合、协调和服务所需产生的费用应该包括在投标报价中。

专业工程暂估价及结算价表的样式见表2-9。

表2-9　　　　　　　　　专业工程暂估价及结算价表

工程名称：　　　　　　　　标段：　　　　　　　　第　页共　页

序号	工程名称	工程内容	暂估金额（元）	结算金额（元）	差额±（元）	备注
	合　计					

注：此表"暂估金额"由招标人填写，招标人应将"暂估金额"计入投标总价中。结算时按合同约定结算金额填写。

表-12-3

10. 计日工表

编制工程量清单时，计日工表（表-12-4）中的"项目名称"、"单位"、"暂定数量"由招标人填写。编制招标控制价时，人工、材料、机械台班单价由招标人按有关计价规定填写并计算合价。编制投标报价时，人工、材料、机械台班单价由投标人自主确定，按已给暂估数量计算合计计入投标总价中。

第二章 水暖工程工程量清单及计价

计日工表的样式见表 2-10。

表 2-10　　　　　　　　　　计日工表

工程名称：　　　　　　　标段：　　　　　　第　页共　页

编号	项目名称	单位	暂定数量	实际数量	综合单价（元）	合价（元）	
						暂定	实际
一	人工						
1							
2							
3							
4							
	人工小计						
二	材料						
1							
2							
3							
4							
5							
	材料小计						
三	施工机械						
1							
2							
3							
4							
	施工机械小计						
四、企业管理费和利润							
总　　计							

注：此表"项目名称"、"暂定数量"由招标人填写，编制招标控制价时，单价由招标人按有关规定确定；投标时，单价由投标人自主确定，按暂定数量计算合价计入投标总价中；结算时，按发承包双方确定的实际数量计算合价。

11. 总承包服务费计价表

编制招标工程量清单时,招标人应将拟定进行专业分包的专业工程、自行采购的材料设备等决定清楚,填写项目名称、服务内容,以便投标人决定报价。编制招标控制价时,招标人按有关计价规定计价。编制投标报价时,由投标人根据工程量清单中的总承包服务内容,自主决定报价。办理竣工结算时,发包人双方应按承包人已标价工程量清单中的报价计算,如发包双方确定调整的,按调整后的金额计算。

总承包服务费计价表的样式见表2-11。

表 2-11　　　　　　　总承包服务费计价表

工程名称:　　　　　　标段:　　　　　　第　页共　页

序号	项目名称	项目价值(元)	服务内容	计算基础	费率(%)	金额(元)
1	发包人发包专业工程					
2	发包人提供材料					
	合　计		—		—	

注:此表"项目名称"、"服务内容"由招标人填写,编制招标控制价时,费率及金额由招标人按有关计价规定确定;投标时,费率及金额由投标人自主报价,计入投标总价中。

表-12-5

12. 规费、税金项目计价表

规费、税金项目计价表(表-13)应按住房和城乡建设部、财政部印发的《建筑安装工程费用项目组成》(建标[2013]44号)列举的规费项目列项,在施工实践中,有的规费项目,如工程排污费,并非每个工程所在地都要征收,实践中可作为按实计算的费用处理。

规费、税金项目计价表的样式见表2-12。

表 2-12　　　　　　　规费、税金项目计价表

工程名称：　　　　　　　标段：　　　　　　　第 页共 页

序号	项目名称	计算基础	计算基数	计算费率(%)	金额(元)
1	规费	定额人工费			
1.1	社会保险费	定额人工费			
(1)	养老保险费	定额人工费			
(2)	失业保险费	定额人工费			
(3)	医疗保险费	定额人工费			
(4)	工伤保险费	定额人工费			
(5)	生育保险费	定额人工费			
1.2	住房公积金	定额人工费			
1.3	工程排污费	按工程所在地环境保护部门收取标准,按实计入			
2	税金	分部分项工程费＋措施项目费＋其他项目费＋规费－按规定不计税的工程设备金额			
		合　计			

编制人(造价人员):　　　　　　　　复核人(造价工程师):

表-13

13. 发包人提供主要材料和工程设备一览表

发包人提供主要材料和工程设备一览表的样式见表2-13。

表 2-13　　　　　　　发包人提供材料和工程设备一览表

工程名称：　　　　　　　　标段：　　　　　　　第　页共　页

序号	材料(工程设备)名称、规格、型号	单位	数量	单价(元)	交货方式	送达地点	备注

注：此表由招标人填写，供投标人在投标报价、确定总承包服务费时参考。

表-20

14. 承包人提供主要材料和工程设备一览表(适用于造价信息差额调整法)

承包人提供主要材料和工程设备一览表(适用于造价信息差额调整法)的样式见表 2-14。

表 2-14　　　承包人提供主要材料和工程设备一览表
（适用于造价信息差额调整法）

工程名称：　　　　　　　标段：　　　　　　第　页共　页

序号	名称、规格、型号	单位	数量	风险系数（%）	基准单价（元）	投标单价（元）	发承包人确认单价（元）	备注

注：1. 此表由招标人填写除"投标单价"栏的内容，投标人在投标时自主确定投标单价。
　　2. 招标人应优先采用工程造价管理机构发布的单价作为基准单价，未发布的通过市场调查确定其基准单价。

表-21

15. 承包人提供主要材料和工程设备一览表(适用于价格指数差额调整法)

承包人提供主要材料和工程设备一览表(适用于价格指数差额调整法)的样式见表 2-15。

表 2-15　　　承包人提供主要材料和工程设备一览表

(适用于价格指数差额调整法)

工程名称：　　　　　　　　标段：　　　　　　　第 页共 页

序号	名称、规格、型号	变值权重 B	基本价格指数 F_0	现行价格指数 F_t	备注
	定值权重 A		—	—	
	合　　计	1	—	—	

注：1. "名称、规格、型号"、"基本价格指数"栏由招标人填写，基本价格指数应首先采用工程造价管理机构发布的价格指数，没有时，可采用发布的价格代替。如人工、机械费也采用本法调整，由招标人在"名称"栏填写。

2. "变值权重"栏由投标人根据该项人工、机械费和材料、工程设备价值在投标总报价中所占比例填写，1 减去其比例为定值权重。

3. "现行价格指数"按约定付款证书相关周期最后一天的前 42 天的各项价格指数填写，该指数应首先采用工程造价管理机构发布的价格指数，没有时，可采用发布的价格代替。

表-22

六、水暖工程工程量清单编制示例

表 2-16　　　　招标工程量清单封面

<u>　　某住宅楼采暖及给水排水安装　　</u>**工程**

招标工程量清单

招　标　人：<u>　　×××　　</u>
　　　　　　　（单位盖章）

造价咨询人：<u>　　×××　　</u>
　　　　　　　（单位盖章）

××年×月×日

表 2-17　　　招标工程量清单扉页

_____某住宅楼采暖及给水排水安装_____ **工程**

招标工程量清单

招 标 人：_____×××_____　　　造价咨询人：_____×××_____
　　　　　　（单位盖章）　　　　　　　　　　　（单位资质专用章）

法定代表人　　　　　　　　　　　法定代表人
或其授权人：_____×××_____　或其授权人：_____×××_____
　　　　　　（签字或盖章）　　　　　　　　　　（签字或盖章）

编 制 人：_____×××_____　　　复 核 人：_____×××_____
　　　　（造价人员签字盖专用章）　　　　（造价工程师签字盖专用章）

编制时间：××年×月×日　　　　复核时间：××年×月×日

扉-1

第二章 水暖工程工程量清单及计价

表 2-18 总说明

工程名称:某住宅楼采暖及给水排水安装工程　　　　　　第 页共 页

1. 工程概况:如建设地址、建设规模、工程特征、交通状况、环保要求等;
2. 工程招标和专业工程发包范围;
3. 工程量清单编制依据;
4. 工程质量、材料、施工等的特殊要求;
5. 其他需要说明的问题。

表-01

表 2-19 分部分项工程和单价措施项目清单与计价表

工程名称:某住宅楼采暖及给水排水安装工程　　　标段：　　第 页共 页

序号	项目编码	项目名称	项目特征描述	计量单位	工程量	金额(元)		
						综合单价	合价	其中暂估价
1	031001002001	钢管	DN15,室内焊接钢管安装,螺纹连接	m	1325.00			
2	031001002002	钢管	DN20,室内焊接钢管安装,螺纹连接	m	1855.00			
3	031001002003	钢管	DN25,室内焊接钢管安装,螺纹连接	m	1030.00			

续一

序号	项目编码	项目名称	项目特征描述	计量单位	工程量	金　额(元)		
						综合单价	合价	其中
								暂估价
4	031001002004	钢管	DN32,室内焊接钢管安装,螺纹连接	m	95.00			
5	031001002005	钢管	DN40,室内焊接钢管安装,手工电弧焊	m	120.00			
6	031001002006	钢管	DN50,室内焊接钢管安装,手工电弧焊	m	230.00			
7	031001002007	钢管	DN70,室内焊接钢管安装,手工电弧焊	m	180.00			
8	031001002008	钢管	DN80,室内焊接钢管安装,手工电弧焊	m	95.00			
9	031001002009	钢管	DN100,室内焊接钢管安装,手工电弧焊	m	70.00			
10	031003001001	螺纹阀门	螺纹连接J11T-16-15	个	84			
11	031003001002	螺纹阀门	螺纹连接J11T-16-20	个	76			
12	031003001003	螺纹阀门	螺纹连接J11T-16-25	个	52			
13	031003003001	焊接法兰阀门	J11T-100	个	6			
14	031005001001	铸铁散热器	柱形813,手工除锈,刷1次锈漆,2次银粉漆	片	5385			
15	031002001001	管道支架	单管吊支架,$\phi20$,∟40×4	kg	1200.00			
16	031009001001	采暖工程系统调试	热水采暖系统	系统	1			
17	031001001001	镀锌钢管	DN80,室内给水,螺纹连接	m	4.30			

续二

序号	项目编码	项目名称	项目特征描述	计量单位	工程量	金额(元)		
						综合单价	合价	其中暂估价
18	031001001002	镀锌钢管	DN70,室内给水,螺纹连接	m	20.90			
19	031001006001	塑料管	DN110,室内排水,零件粘结	m	45.70			
20	031001006002	塑料管	DN75,室内排水,零件粘结	m	0.50			
21	031001007001	复合管	DN40,室内给水,螺纹连接	m	23.60			
22	031001007002	复合管	DN20,室内给水,螺纹连接	m	14.60			
23	031001007003	复合管	DN15,室内给水,螺纹连接	m	4.60			
24	031002001002	管道支架	单管吊支架,ϕ25,∟25×4	kg	4.94			
25	031003013001	水表	室内水表安装,DN20	组	1			
26	031004003001	洗脸盆	陶瓷,PT-8,冷热水	组	3			
27	031004010001	淋浴器	金属	套	1			
28	031004006001	大便器	陶瓷	组	5			
29	031004014001	排水栓	排水栓安装,DN5	组	1			
30	031004014002	水龙头	铜,DN15	个	4			
31	031004014003	地漏	铸铁,DN10	个	3			
32	031301017001	脚手架搭拆	综合脚手架安装	m²	357.39			

表-08

表 2-20　　　　　　　总价措施项目清单与计价表

工程名称:某住宅楼采暖及给水排水安装工程　　　标段：　　第 页共 页

序号	项目编码	项目名称	计算基础	费率(%)	金额(元)	调整费率(%)	调整后金额(元)	备注
1	031302001001	安全文明施工费						
2	031302002001	夜间施工增加费						
3	031302004001	二次搬运费						
4	031302005001	冬雨季施工增加费						
5	031302006001	已完工程及设备保护费						
		合　　计						

编制人(造价人员)：　　　　　　　　复核人(造价工程师)：

表-11

第二章 水暖工程工程量清单及计价

表 2-21　　　　　　其他项目清单与计价汇总表

工程名称：某住宅楼采暖及给水排水安装工程　　　标段：　　　　第 页共 页

序号	项目名称	金额（元）	结算金额（元）	备注
1	暂列金额	10000.00		明细详见表-12-1
2	暂估价			
2.1	材料（工程设备）暂估价	—		明细详见表-12-2
2.2	专业工程暂估价	50000.00		明细详见表-12-3
3	计日工			明细详见表-12-4
4	总承包服务费			明细详见表-12-5
5	索赔与现场签证	—		明细详见表-12-6
	合　计	60000.00		

表-12

表 2-22 暂列金额明细表

工程名称:某住宅楼采暖及给水排水安装工程　　　　标段：　　　第　页共　页

序号	项目名称	计量单位	暂定金额（元）	备注
1	政策性调整和材料价格风险	项	7500.00	
2	其他	项	2500.00	
3				
4				
5				
6				
7				
8				
9				
10				
11				
	合　计		10000.00	—

表-12-1

第二章 水暖工程工程量清单及计价

表 2-23　　　　材料(工程设备)暂估单价及调整表

工程名称:某住宅楼采暖及给水排水安装工程　　　　标段:　　　　第　页共　页

序号	材料(工程设备)名称、规格、型号	计量单位	数量		暂估(元)		确认(元)		差额±(元)		备注
			暂估	确认	单价	合价	单价	合价	单价	合价	
1	DN15 钢管	m	1325.00		15.00	19875.00					用于室内给水管道项目
2	DN20 钢管	m	1855.00		18.00	33390.00					用于室内给水管道项目
3	DN25 钢管	m	1030.00		25.00	25750.00					用于室内给水管道项目
4	DN32 钢管	m	95.00		28.00	2660.00					用于室内给水管道项目
5	DN40 钢管	m	120.00		40.00	4800.00					用于室内给水管道项目
6	DN50 钢管	m	230.00		45.00	10350.00					用于室内给水管道项目
7	DN70 钢管	m	180.00		65.00	11700.00					用于室内给水管道项目
8	DN80 钢管	m	95.00		75.00	7125.00					用于室内给水管道项目
9	DN100 钢管	m	70.00		80.00	5600.00					用于室内给水管道项目
	合　计					121250.00					

表-12-2

表 2-24　　　　　　专业工程暂估价及结算价表

工程名称：某住宅楼采暖及给水排水安装工程　　　　标段：　　第　页　共　页

序号	工程名称	工程内容	暂估金额（元）	结算金额（元）	差额±（元）	备注
1	远程抄表系统	给水排水工程远程抄表系统设备、线缆等的供应、安装、调试工作	50000.00			
	合　计		50000.00			

表-12-3

表 2-25　　　　　　　　　　　计日工表

工程名称:某住宅楼采暖及给水排水安装工程　　　　标段:　　　第　页共　页

编号	项目名称	单位	暂定数量	实际数量	综合单价(元)	合价(元)	
						暂定	实际
一	人工						
1	管道工	工时	100				
2	电焊工	工时	45				
3	其他工种	工时	45				
	人工小计						
二	材料						
1	电焊条	kg	12.00				
2	氧气	m³	18.00				
3	乙炔气	kg	92.00				
	材料小计						
三	施工机械						
1	直流电焊机 20kW	台班	40				
2	汽车起重机	台班	10				
3	载重汽车 8t	台班	5				
	施工机械小计						
四、企业管理费和利润							
总　　计							

表-12-4

表 2-26　　　　　　　　　　总承包服务费计价表

工程名称:某住宅楼采暖及给水排水安装工程　　　标段:　　　第　页共　页

序号	项目名称	项目价值（元）	服务内容	计算基础	费率（%）	金额（元）
1	发包人发包专业工程	50000.00	1.按专业工程承包人的要求提供施工工作面并对施工现场进行统一管理,对竣工资料统一汇总整理。2.为专业工程承包人提供垂直运输和焊接电源接入点,并承担垂直运输费和电费			
2	发包人提供材料	121250.00	对发包人供应的材料进行验收及保管			
	合计	—		—		—

表-12-5

表 2-27　　　　　　　　规费、税金项目计价表

工程名称:某住宅楼采暖及给水排水安装工程　　　标段:　　　第　页共　页

序号	项目名称	计算基础	计算基数	计算费率(%)	金额(元)
1	规费	定额人工费			
1.1	社会保险费	定额人工费			
(1)	养老保险费	定额人工费			
(2)	失业保险费	定额人工费			
(3)	医疗保险费	定额人工费			
(4)	工伤保险费	定额人工费			
(5)	生育保险费	定额人工费			
1.2	住房公积金	定额人工费			
1.3	工程排污费	按工程所在地环境保护部门收取标准,按实计入			
2	税金	分部分项工程费+措施项目费+其他项目费+规费-按规定不计税的工程设备金额			
	合　计				

编制人(造价人员):　　　　　　　复核人(造价工程师):

表-13

第四节　水暖工程招标与招标控制价编制

一、水暖工程招标概述

(一)工程招标的含义及范围

工程招标是指招标单位就拟建的工程发布公告或通知,以法定方式吸引施工单位参加竞争,招标单位从中选择条件优越者完成工程建设任

务的法定行为。进行工程招标,招标人必须根据工程项目的特点,结合自身的管理能力,确定工程的招标范围。

1. 招标投标法规定必须招标的范围

根据《中华人民共和国招标投标法》(以下简称《招标投标法》)的规定,在中华人民共和国境内进行的下列工程项目必须进行招标:

(1)大型基础设施、公用事业等关系社会公共利益、公众安全的项目。
(2)全部或部分使用国有资金或者国家融资的项目。
(3)使用国际组织或者外国政府贷款、援助资金的项目。

2. 可以不进行招标的范围

根据《招标投标法》和有关规定,属于下列情形之一的,经县级以上地方人民政府建设行政主管部门批准,可以不进行招标:

(1)涉及国家安全、国家秘密的工程。
(2)抢险救灾工程。
(3)利用扶贫资金实行以工代赈、需要使用农民工等特殊情况。
(4)建筑造型有特殊要求的设计。
(5)采用特定专利技术、专有技术进行设计或施工。
(6)停建或者缓建后恢复建设的单位工程,且承包人未发生变更的。
(7)施工企业自建自用的工程,且施工企业资质等级符合工程要求的。
(8)在建工程追加的附属小型工程或者主体加层工程,且承包人未发生变更的。
(9)法律、法规、规章规定的其他情形。

(二)工程招标的分类

工程项目招标的分类,见表 2-28。

表 2-28　　　　　工程项目招标的分类

序号	划分标准	类别	说　　明
1	按工程项目建设程序划分	项目开发招标	项目开发招标是建设单位(业主)邀请工程咨询单位对建设项目进行可行性研究,其"标的物"是可行性研究报告。中标的工程咨询单位必须对自己提供的研究成果认真负责,可行性研究报告应得到建设单位认可

续一

序号	划分标准	类别	说 明
1	按工程项目建设程序划分	勘察设计招标	工程勘察设计招标是指招标单位就拟建工程向勘察和设计任务发布通告,以法定方式吸引勘察单位或设计单位参加竞争,经招标单位审查获得投标资格的勘察、设计单位,按照招标文件的要求,在规定的时间内向招标单位填报投标书,招标单位从中择优确定中标单位完成工程勘察或设计任务
		施工招标	工程施工招标是针对工程施工阶段的全部工作开展的招标,根据工程施工范围大小及专业不同,可分为全部工程招标、单项工程招标和专业工程招标等
2	按工程承包的范围划分	项目总承包招标	项目总承包招标可分为两种类型:一种是工程项目实施阶段的全过程招标;一种是工程项目全过程招标。前者是在设计任务书已经审完,从项目勘察、设计到交付使用进行一次性招标。后者是从项目的可行性研究到交付使用进行一次性招标,业主提供项目投资和使用要求及竣工、交付使用期限,其可行性研究、勘察设计、材料和设备采购、施工安装、职工培训、生产准备和试生产、交付使用都由一个总承包商负责承包,即所谓的"交钥匙工程"
		专项工程承包招标	专项工程承包招标是指在对工程承包招标中,对其中某项比较复杂,或专业性强,施工和制作要求特殊的单项工程单独进行的招标
3	按行业类别划分	土木工程招标	土木工程包括铁路、公路、隧道、桥梁、堤坝、电站、码头、飞机场、厂房、剧院、旅馆、医院、商店、学校、住宅等
		货物设备采购招标	货物设备采购包括建筑材料和大型成套设备
		咨询服务(工程咨询)招标	咨询服务包括项目开发性研究、可行性研究、工程监理等

续二

序号	划分标准	类别	说明
4	按工程建设项目的构成划分	全部工程招标	全部工程招标是指对一个工程建设项目(如一所学校)的全部工程进行的招标
		单项工程招标	单项工程招标是指对一个工程建设项目(如一所学校)中所包含的若干单项工程(如教学楼、图书馆、食堂等)进行的招标
		单位工程招标	单位工程招标是指对一个单项工程所包含的若干单位工程(如一幢房屋)进行的招标
		分部工程招标	分部工程招标是指对一个单位工程(如土建工程)所包含的若干分部工程(如土石方工程、深基坑工程、楼地面工程、装饰工程等)进行的招标
		分项工程招标	分项工程招标是指对一个分部工程(如土石方工程)所包含的若干分项工程(如人工挖地槽、挖地坑、回填土等)进行的招标
5	按工程是否具有涉外因素划分	国内工程招标	国内工程招标是指对本国没有涉外因素的建设工程进行的招标
		国际工程招标	国际工程招标是指对有不同国家或国际组织参与的建设工程进行的招标

(三)工程招标的方式

1. 公开招标

公开招标是指招标人以招标公告的方式邀请不特定的法人或者其他组织投标。公开招标是一种无限制的竞争方式,按竞争程度又可以分为国际竞争性招标和国内竞争性招标。这种招标方式可为所有的承包商提供一个平等竞争的机会,业主有较大的选择余地,有利于降低工程造价,提高工程质量和缩短工期,但由于参与竞争的承包商可能很多,会增加资格预审和评标的工作量。还有可能出现故意压低投标报价的投机承包商以低价挤掉对报价严肃认真而报价较高的承包商。

因此,采用公开招标方式时,业主要加强资格预审,认真评标。

2. 邀请招标

邀请招标,是指招标人以投标邀请书的方式邀请其他的法人或者其他组织投标。这种招标方式的优点是经过选择的投标单位在施工经验、技术力量、经济和信誉上都比较可靠,因而一般能保证工程进度和质量要求。此外,参加投标的承包商数量少,因而招标时间相对缩短,招标费用也较少。

由于邀请招标在价格、竞争的公平方面仍存在一些不足之处,因此《招标投标法》规定,国家重点项目和省、自治区、直辖市的地方重点项目不宜进行公开招标的,经过批准后可以进行邀请招标。

(四)工程招标的程序

(1)招标单位自行办理招标事宜,应当建立专门的招标机构。建设单位招标应当具备如下条件:

1)建设单位必须是法人或依法成立的其他组织;
2)有与招标工程相适应的经济、技术管理人员;
3)有组织编制招标文件的能力;
4)有审查投标单位资质的能力;
5)有组织开标、评标、定标的能力。

建设单位应据此组织招标工作机构,负责招标的技术性工作。若建设单位不具备上述相应的条件,则必须委托具有相应资质的咨询单位代理招标。

(2)提出招标申请书。招标申请书的内容包括招标单位的资质、招标工程具备的条件、拟采用的招标方式和对投标单位的要求等。

(3)编制招标文件。招标文件应包括如下内容:

1)工程综合说明。包括工程名称、地址、招标项目、占地范围及现场条件、建筑面积和技术要求、质量标准、招标方式、要求开工和竣工时间、对投标单位的资质等级要求等;
2)投标人须知;
3)合同的主要条款;
4)工程设计图纸和技术资料及技术说明书,通常称之为设计文件;
5)工程量清单。以单位工程为对象,遵照"13 计价规范"和相关专业工程国家计量规范,按分部分项工程列出工程数量;

6)主要材料与设备的供应方式、加工订货情况和材料、设备价差的处理方法;

7)特殊工程的施工要求以及采用的技术规范;

8)投标文件的编制要求及评标、定标原则;

9)投标、开标、评标、定标等活动的日程安排;

10)要求交纳的投标保证金额度。

招标单位在发布招标公告或发出投标邀请书的5日前,向工程所在地县级以上地方人民政府建设行政主管部门备案。

(4)编制招标控制价,报招标投标管理部门备案。如果招标文件设定为有标底评标,则必须编制标底。如果是国有资金投资建设的工程则应编制招标控制价。

(5)发布招标公告或招标邀请书。若采用公开招标方式,应根据工程性质和规模在当地或全国性报纸、专业网站或公开发行的专业刊物上发布招标公告,其内容应包括招标单位和招标工程的名称、招标工程简介、工程承包方式、投标单位资格、领取招标文件的地点、时间和应缴费用等。若采用邀请招标方式,应由招标单位向预先选定的承包商发出招标邀请书。

(6)招标单位审查申请投标单位的资格,并将审查结果通知申请投标单位。招标单位对报名参加投标的单位进行资格预审,并将审查结果报当地建设行政主管部门备案后再通知各申请投标单位。

(7)向合格的投标单位分发招标文件。招标文件一经发出,招标单位不得擅自变更其内容或增加附加条件;确需变更和补充的,应在投标截止日期15天前书面通知所有投标单位,并报当地建设行政主管部门备案。

(8)组织投标单位勘查现场,召开答疑会,解答投标单位对招标文件提出的问题。通常投标单位提出的问题应由招标单位书面答复,并以书面形式发给所有投标单位作为招标文件的补充和组成。

(9)接受投标。自发出招标文件之日起到投标截止日,最短不得少于20天。招标人可以要求投标人提交投标担保。投标保证金一般不超过投标报价的2%,且最高不得超过80万元。

(10)召开招标会,当场开标。遵照中华人民共和国国家发展计划委员会等七个部门于2001年7月5日颁布的《评标委员会和评标方法暂行规定》执行。

提交有效投标文件的投标人少于三个或所有投标被否决的，招标人必须重新组织招标。

评标的专家委员会应向招标人推荐不超过三名有排序的合格的中标候选人。

(11)招标单位与中标单位签订施工投标合同。招标人在评标委员会推荐的中标候选人中确定中标人，签发中标通知书，并在中标通知书签发后的30天内与中标人签订工程承包协议。

(五)实行工程量清单招标的优点

(1)淡化了预算定额的作用。招标方确定工程量，承担工程量误差的风险，投标方确定单价，承担价格风险，真正实现了量价分离，风险分担。

(2)节约工程投资。实行工程量清单招标，合理适度的增加投票的竞争性，特别是经评审低价中标的方式，有利于控制工程建设项目总投资，降低工程造价，为建设单位节约资金，以最少的投资达到最大的经济效益。

(3)有利于工程管理信息化。统一的计算规则，有利于统一计算口径，也有利于统一划项口径；而统一的划项口径又有利于统一信息编码，进而实现统一的信息管理。

(4)提高了工作效率。由招标人向各投标人提供建设项目的实物工程量和技术性措施项目的数量清单，各投标人不必再花费大量的人力、物力和财力去重复做测算，节约了时间，也降低了社会成本。

二、招标控制价的编制

(一)一般规定

招标控制价是招标人根据国家或省级、行业建设主管部门颁发的有关计价依据和办法，按设计施工图纸计算的，对招标工程限定的最高工程造价。国有资金投资的工程建设项目必须实行工程量清单招标，并必须编制招标控制价。

1. 招标控制价的作用

(1)我国对国有资金投资项目的投资控制实行的是投资概算审批制度，国有资金投资的工程原则上不能超过批准的投资概算。因此，在工程招标发包时，当编制的招标控制价超过批准的概算，招标人应当将其报原概算审批部门重新审核。

(2)国有资金投资的工程进行招标,根据《招标投标法》的规定,招标人可以设标底。当招标人不设标底时,为有利于客观、合理的评审投标报价和避免哄抬标价,造成国有资产流失,招标人必须编制招标控制价。

(3)国有资金投资的工程,招标人编制并公布的招标控制价相当于招标人的采购预算,同时要求其不能超过批准的概算,因此,招标控制价是招标人在工程招标时能接受投标人报价的最高限价。

2. 招标控制价的编制人员

招标控制价应由具有编制能力的招标人编制,当招标人不具有编制招标控制价的能力时,可委托具有相应资质的工程造价咨询人编制。工程造价咨询人接受招标人委托编制招标控制价,不得再就同一工程接受投标人委托编制投标报价。

所谓具有相应工程造价咨询资质的工程造价咨询人是指根据《工程造价咨询企业管理办法》(建设部令第149号)的规定,依法取得工程造价咨询企业资质,并在其资质许可的范围内接受招标人的委托,编制招标控制价的工程造价咨询企业。即取得甲级工程造价咨询资质的咨询人可承担各类建设项目的招标控制价编制,取得乙级(包括乙级暂定)工程造价咨询资质的咨询人,则只能承担5000万元以下的招标控制价的编制。

3. 其他规定

(1)招标控制价的作用决定了招标控制价不同于标底,无须保密。为体现招标的公平、公正,防止招标人有意抬高或压低工程造价,招标人应在招标文件中如实公布招标控制价,不得对所编制的招标控制价进行上浮或下调。招标人在招标文件中公布招标控制价时,应公布招标控制价各组成部分的详细内容,不得只公布招标控制价总价。

(2)招标人应将招标控制价及有关资料报送工程所在地或有该工程管辖权的行业管理部门工程造价管理机构备查。

(二)招标控制价编制与复核

1. 招标控制价编制依据

招标控制价的编制应根据下列依据进行:

(1)"13计价规范"。

(2)国家或省级、行业建设主管部门颁发的计价定额和计价办法。

(3)建设工程设计文件及相关资料。
(4)拟定的招标文件及招标工程量清单。
(5)与建设项目相关的标准、规范、技术资料。
(6)施工现场情况、工程特点及常规施工方案。
(7)工程造价管理机构发布的工程造价信息,当工程造价信息没有发布时,参照市场价。
(8)其他的相关资料。
按上述依据进行招标控制价编制,应注意以下事项:
(1)使用的计价标准、计价政策应是国家或省、自治区、直辖市建设行政主管部门或行业建设主管部门颁布的计价定额和计价方法。
(2)采用的材料价格应是工程造价管理机构通过工程造价信息发布的材料单价,工程造价信息未发布材料单价的材料,其材料价格应通过市场调查确定。
(3)国家或省、自治区、直辖市建设行政主管部门或行业建设主管部门对工程造价计价中费用或费用标准有规定的,应按规定执行。

2. 招标控制价的编制

(1)综合单价中应包括招标文件中划分的应由投标人承担的风险范围及其费用。招标文件中没有明确的,如是工程造价咨询人编制,应提请招标人明确;如是招标人编制,应予明确。

(2)分部分项工程和措施项目中的单价项目,应根据拟定的招标文件和招标工程量清单项目中的特征描述及有关要求确定综合单价计算。招标文件中提供了暂估单价的材料,按暂估的单价计入综合单价。

(3)措施项目中的总价项目应根据拟定的招标文件和常规施工方案采用综合单价计价。措施项目中的安全文明施工费必须按国家或省级、行业建设主管部门的规定计算,不得作为竞争性费用。

(4)其他项目费应按下列规定计价:
1)暂列金额。暂列金额应按招标工程量清单中列出的金额填写;
2)暂估价。暂估价包括材料暂估单价、工程设备暂估单价和专业工程暂估价。暂估价中的材料、工程设备单价应根据招标工程量清单列出的单价计入综合单价;
3)计日工。计日工包括计日工人工、材料和施工机械。在编制招标控制价时,对计日工中的人工单价和施工机械台班单价应按省级、行业建设主管部门或其授权的工程造价管理机构公布的单价计算;材料应按工程造价管理机构发布的工程造价信息中的材料单价计算,工程造价信息未发布材料单价的材料,其价格应按市场调查确定的单价计算;

4)总承包服务费。招标人编制招标控制价时,总承包服务费应根据招标文件中列出的内容和向总承包人提出的要求,按照省级或行业建设主管部门的规定或参照下列标准计算:

①招标人仅要求对分包的专业工程进行总承包管理和协调时,按分包的专业工程估算造价的1.5%计算。

②招标人要求对分包的专业工程进行总承包管理和协调,并同时要求提供配合服务时,根据招标文件中列出的配合服务内容和提出的要求,按分包的专业工程估算造价的3%~5%计算。

③招标人自行供应材料的,按招标人供应材料价值的1%计算。

(5)招标控制价的规费和税金必须按国家或省级、行业建设主管部门的规定计算。

(三)投诉与处理

(1)投标人经复核认为招标人公布的招标控制价未按照"13计价规范"的规定进行编制的,应在招标控制价公布后5天内向招投标监督机构和工程造价管理机构投诉。

(2)投诉人投诉时,应当提交由单位盖章和法定代表人或其委托人签名或盖章的书面投诉书。投诉书应包括下列内容:

1)投诉人与被投诉人的名称、地址及有效联系方式;

2)投诉的招标工程名称、具体事项及理由;

3)投诉依据及有关证明材料;

4)相关的请求及主张。

(3)投诉人不得进行虚假、恶意投诉,阻碍招投标活动的正常进行。

(4)工程造价管理机构在接到投诉书后应在2个工作日内进行审查,对有下列情况之一的,不予受理:

1)投诉人不是所投诉招标工程招标文件的收受人;

2)投诉书提交的时间不符合上述第(1)条规定的;

3)投诉书不符合上述第(2)条规定的;

4)投诉事项已进入行政复议或行政诉讼程序的。

(5)工程造价管理机构应在不迟于结束审查的次日将是否受理投诉的决定书面通知投诉人、被投诉人以及负责该工程招投标监督的招投标管理机构。

(6)工程造价管理机构受理投诉后,应立即对招标控制价进行复查,组织投诉人、被投诉人或其委托的招标控制价编制人等单位人员对投诉问题逐一核对。有关当事人应当予以配合,并应保证所提供资料的真实性。

(7)工程造价管理机构应当在受理投诉的10天内完成复查,特殊情况下可适当延长,并做出书面结论通知投诉人、被投诉人及负责该工程招投标监督的招投标管理机构。

(8)当招标控制价复查结论与原公布的招标控制价误差大于±3%时,应当责成招标人改正。

(9)招标人根据招标控制价复查结论需要重新公布招标控制价的,其最终公布的时间至招标文件要求提交投标文件截止时间不足15天的,应相应延长投标文件的截止时间。

三、招标控制价编制标准格式

招标控制价编制使用的表格包括:招标控制价封面(封-2),招标控制价扉页(扉-2),工程计价总说明表(表-01),建设项目招标控制价汇总表(表-02),单项工程招标控制价汇总表(表-03),单位工程招标控制价汇总表(表-04),分部分项工程和单价措施项目清单与计价表(表-08),综合单价分析表(表-09),总价措施项目清单与计价表(表-11),其他项目清单与计价汇总表(表-12)[暂列金额明细表(表-12-1),材料(工程设备)暂估单价及调整表(表-12-2),专业工程暂估价及结算价表(表-12-3),计日工表(表-12-4),总承包服务费计价表(表-12-5)],规费、税金项目计价表(表-13),发包人提供材料和工程设备一览表(表-20),承包人提供主要材料和工程设备一览表(适用于造价信息差额调整法)(表-21)或承包人提供主要材料和工程设备一览表(适用于价格指数差额调整法)(表-22)。

1. 招标控制价封面

招标控制价封面(封-2)应填写招标工程项目的具体名称,招标人应盖单位公章,如委托工程造价咨询人编制,还应加盖工程造价咨询人所在单位公章。

招标控制价封面的样式见表 2-29。

表 2-29　　　　　　　　招标控制价封面

_____工程

招标控制价

招　标　人：_____
　　　　　　　（单位盖章）

造价咨询人：_____
　　　　　　　（单位盖章）

年　月　日

封-2

2. 招标控制价扉页

招标控制价扉页(扉-2)由招标人或招标人委托的工程造价咨询人编制招标控制价时填写。

招标人自行编制招标控制价的,编制人员必须是在招标人单位注册的造价人员,由招标人盖单位公章,法定代表人或其授权人签字或盖章;当编制人是注册造价工程师时,由其签字盖执业专用章;当编制人是造价员时,由其在编制人栏签字盖专用章,并应由注册造价工程师复核,在复核人栏签字盖执业专用章。

招标人委托工程造价咨询人编制招标控制价时,编制人员必须是在工程造价咨询人单位注册的造价人员,由工程造价咨询人盖单位资质专用章,法定代表人或其授权人签字或盖章;当编制人是注册造价工程师时,由其签字盖执业专用章;当编制人是造价员时,由其在编制人栏签字盖专用章,并应由注册造价工程师复核,在复核人栏签字盖执业专用章。

招标控制价扉页的样式见表 2-30。

表 2-30　　　　　　　　　招标控制价扉页

_____工程

招标控制价

招标控制价(小写):_____

　　　　(大写):_____

招　标　人:_____　　造价咨询人:_____
　　　　　　　（单位盖章）　　　　　　　　　　　（单位资质专用章）

法定代表人　　　　　　　　　　　　法定代表人
或其授权人:_____　　或其授权人:_____
　　　　　　（签字或盖章）　　　　　　　　　　（签字或盖章）

编　制　人:_____　　复　核　人:_____
　　　　（造价人员签字盖专用章）　　　　（造价工程师签字盖专用章）

编制时间:　　年　月　日　　　　　复核时间:　　年　月　日

扉-2

3. 工程计价总说明表

工程计价总说明表(表-01)的样式及相关填写要求参见表 2-3。

4. 建设项目招标控制汇总表

建设项目招标控制价/投标报价汇总表(表-02)的样式见表2-31。

表 2-31　　　　　建设项目招标控制价/投标报价汇总表

工程名称：　　　　　　　　　　　　　　　　　　第　页　共　页

序号	单项工程名称	金额(元)	其中:(元)		
			暂估价	安全文明施工费	规费
	合　计				

注：本表适用于建设项目招标控制价或投标报价的汇总。

表-02

5. 单项工程招标控制价汇总表

单项工程招标控制价/投标报价汇总表(表-03)的样式见表2-32。

表 2-32　　　　　单项工程招标控制价/投标报价汇总表

工程名称：　　　　　　　　　　　　　　　　　　第　页　共　页

序号	单位工程名称	金额(元)	其中:(元)		
			暂估价	安全文明施工费	规费
	合　计				

注：本表适用于单项工程招标控制价或投标报价的汇总。暂估价包括分部分项工程中的暂估价和专业工程暂估价。

表-03

6. 单位工程招标控制价汇总表

单位工程招标控制价/投标报价汇总表(表-04)的样式见表2-33。

表 2-33　　　单位工程招标控制价/投标报价汇总表

工程名称：　　　　　　　　标段：　　　　　　　　第　页共　页

序号	汇总内容	金额(元)	其中:暂估价(元)
1	分部分项工程		
1.1			
1.2			
1.3			
2	措施项目		
2.1	其中:安全文明施工费		
3	其他项目		
3.1	其中:暂列金额		
3.2	其中:专业工程暂估价		
3.3	其中:计日工		
3.4	其中:总承包服务费		
4	规费		
5	税金		
	招标控制价合计＝1＋2＋3＋4＋5		

注:本表适用于单位工程招标控制价或投标报价的汇总,如无单位工程划分,单项工程也使用本表汇总。

表-04

7. 分部分项工程和单价措施项目清单与计价表

分部分项工程和单价措施项目清单与计价表(表-08)的样式及相关填写要求参见表 2-4。

8. 综合单价分析表

综合单价分析表(表-09)是评标委员会评审和判别综合单价组成及价格完整性、合理性的主要基础,对因工程变更、工程量偏差等原因调整综合单价也是必不可少的基础价格数据来源。采用经评审的最低投标价法评标时,本表的重要性更为突出。

综合单价分析表集中反映了构成每一个清单项目综合单价的各个价格要素的价格及主要的"工、料、机"消耗量。投标人在投标报价时,需要对每一个清单项目进行组价,为了使组价工作具有可追溯性(回复评标质疑时尤其需要),需要表明每一个数据的来源。

综合单价分析表一般随投标文件一同提交,作为竞标价的工程量清单的组成部分,以便中标后,作为合同文件的附属文件。投标人须知中需要就分析表提交的方式做出规定,该规定需要考虑是否有必要对分析表的合同地位给予定义。

编制综合单价分析表时,对辅助性材料不必细列,可归并到其他材料费中以金额表示。编制招标控制价,使用综合单价分析表应填写使用的省级或行业建设主管部门发布的计价定额名称。编制投标报价时,使用综合单价分析表可填写使用的企业定额名称,也可填写省级或行业建设主管部门发布的计价定额,如不使用则不填写。编制工程结算时,应在已标价工程量清单中的综合单价分析表中将确定的调整过后的人工单价、材料单价等进行置换,形成调整后的综合单价。

综合单价分析表的样式见表 2-34。

表 2-34 综合单价分析表

工程名称: 标段: 第 页共 页

项目编码				项目名称			计量单位		工程量	
清单综合单价组成明细										
定额编号	定额项目名称	定额单位	数量	单 价				合 价		
				人工费	材料费	机械费	管理费和利润	人工费	材料费	机械费	管理费和利润
人工单价			小 计							
元/工日			未计价材料费							
清单项目综合单价										

第二章 水暖工程工程量清单及计价

续表

	主要材料名称、规格、型号	单位	数量	单价（元）	合价（元）	暂估单价（元）	暂估合价（元）
材料费明细							
	其他材料费			—		—	
	材料费小计			—		—	

注：1. 如不使用省级或行业建设主管部门发布的计价依据，可不填定额编号、名称等。
　　2. 招标文件提供了暂估单价的材料，按暂估的单价填入表内"暂估单价"栏及"暂估合价"栏。

表-09

9. 总价措施项目清单与计价表

总价措施项目清单与计价表（表-11）的样式及相关填写要求参见表 2-5。

10. 其他项目清单与计价汇总表

其他项目清单与计价汇总表（表-12）的样式及相关填写要求参见表 2-6。

11. 暂列金额明细表

暂列金额明细表（表-12-1）的样式及相关填写要求参见表 2-7。

12. 材料（工程设备）暂估单价及调整表

材料（工程设备）暂估单价及调整表（表-12-2）的样式及相关填写要求参见表 2-8。

13. 专业工程暂估价及结算价表

专业工程暂估价及结算价表（表-12-3）的样式及相关填写要求参见表 2-9。

14. 计日工表

计日工表（表-12-4）的样式及相关填写要求参见表 2-10。

15. 总承包服务费计价表

总承包服务费计价表（表-12-5）的样式及相关填写要求参见表 2-11。

16. 规费、税金项目计价表

规费、税金项目计价表（表-13）的样式及相关填写要求参见表 2-12。

17. 发包人提供材料和工程设备一览表

发包人提供材料和工程设备一览表(表-20)的样式及相关填写要求参见表 2-13。

18. 承包人提供主要材料和工程设备一览表(适用于造价信息差额调整法)

承包人提供主要材料和工程设备一览表(适用于造价信息差额调整法)(表-21)的样式及相关填写要求参见表 2-14。

19. 承包人提供主要材料和工程设备一览表(适用于价格指数差额调整法)

承包人提供主要材料和工程设备一览表(适用于价格指数差额调整法)(表-22)的样式及相关填写要求参见表 2-15。

四、水暖工程招标控制价编制示例

表 2-35　　　　　　招标控制价封面

_____某住宅楼采暖及给水排水安装_____ **工程**

招标控制价

招　标　人：_____×××_____
　　　　　　　　（单位盖章）

造价咨询人：_____×××_____
　　　　　　　　（单位盖章）

××年×月×日

表 2-36　　　　　招标控制价扉页

某住宅楼采暖及给水排水安装　工程

招标控制价

招标控制价(小写):541210.57
　　　　(大写):伍拾肆万壹仟贰佰壹拾元伍角柒分

招 标 人：___×××___　　　　造价咨询人：___×××___
　　　　　　（单位盖章）　　　　　　　　　　（单位资质专用章）

法定代表人　　　　　　　　　法定代表人
或其授权人：___×××___　　　或其授权人：___×××___
　　　　　（签字或盖章）　　　　　　　　（签字或盖章）

编 制 人：___×××___　　　　复 核 人：___×××___
　　　（造价人员签字盖专用章）　　　（造价工程师签字盖专用章）

编制时间：××年×月×日　　　复核时间：××年×月×日

扉-2

表 2-37 总说明

工程名称:某住宅楼采暖及给水排水安装　　　　　　　　第　页 共　页

1. 采用的计价依据;
2. 采用的施工组织设计;
3. 采用的材料价格来源;
4. 综合单价中风险因素、风险范围(幅度);
5. 其他等。

表-01

表 2-38 建设项目招标控制价汇总表

工程名称:某住宅楼采暖及给水排水安装工程　　　　　　　第　页 共　页

序号	单项工程名称	金额(元)	其中:(元)		
			暂估价	安全文明施工费	规费
1	某住宅楼采暖及给水排水安装工程	541210.57	121250.00	18497.26	21086.87
	合 计	541210.57	121250.00	18497.26	21086.87

表-02

第二章 水暖工程工程量清单及计价

表 2-39 单项工程招标控制价汇总表

工程名称:某住宅楼采暖及给水排水安装工程　　　　第　页 共　页

序号	单位工程名称	金额(元)	其中:(元)		
			暂估价	安全文明施工费	规费
1	某住宅楼采暖及给水排水安装工程	541210.57	121250.00	18497.26	21086.87
	合　计	541210.57	121250.00	18497.26	21086.87

表-03

表 2-40 单位工程招标控制价汇总表

工程名称：某住宅楼采暖及给水排水安装工程　　　标段：　　　第　页共　页

序号	汇总内容	金额(元)	其中:暂估价(元)
1	分部分项工程	362515.12	121250.00
1.1	给排水、采暖、燃气工程	362515.12	121250.00
1.2			—
1.3			—
1.4			—
1.5			—
			—
			—
2	措施项目	34586.41	—
2.1	其中:安全文明施工费	18497.26	
3	其他项目	105175.46	—
3.1	其中:暂列金额	10000.00	
3.2	其中:专业工程暂估价	50000.00	
3.3	其中:计日工	41462.96	
3.4	其中:总承包服务费	3712.50	
4	规费	21086.87	
5	税金	17846.71	
	招标控制价合计＝1＋2＋3＋4＋5	541210.57	121250.00

表-04

第二章 水暖工程工程量清单及计价

表 2-41　　分部分项工程和单价措施项目清单与计价表

工程名称：某住宅楼采暖及给水排水安装工程　　标段：　　第 页共 页

序号	项目编码	项目名称	项目特征描述	计量单位	工程量	金额(元)		
						综合单价	合价	其中 暂估价
1	031001002001	钢管	DN15,室内焊接钢管安装,螺纹连接	m	1325.00	21.45	28421.25	19875.00
2	031001002002	钢管	DN20,室内焊接钢管安装,螺纹连接	m	1855.00	24.51	45466.05	33390.00
3	031001002003	钢管	DN25,室内焊接钢管安装,螺纹连接	m	1030.00	39.44	40623.20	25750.00
4	031001002004	钢管	DN32,室内焊接钢管安装,螺纹连接	m	95.00	46.24	4392.80	2660.00
5	031001002005	钢管	DN40,室内焊接钢管安装,手工电弧焊	m	120.00	68.24	8188.80	4800.00
6	031001002006	钢管	DN50,室内焊接钢管安装,手工电弧焊	m	230.00	70.88	16302.40	10350.00
7	031001002007	钢管	DN70,室内焊接钢管安装,手工电弧焊	m	180.00	90.28	16250.40	11700.00
8	031001002008	钢管	DN80,室内焊接钢管安装,手工电弧焊	m	95.00	102.56	9743.20	7125.00

续一

序号	项目编码	项目名称	项目特征描述	计量单位	工程量	金额(元)		
						综合单价	合价	其中暂估价
9	031001002009	钢管	DN100,室内焊接钢管安装,手工电弧焊	m	70.00	105.13	7359.10	5600.00
10	031003001001	螺纹阀门	螺纹连接 J11T-16-15	个	84	24.26	2037.84	—
11	031003001002	螺纹阀门	螺纹连接 J11T-16-20	个	76	26.25	1995.00	—
12	031003001003	螺纹阀门	螺纹连接 J11T-16-25	个	52	35.29	1835.08	—
13	031003003001	焊接法兰阀门	J11T-100	个	6	243.90	1463.40	
14	031005001001	铸铁散热器	柱形813,手工除锈,刷1次锈漆,2次银粉漆	片	5385	25.62	137963.70	
15	031002001001	管道支架	单管吊支架,$\phi 20$,∟40×4	kg	1200.00	18.56	22272.00	
16	031009001001	采暖工程系统调试	热水采暖系统	系统	1	9854.88	9854.88	
17	031001001001	镀锌钢管	DN80,室内给水,螺纹连接	m	4.30	56.23	241.79	
18	031001001002	镀锌钢管	DN70,室内给水,螺纹连接	m	20.90	50.45	1054.41	
19	031001006001	塑料管	DN110,室内排水,零件粘结	m	45.70	69.25	3164.73	—

第二章 水暖工程工程量清单及计价

续二

序号	项目编码	项目名称	项目特征描述	计量单位	工程量	金额(元) 综合单价	金额(元) 合价	其中 暂估价
20	031001006002	塑料管	DN75,室内排水,零件粘结	m	0.50	50.48	25.24	—
21	031001007001	复合管	DN40,室内给水,螺纹连接	m	23.60	52.48	1238.53	—
22	031001007002	复合管	DN20,室内给水,螺纹连接	m	14.60	31.37	458.00	—
23	031001007003	复合管	DN15,室内给水,螺纹连接	m	4.60	24.56	112.98	—
24	031002001002	管道支架	单管吊支架,$\phi25$,∟25×4	kg	4.94	15.88	78.45	—
25	031003013001	水表	室内水表安装,DN20	组	1	67.14	67.14	—
26	031004003001	洗脸盆	陶瓷,PT-8,冷热水	组	3	258.46	775.38	—
27	031004010001	淋浴器	金属	套	1	48.49	48.49	—
28	031004006001	大便器	陶瓷	组	5	168.26	841.30	—
29	031004014001	排水栓	排水栓安装,DN5	组	1	32.09	32.09	—
30	031004014002	水龙头	铜,DN15	个	4	14.26	57.04	—
31	031004014003	地漏	铸铁,DN10	个	3	50.15	150.45	—
32	031301017001	脚手架搭拆	综合脚手架安装	m²	357.39	20.79	7430.14	—
合 计							369945.26	121250.00

表-08

表 2-42　　　　　　　　　　　　综合单价分析表

工程名称：某住宅楼采暖及给水排水安装工程　　　标段：　　　第　页　共　页

项目编码	031003003001	项目名称		焊接法兰阀门		计量单位		个	工程量	6
清单综合单价组成明细										
定额编号	定额项目名称	定额单位	数量	单价				合价			
				人工费	材料费	机械费	管理费和利润	人工费	材料费	机械费	管理费和利润
CH8261	阀门安装	个	1	30.59	147.48	21.88	43.95	30.59	147.48	21.88	43.95
人工单价				小　　计				30.59	147.48	21.88	43.95
50元/工日				未计价材料费							
清单项目综合单价								243.90			

材料费明细	主要材料名称、规格、型号	单位	数量	单价(元)	合价(元)	暂估单价(元)	暂估合价(元)
	××牌阀门 T41T-16-100	个	1	142.60	142.60		
	垫圈	个	8	0.02	0.16		
	电焊条	kg	0.90	4.90	4.41		
	乙炔气	m³	0.002	15.00	0.03		
	氧气	m³	0.003	3.00	0.009		
	其他材料费			—	0.271		—
	材料费小计			—	147.48		—

表-09

第二章 水暖工程工程量清单及计价

表 2-43　　　　　总价措施项目清单与计价表

工程名称：某住宅楼采暖及给水排水安装工程　　　　标段：　　　第 页共 页

序号	项目编码	项目名称	计算基础	费率(%)	金额(元)	调整费率(%)	调整后金额(元)	备注
1	031302001001	安全文明施工费	定额人工费	25	18497.26			
2	031302002001	夜间施工增加费	定额人工费	3	2219.67			
3	031302004001	二次搬运费	定额人工费	5	3699.45			
4	031302005001	冬雨季施工增加费	定额人工费	1	739.89			
5	031302006001	已完工程及设备保护费			2000.00			
		合　计			27156.27			

编制人(造价人员)：×××　　　　　　　　　复核人(造价工程师)：×××

表 2-44　　　　　　　其他项目清单与计价汇总表

工程名称:某住宅楼采暖及给水排水安装工程　　　标段：　　第 页共 页

序号	项目名称	金额(元)	结算金额(元)	备注
1	暂列金额	10000.00		明细详见表-12-1
2	暂估价	50000.00		
2.1	材料(工程设备)暂估价	—		明细详见表-12-2
2.2	专业工程暂估价	50000.00		明细详见表-12-3
3	计日工	41462.96		明细详见表-12-4
4	总承包服务费	3712.50		明细详见表-12-5
5	索赔与现场签证	—		明细详见表-12-6
	合　计	105175.46		

表-12

第二章 水暖工程工程量清单及计价

表 2-45　　　　　　　　　暂列金额明细表

工程名称：某住宅楼采暖及给水排水安装工程　　　标段：　　　第　页　共　页

序号	项目名称	计量单位	暂定金额（元）	备注
1	政策性调整和材料价格风险	项	7500.00	
2	其他	项	2500.00	
3				
4				
5				
6				
7				
8				
9				
10				
11				
	合　计		10000.00	—

表-12-1

表 2-46　　　材料(工程设备)暂估单价及调整表

工程名称:某住宅楼采暖及给水排水安装工程　　　标段:　　　第 页共 页

序号	材料(工程设备)名称、规格、型号	计量单位	数量		暂估(元)		确认(元)		差额±(元)		备注
			暂估	确认	单价	合价	单价	合价	单价	合价	
1	DN15 钢管	m	1325.00		15.00	19875.00					用于室内给水管道项目
2	DN20 钢管	m	1855.00		18.00	33390.00					用于室内给水管道项目
3	DN25 钢管	m	1030.00		25.00	25750.00					用于室内给水管道项目
4	DN32 钢管	m	95.00		28.00	2660.00					用于室内给水管道项目
5	DN40 钢管	m	120.00		40.00	4800.00					用于室内给水管道项目
6	DN50 钢管	m	230.00		45.00	10350.00					用于室内给水管道项目
7	DN70 钢管	m	180.00		65.00	11700.00					用于室内给水管道项目
8	DN80 钢管	m	95.00		75.00	7125.00					用于室内给水管道项目
9	DN100 钢管	m	70.00		80.00	5600.00					用于室内给水管道项目
	合　计					12125.00					

表-12-2

表 2-47 专业工程暂估价及结算价表

工程名称：某住宅楼采暖及给水排水安装工程   标段：   第 页共 页

序号	工程名称	工程内容	暂估金额（元）	结算金额（元）	差额±（元）	备注
1	远程抄表系统	给水排水工程远程抄表系统设备、线缆等的供应、安装、调试工作	50000.00			
	合　计		50000.00			

表-12-3

表 2-48　　　　　　　　　　　　　计日工表

工程名称：某住宅楼采暖及给水排水安装工程　　　标段：　　　第　页 共　页

编号	项目名称	单位	暂定数量	实际数量	综合单价（元）	合价(元)	
						暂定	实际
一	人工						
1	管道工	工时	100		150.00	15000.00	
2	电焊工	工时	45		120.00	5400.00	
3	其他工种	工时	45		80.00	3600.00	
4							
		人工小计				24000.00	
二	材料						
1	电焊条	kg	12.00		6.05	72.60	
2	氧气	m³	18.00		2.50	45.00	
3	乙炔气	kg	92.00		16.58	1525.36	
4							
5							
		材料小计				1642.96	
三	施工机械						
1	直流电焊机 24kW	台班	40		200.00	8000.00	
2	汽车起重机	台班	10		240.00	2400.00	
3	载重汽车 8t	台班	5		220.00	1100.00	
4							
		施工机械小计				11500.00	
四、企业管理费和利润		按人工费的 18％计算				4320.00	
		总　　计				41462.96	

表-12-4

第二章 水暖工程工程量清单及计价

表 2-49　　　　　　　总承包服务费计价表

工程名称：某住宅楼采暖及给水排水安装工程　　　　标段：　　　　第　页共　页

序号	项目名称	项目价值（元）	服务内容	计算基础	费率（％）	金额（元）
1	发包人发包专业工程	50000.00	1. 按专业工程承包人的要求提供施工工作面并对施工现场进行统一管理，对竣工资料统一汇总整理。 2. 为专业工程承包人提供垂直运输和焊接电源接入点，并承担垂直运输费和电费	项目价值	5	2500.00
2	发包人提供材料	121250.00	对发包人供应的材料进行验收及保管和使用	项目价值	1	1212.50
	合　计	—	—		—	3712.50

表-12-5

表 2-50　　　　　　　　规费、税金项目计价表

工程名称:某住宅楼采暖及给水排水　　　　标段:　　　　第　页共　页

序号	项目名称	计算基础	计算基数	计算费率(%)	金额(元)
1	规费	定额人工费			21086.87
1.1	社会保险费	定额人工费	(1)+…+(5)		16647.53
(1)	养老保险费	定额人工费		14	10358.47
(2)	失业保险费	定额人工费		2	1479.78
(3)	医疗保险费	定额人工费		6	4439.34
(4)	工伤保险费	定额人工费		0.25	184.97
(5)	生育保险费	定额人工费		0.25	184.97
1.2	住房公积金	定额人工费		6	4439.34
1.3	工程排污费	按工程所在地环境保护部门收取标准,按实计入			
2	税金	分部分项工程费+措施项目费+其他项目费+规费-按规定不计税的工程设备金额		3.41	17846.71
合　计					38933.58

编制人(造价人员):×××　　　　　　复核人(造价工程师):×××

表-13

第五节　水暖工程投标与投标报价编制

一、水暖工程投标概述

(一)工程投标的类型

工程投标的类型见表 2-51。

表 2-51　　　　　　　　　　工程投标的类型

序号	划分标准	类别	说　明
1	按性质分类	风险标	风险标,是指工程承包难度大、风险大,且技术、设备、资金上都有未解决的问题,但由于队伍窝工,或因为工程盈利丰厚,或为了开拓新技术领域而决定参加投标,同时设法解决存在的问题。投标后,如果问题解决得好,可取得较好的经济效益,可锻炼出一支好的施工队伍,使企业更上一层楼。否则,企业的信誉、收益就会因此受到损害,严重者将导致企业严重亏损甚至破产。因此,投风险标必须审慎从事
		保险标	保险标,是指对可以预见的情况从技术、设备、资金等重大问题都有了解决的对策之后再投标。企业经济实力较弱,经不起失误的打击,则往往投保险标。当前,我国施工企业多数都愿意投保险标,特别是在国际工程承包市场上去投保险标
2	按效益分类	盈利标	盈利标,如果招标工程既是本企业的强项,又是竞争对手的弱项,或建设单位意向明确;或本企业任务饱满,利润丰厚,才考虑让企业超负荷运转,此种情况下的投标,称为盈利标
		保本标	保本标,当企业无后继工程,或已出现部分窝工,必须争取投标中标。当招标的工程项目对于本企业既无优势可言,竞争对手又是"强手如林"的局面,此时,宜投保本标,至多投薄利标,称为保本标
		亏损标	亏损标,是一种非常手段,一般在下列情况下采用,即:本企业已大量窝工,严重亏损,若中标后至少可以使部分人工、机械运转,减少亏损;或者为在对手林立的竞争中夺得头标,不惜血本压低标价;或是为了在本企业一统天下的地盘里,为挤垮企图插足的竞争对手;或为打入新市场,取得拓宽市场的立足点而压低标价

(二)工程投标的程序

投标的程序是指投标过程中参项活动的步骤及相关的内容反映各工作环节的内在联系逻辑关系。投标的具体程序如图 2-1 所示。

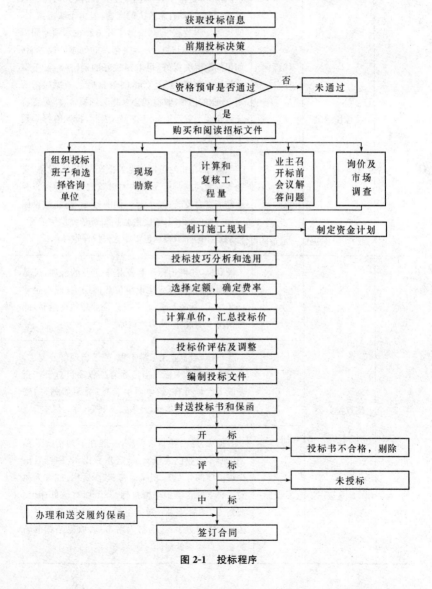

图 2-1 投标程序

二、投标报价的原则

投标报价的原则,参见表 2-52。

表 2-52　　　　　　　　投标报价的原则

原则	内容
细算粗报	如果是固定总价报价,要考虑到材料和人工费调整的因素以及风险系数。如果是单价合同,则工程量只需大致准确即可;如果总价不是一次包死,而是"调价结算",则风险系数可少考虑,甚至不考虑。报价的项目不必过细,但是在编制过程中要做到对内细、对外粗,即细算粗报,进行综合归纳
简明报价方法,数据资料要有理有据	影响报价的因素多而复杂,应把实际可能发生的一切费用逐项来计算。一个成功的报价,必然应用不同条件下的不同系数,这些系数是许多工程实际经验累积的结果
考虑优惠条件和改进设计的影响	投标单位往往在投标竞争激烈的情况下,向建设单位提供种种优惠的条件。例如:帮助串换甲供材、提供贷款或延迟付款、提前交工、免费提供一定量的维修材料等优惠条件。 在投标报价时,如果发现该工程中某些设计不合理并可改进,或可利用某项新技术以降低造价时,除了按常规的报价以外,还可另附修改设计以改善功能或降低造价或缩短工期方案。采用这种方式,往往会得到建设单位的赏识而大大提高中标机会
选择适当的报价策略	对于某些专业性强、难度大、技术条件高、工艺要求苛刻、工期紧,一般施工单位不敢轻易承揽的工程,而本企业这方面又拥有特殊的技术力量和设备的项目,往往可以略为提高利润率;如果为在某一地区打开局面,往往又可考虑低利润报价的策略

三、投标报价的编制

(一)一般规定

(1)投标报价应由投标人或受其委托具有相应资质的工程造价咨询人编制。

(2)投标报价中除"13 计价规范"中规定的规费、税金及措施项目清单中的安全文明施工费应按国家或省级、行业建设主管部门的规定计价,不得作为竞争性费用外,其他项目的投标报价由投标人自主决定。

(3)投标人的投标报价不得低于工程成本。《中华人民共和国反不正当竞争法》第十一条规定:"经营者不得以排挤竞争对手为目的,以低于成本的价格销售商品"。《招标投标法》第四十一规定:"中标人的投标应当符合下列条件:……(二)能够满足招标文件的实质性要求,并且经评审的投标价格最低;但是投标价格低于成本的除外"。《评标委员会和评标方法暂行规定》(国家计委等七部委第12号令)第二十一条规定:"在评标过程中,评标委员会发现投标人的报价明显低于其他投标报价或者在设有标底时明显低于标底的,使得其投标报价可能低于其个别成本的,应当要求该投标人做出书面说明并提供相关证明材料。投标人不能合理说明或者不能提供相关证明材料的,由评标委员会认定该投标人以低于成本报价竞标,其投标应作废标处理"。

(4)实行工程量清单招标,招标人在招标文件中提供工程量清单,其目的是使各投标人在投标报价中具有共同的竞争平台。因此,要求投标人必须按招标工程量清单填报价格,工程量清单的项目编码、项目名称、项目特征、计量单位、工程数量必须与招标人招标文件中提供的招标工程量清单一致。

(5)根据《中华人民共和国政府采购法》第三十六条规定:"在招标采购中,出现下列情形之一的,应予废标:……(三)投标人的报价均超过了采购预算,采购人不能支付的"。《中华人民共和国招标投标法实施条例》第五十一条规定:"有下列情形之一者,评标委员会应当否决其投标:……(五)投标报价低于成本或者高于招标文件设定的最高投标限价"。对于国有资金投资的工程,其招标控制价相当于政府采购中的采购预算,且其定义就是最高投标限价,因此,投标人的投标报价不能高于招标控制价,否则,应予废标。

(二)投标报价编制与复核

(1)投标报价应根据下列依据编制和复核:

1)"13 计价规范";

2)国家或省级、行业建设主管部门颁发的计价办法;

3)企业定额,国家或省级、行业建设主管部门颁发的计价定额和计价办法;

4)招标文件、招标工程量清单及其补充通知、答疑纪要;

5)建设工程设计文件及相关资料;

6)施工现场情况、工程特点及投标时拟定的施工组织设计或施工方案;

7)与建设项目相关的标准、规范等技术资料;

8)市场价格信息或工程造价管理机构发布的工程造价信息;

9)其他的相关资料。

(2)综合单价中应考虑招标文件中要求投标人承担的风险内容及其范围(幅度)产生的风险费用,招标文件中没有明确的,应提请招标人明确。在施工过程中,当出现的风险内容及其范围(幅度)在合同约定的范围内时,合同价款不做调整。

(3)分部分项工程和措施项目中的单价项目,应根据招标文件和招标工程量清单项目中的特征描述确定综合单价。招标工程量清单的项目特征描述是确定分部分项工程和措施项目中的单价的重要依据之一,投标人投标报价时应依据招标工程量清单项目的特征描述确定清单项目的综合单价。招投标过程中,当出现招标工程量清单项目特征描述与设计图纸不符时,投标人应以招标工程量清单的项目特征描述为准,确定投标报价的综合单价。当施工中施工图纸或设计变更与招标工程量清单的项目特征描述不一致时,发、承包双方应按实际施工的项目特征,依据合同约定重新确定综合单价。

招标文件中提供了暂估单价的材料,应按暂估的单价计入综合单价,综合单价中应考虑招标文件中要求投标人承担的风险内容及其范围(幅度)产生的风险费用。在施工过程中,当出现的风险内容及其范围(幅度)在合同约定的范围内时,工程价款不做调整。

(4)投标人可根据工程实际情况并结合施工组织设计,对招标人所列的措施项目进行增补。由于各投标人拥有的施工装备、技术水平和采用的施工方法有所差异,招标人提出的措施项目清单是根据一般情况确定的,没有考虑不同投标人的"个性",投标人投标时应根据自身编制的投标施工组织设计或施工方案确定措施项目,对招标人提供的措施项目进行调整。投标人根据投标施工组织设计或施工方案调整和确定的措施项目应通过评标委员会的评审。

措施项目中的总价项目应采用综合单价计价。其中安全文明施工费应按国家或省级、行业建设主管部门的规定确定,且不得作为竞争性费用。

(5)其他项目应按下列规定报价:

1)暂列金额应按招标工程量清单中列出的金额填写,不得变动;

2)材料、工程设备暂估价应按招标工程量清单中列出的单价计入综合单价,不得变动和更改;

3)专业工程暂估价应按招标工程量清单中列出的金额填写,不得变动和更改;

4)计日工应按招标工程量清单中列出的项目和数量,自主确定综合单价并计算计日工金额;

5)总承包服务费应依据招标工程量清单中列出的专业工程暂估价内容和供应材料、设备情况,按照招标人提出的协调、配合与服务要求和施工现场管理需要自主确定。

(6)规费和税金应按国家或省级、行业建设主管部门的规定计算,不得作为竞争性费用。规费和税金的计取标准是依据有关法律、法规和政策规定制定的,具有强制性。投标人是法律、法规和政策的执行者,不能改变,更不能制定,而必须按照法律、法规、政策的有关规定执行。

(7)招标工程量清单与计价表中列明的所有需要填写单价和合价的项目,投标人均应填写且只允许有一个报价。未填写单价和合价的项目,可视为此项费用已包含在已标价工程量清单中其他项目的单价和合价之中。当竣工结算时,此项目不得重新组价予以调整。

(8)实行工程量清单招标,投标人的投标总价应当与组成已标价工程量清单的分部分项工程费、措施项目费、其他项目费和规费、税金的合计金额相一致,即投标人在投标报价时,不能进行投标总价优惠(或降价、让利),投标人对招标人的任何优惠(或降价、让利)均应反映在相应清单项目的综合单价中。

四、投标报价的竞争力

有竞争力的报价是指该投标报价在投标控制价的范围以内,同时,又能在中标后顺利地执行合同并获得合理的利润。

在每一个具体的工程中可以看到,在一个工程项目完成前,这个项目的最终费用是有着较大的出入的,判定的标注只能是参照有关定额和已有的经验进行估算。但是,可以肯定,对于一个有实际经验的估价人员来说,在对工程项目所在地区和竞争对手有关情况做了详细调查和询价,并对工程项目本身有全面了解以及对工程项目可能出现的各种风险进行分析之后,采用一定的程序,运用比较合理的计算方法,工程估价的准确性必然会提高。

要提高投标报价的竞争力,必须根据所收集和积累的工程投标信息,迅速提出有竞争力的报价。虽然报价不是中标的唯一竞争条件,但无疑是主要的条件,尤其是在其他条件(如企业信誉、工期、措施、质量等)相似的情况下,报价是决标的主要因素。

1. 提高报价的准确性

首先是认真识读招标文件,根据实际条件计算出工程成本。在保证成本的前提下,根据竞争条件来考虑利润率,选择"保本有利"或"保本薄利"的原则参加报价竞争。为提高报价的准确性,应该严格进行报价书的审查,审查的内容主要有以下几个方面:

(1)计算技术和方法有无差错。
(2)报价有无漏项。
(3)采用的定额和取费标准是否合理。

2. 选择适当的施工方案

施工方案的选择会决定报价,应根据本企业的实际条件(设备、技术力量、职工素质和人数等)和工程的状况,在技术经济分析的基础上来选择最能满足招标文件对工程质量和工期的要求的施工方案,使所采用的施工方案在技术上可行、经济上合理。

3. 加强施工企业的管理

进行合理的招标能够提高效率,降低成本。施工单位必须改善施工管理,合理组织施工,合理布置施工平面和拟定科学的施工方案,组织流水施工,提高工作效率,降低非生产人员的比例和降低工程成本。这些是提高报价竞争力的关键。

4. 认真研究招标文件所承担的责任

认真研究招标单位的招标文件,分清双方的经济责任,特别是对暂设工程、材料供应方式及有争议之处更应弄清;对工期要求和质量标准及验收规范的要求,应予重视和充分掌握。如果某些条件是投标单位不具备或不能达到的,就不能投标,以免在以后的工作中被动。

5. 仔细进行现场的勘查

特别对交通运输条件、地质、地形、气候、劳动力来源、水电、材料供应、临时道路、利用永久性工程的可能性、招标人可提供的临时房屋等,在计算报价前必须详细掌握,并尽可能利用客观已有的有利条件。

五、投标报价的策略与技巧

(一)工程投标策略

承包商参加投标竞争,能否战胜对手而获得施工合同,在很大程度上取决于自身能否运用正确灵活的投标策略,来指导投标全过程的活动。正确的投标策略,来自于实践经验的积累、对客观规律不断深入的认识以及对具体情况的了解。同时,决策者的能力和魄力也是不可缺少的。概括起来讲,投标策略可以归纳为四大要素,即"把握形势,以长胜短,掌握主动,随机应变"。

常用的工程投标策略主要有以下几种:

(1)靠经营管理水平高取胜。这主要靠做好施工组织设计,采取合理的施工技术和施工机械,精心采购材料、设备,选择可靠的分包单位,安排紧凑的施工进度,力求节省管理费用等,从而有效地降低工程成本而获得较高的利润。

(2)靠改进设计取胜。即仔细研究原设计图纸,发现有不够合理之处,提出能降低造价的措施。

(3)靠缩短建设工期取胜。即采取有效措施,在招标文件要求的工期基础上,再提前若干个月或若干天完工,从而使工程早投产、早收益。这也是能吸引业主的一种策略。

(4)低利政策。主要适用于承包商任务不足时,与其坐吃山空,不如以低利承包到一些工程,还是有利的。此外,承包商初到一个新的地区,为了打入这个地区的承包市场,建立信誉,也往往采用这种策略。

(5)虽报低价,却着眼于施工索赔,从而得到高额利润。即利用图纸、技术说明书与合同条款中不明确之处寻找索赔机会。一般索赔金额可达到标价的 10%~20%。不过这种策略并不是到处可用的。

(6)着眼于发展,为争取将来的优势,而宁愿目前少赚钱。承包商为了掌握某种有发展前途的工程施工技术（如建造核电站的反应堆或海洋工程等），就可能采用这种有远见的策略。以上各种策略不是互相排斥的，须根据具体情况，综合、灵活运用。

作为投标决策者，要对各种投标信息，包括主观因素和客观因素，进行认真、科学的综合分析，在此基础上选择投标对象，确定投标策略。总的来说，要选择与企业的装备条件和管理水平相适应，技术先进，业主的资信条件及合作条件较好，施工所需的材料、劳动力、水电供应等有保障，盈利可能性大的工程项目去参加竞标。

在选择投标对象时要注意避免以下两种情况：一是工程项目不多时，为争夺工程任务而压低标价，结果即使得标却盈利的可能性很小，甚至要亏损；二是工程项目较多时，企业总想多得标而到处投标，结果造成投标工作量大大增加而导致考虑不周，承包了一些盈利可能性甚微或本企业并不擅长的工程，而失去可能盈利较多的工程。

(二)工程投标技巧

1. 不平衡报价

不平衡报价法是指一个工程项目的投标报价，在总价基本确定后，通过调整内部各个项目的报价，以期既不提高总价，不影响中标，又能在结算时得到更理想的经济效益。通常采用的不平衡报价有下列几种情况：

(1)对能早期结账收回工程款的项目的单价可报较高价，以利于资金周转；对后期项目单价可适当降低。

(2)估计今后工程量可能增加的项目，其单价可提高，而工程量可能减少的项目，其单价可降低。

但上述两点要统筹考虑。对于工程量数量有错误的早期工程，如不可能完成工程量表中的数量，则不能盲目抬高单价，需要具体分析后再确定。

(3)图纸内容不明确或有错误，估计修改后工程量要增加的，其单价可提高；而工程内容不明确的，其单价可降低。

(4)暂定项目又叫任意项目或选择项目，对这类项目要做具体分析，因这一类项目要开工后由发包人研究决定是否实施，由哪一家承包人实施。如果工程不分标，只由一家承包人施工，则其中肯定要做的单价可高些，不一定要做的则应低些。如果工程分标，该暂定项目也可能由其他承包人施工时，则不宜报高价，以免抬高总报价。

(5)单价包干混合制合同中,发包人要求有些项目采用包干报价时,宜报高价。一是这类项目多半有风险;二是这类项目在完成后可全部按报价结账,即可以全部结算回来。而其余单价项目则可适当降低。

(6)有的招标文件要求投标者对工程量大的项目报"单价分析表",投标时可将单价分析表的人工费及机械设备费报得较高,而材料费算得较低。这主要是为了在今后补充项目报价时可以参考选用"单价分析表"中较高的人工费和机械设备费,而材料则往往采用市场价,因而可获得较高的收益。

(7)在议标时,承包人一般都要压低标价。这时应该首先压低那些工程量小的单价,这样即使压低了很多个单价,总的标价也不会降低很多,而给发包人的感觉却是工程量清单上的单价大幅度下降,承包人很有让利的诚意。

(8)如果是单纯报计日工或计台班机械单价,可以高些,以便在日后发包人用工或使用机械时可多盈利。但如果计日工表中有一个假定的"名义工程量"时,则需要具体分析是否报高价,以免抬高总报价。总之,要分析发包人在开工后可能使用的计日工数量,然后确定报价技巧。

不平衡报价一定要建立在对工程量表中工程量风险仔细核对的基础上,特别是对于报低单价的项目,如工程量一旦增多,将造成承包人的重大损失,同时一定要控制在合理幅度内(一般可在10%左右),以免引起发包人反对,甚至导致废标。如果不注意这一点,有时发包人会挑选出报价过高的项目,要求投标者进行单价分析,而围绕单价分析中过高的内容压价,以致承包人得不偿失。

2. 计日工的报价

分析业主在开工后可能使用的计日工数量确定报价方针。较多时则可适当提高,可能很少时,则降低。另外,如果是单纯报计日工的报价,可适当报高,如果关系到总价水平则不宜提高。

3. 多方案报价法

多方案报价法是指对于一些招标文件,如果发现工程范围不很明确,条款不清楚或很不公正,或技术规范要求过于苛刻,则要在充分估计投标风险的基础下,按多方案报价法处理。

即按原招标文件报一个价,然后提出如果某因素在按某种情况变动的条件下，报价可降低多少，由此可报出一个较低的价。这样可以降低总价，吸引业主。

4. 突然降价法

突然降价法是指在投标最后截止时间内，采取突然降价的手段，确定最终投标报价的方法。强调的是时间效应。

报价是一种保密工作，但是对手往往会通过各种渠道、手段来刺探情报，因之用此法可以在报价时迷惑对手。即先按一般情况报价或者表现出对该工程的兴趣不大，到快要投标截止时，才突然降价。采用这种方法一定要在投标报价的过程中考虑好降价的幅度，在临近投标截止日期前，根据情况信息与分析判断，再做最后决策。

突然降价一定要有适当的理由，并能够取得招标人的认同。比如采取何种措施可以挖掘增效、节约费用，或在保证招标人的工期、质量、安全、环保要求等目标的前提下，采用新材料、新技术、新工艺、新设备等。另外突然降价法往往不只降低总价，而要把降低的部分摊到各清单项内，可以采用不平衡降价法进行，以期取得更高的效益。

5. 低投标价夺标法

低投标价夺标法是非常情况下采用的非常手段。比如企业大量窝工，为减少亏损或为打入某一建筑市场或为挤走竞争对手保住自己的地盘，于是制定了严重亏损标，力争夺标。若企业无经济实力，信誉不佳，此法也不一定会奏效。

6. 先亏后盈法

对大型分期建设工程，在第一期工程投标时，可以将部分间接费分摊到第二期工程中去，少计算利润以争取中标。这样在第二期工程投标时，凭借第一期工程的经验、临时设施以及创立的信誉，比较容易拿到第二期工程。但要注意分析获得第二期工程的可能性，如开发前景不明确，后续资金来源不明确，实施第二期工程遥遥无期时，则不考虑先亏后盈法。

7. 开口升级法

把报价视为协商过程，把工程中某项造价高的特殊工作内容从报价中减掉，使报价成为竞争对手无法相比的"低价"。利用这种"低价"来吸引发包人，从而取得了与发包人进一步商谈的机会，在商谈过程中逐步提高价格。当发包人明白过来当初的"低价"实际上是个钓饵时，往往已经在时间上处于谈判弱势,丧失了与其他承包人谈判的机会。利用这种方法时,要特别注意在最初的报价中说明某项工作的缺项,否则可能会弄巧成拙,真的以"低价"中标。

8. 联合保标法

在竞争对手众多的情况下,可以采取几家实力雄厚的承包商联合起来的方法来控制标价,一家出面争取中标,再将其中部分项目转让给其他承包商二包,或轮流相互保标。但此种报价方法实行起来难度较大,一方面要注意到联合保标几家公司间的利益均衡,又要保密,否则一旦被业主发现,有取消投标资格的可能。

(三)投标报价决策分析

报价决策就是确定投标报价的总水平。这是投标胜负的关键环节,通常由投标工作班子的决策人在主要参谋人员的协助下做出决策。报价决策的工作内容如下:

(1)首先是计算基础标价,即根据工程量清单和报价项目单价表,进行初步测算,其间可能对某些项目的单价做必要的调整,形成基础标价。

(2)其次做风险预测和盈亏分析,即充分估计施工过程中的各种有关因素和可能出现的风险,预测对工程造价的影响程度。

(3)第三步测算可能的最高标价和最低标价,也就是测定基础标价可以上下浮动的限度,使决策人心中有数,避免凭主观愿望盲目压价或加大保险系数。

基础标价、可能的最低标价和最高标价可分别按下式计算:

$$基础标价 = \sum 报价项目 \times 单价$$

$$最低标价 = 基础标价 - (预期盈利 \times 修正系数)$$

$$最高标价 = 基础标价 + (风险损失 \times 修正系数)$$

考虑到在一般情况下,无论各种盈利因素或者风险损失,很少有可能在一个工程上百分之百地出现,所以应加一修正系数,这个系数凭经验一般取 $0.5 \sim 0.7$。

完成这些工作以后,决策人就可以靠自己的经验和智慧,做出报价决策。然后方可编制正式报价单。

六、投标报价编制标准格式

投标报价编制使用的表格包括:投标总价封面(封-3),投标总价扉页(扉-3),工程计价总说明表(表-01),建设项目投标报价汇总表(表-02),单项工程投标报价汇总表(表-03),单位工程投标报价汇总表(表-04),分部分项工程和单价措施项目清单与计价表(表-08),综合单价分析表(表-09),总价措施项目清单与计价表(表-11),其他项目清单与计价汇总表(表-12)[暂列金额明细表(表-12-1),材料(工程设备)暂估单价及调整表(表-12-2),专业工程暂估价及结算价表(表-12-3),计日工表(表-12-4),总承包服务费计价表(表-12-5)],规费、税金项目计价表(表-13),总价项目进度款支付分解表(表-16),发包人提供材料和工程设备一览表(表-20),承包人提供主要材料和工程设备一览表(适用于造价信息差额调整法)(表-21)或承包人提供主要材料和工程设备一览表(适用于价格指数差额调整法)(表-22)。

1. 投标总价封面

投标总价封面(封-3)应填写投标工程项目的具体名称,投标人应盖单位公章。

投标总价封面的样式见表2-53。

表 2-53　　　　　　　投标总价封面

＿＿＿＿＿＿＿＿＿＿＿＿＿＿＿工程
投 标 总 价
投 标 人:＿＿＿＿＿＿＿＿＿＿ (单位盖章)
年　月　日

封-3

2. 投标总价扉页

投标总价扉页(扉-3)由投标人编制投标报价时填写。投标人编制投标报价时,编制人员必须是在投标人单位注册的造价人员。由投标人盖单位公章,法定代表人或其授权签字或盖章,编制的造价人员(造价工程师或造价员)签字盖执业专用章。

投标总价扉页的样式见表2-54。

表2-54　　　　　　　　　投标总价扉页

投 标 总 价

招 标 人：_____

工程名称：_____

投标总价(小写)：_____

　　　　(大写)：_____

投 标 人：_____
　　　　　　　　　（单位盖章）

法定代表人
或其授权人：_____
　　　　　　　　　（签字或盖章）

编 制 人：_____
　　　　　　（造价人员签字盖专用章）

时　　　间：　　　年　月　日

扉-3

3. 工程计价总说明表
工程计价总说明表(表-01)的样式及相关填写要求参见表 2-3。

4. 建设项目投标报价汇总表
建设项目投标报价汇总表(表-02)的样式见表 2-31。

5. 单项工程投标报价汇总表
单项工程投标报价汇总表(表-03)的样式见表 2-32。

6. 单位工程投标报价汇总表
单位工程投标报价汇总表(表-04)的样式见表 2-33。

7. 分部分项工程和单价措施项目清单与计价表
分部分项工程和单价措施项目清单与计价表(表-08)的样式及相关填写要求参见表 2-4。

8. 综合单价分析表
综合单价分析表(表-09)的样式及相关填写要求参见表 2-34。

9. 总价措施项目清单与计价表
总价措施项目清单与计价表(表-11)的样式及相关填写要求参见表 2-5。

10. 其他项目清单与计价汇总表
其他项目清单与计价汇总表(表-12)的样式及相关填写要求参见表 2-6。

11. 暂列金额明细表
暂列金额明细表(表-12-1)的样式及相关填写要求参见表 2-7。

12. 材料(工程设备)暂估单价及调整表
材料(工程设备)暂估单价及调整表(表-12-2)的样式及相关填写要求参见表 2-8。

13. 专业工程暂估价及结算价表
专业工程暂估价及结算价表(表-12-3)的样式及相关填写要求参见表 2-9。

14. 计日工表
计日工表(表-12-4)的样式及相关填写要求参见表 2-10。

15. 总承包服务费计价表

总承包服务费计价表(表-12-5)的样式及相关填写要求参见表2-11。

16. 规费、税金项目计价表

规费、税金项目计价表(表-13)的样式及相关填写要求参见表2-12。

17. 总价项目进度款支付分解表

总价项目进度款支付分解表(表-16)的样式见表2-55。

表2-55　　　　　　　总价项目进度款支付分解表

工程名称：　　　　　　标段：　　　　　　(单位:元)

序号	项目名称	总价金额	首次支付	二次支付	三次支付	四次支付	五次支付	
	安全文明施工费							
	夜间施工增加费							
	二次搬运费							
	社会保险费							
	住房公积金							
	合　计							

编制人(造价人员)：　　　　　　复核人(造价工程师)：

注：1. 本表应由承包人在投标报价时根据发包人在招标文件明确的进度款支付周期与报价填写，签订合同时，发承包双方可就支付分解协商调整后作为合同附件。

2. 单价合同使用本表，"支付"栏时间应与单价项目进度款支付周期相同。

3. 总价合同使用本表，"支付"栏时间应与约定的工程计量周期相同。

表-16

第二章 水暖工程工程量清单及计价

18. 发包人提供材料和工程设备一览表

发包人提供材料和工程设备一览表(表-20)的样式及相关填写要求参见表 2-13。

19. 承包人提供主要材料和工程设备一览表(适用于造价信息差额调整法)

承包人提供主要材料和工程设备一览表(适用于造价信息差额调整法)(表-21)的样式及相关填写要求参见表 2-14。

20. 承包人提供主要材料和工程设备一览表(适用于价格指数差额调整法)

承包人提供主要材料和工程设备一览表(适用于价格指数差额调整法)(表-22)的样式及相关填写要求参见表 2-15。

七、水暖工程清单投标报价编制示例

表 2-56　　　　　　　　投标总价封面

____某住宅楼采暖及给水排水安装____ 工程

投 标 总 价

投 标 人：____×××____
　　　　　　　（单位盖章）

××年×月×日

表 2-57　　　　　　　　　投标总价扉页

投 标 总 价

招　标　人：_____×××_____

工程名称:某住宅楼采暖及给水排水安装工程

投标总价:(小写):520433.88
　　　　　(大写):伍拾贰万零肆佰叁拾叁元捌角捌分

投　标　人：_____×××_____
　　　　　　　　　　(单位盖章)

法定代表人
或其授权人：_____×××_____
　　　　　　　　　　(单位盖章)

编　制　人：_____×××_____
　　　　　　　(造价人员签字盖专用章)

时　　　间:××年×月×日

扉-3

第二章 水暖工程工程量清单及计价

表 2-58　　　　　　　　　　　总说明

工程名称:某住宅楼采暖及给水排水安装工程　　　　　　第　页共　页

1. 编制依据
1.1 建设方提供的工程施工图、《某住宅楼采暖及给水排水安装工程投标邀请书》、《投标须知》、《某住宅楼采暖及给水排水安装工程招标答疑》等一系列招标文件。
1.2 ××市建设工程造价管理站××××年第×期发布的材料价格,并参照市场价格。
2. 采用的施工组织设计。
3. 报价需要说明的问题:
3.1 该工程因无特殊要求,故采用一般施工方法。
3.2 因考虑到市场材料价格近期波动不大,故主要材料价格在××市建设工程造价管理站××××年第×期发布的材料价格基础上下浮动 3%。
3.3 综合公司经济现状及竞争力,公司所报费率如下:(略)
3.4 税金按 3.413% 计取。
4. 措施项目的依据。
5. 其他有关内容的说明等。

表 2-59　　建设项目投标报价汇总表

工程名称:某住宅楼采暖及给水排水安装工程　　　　第　页 共　页

序号	单项工程名称	金额（元）	其中:(元)		
			暂估价	安全文明施工费	规费
1	某住宅楼采暖及给水排水安装工程	520433.88	121250.00	17753.91	20239.46
	合　计	520433.88	121250.00	17753.91	20239.46

表-02

表 2-60　　　　　单项工程投标报价汇总表

工程名称:某住宅楼采暖及给水排水安装工程　　　　第　页共　页

序号	单项工程名称	金额(元)	其中:(元)		
			暂估价	安全文明施工费	规费
1	某住宅楼采暖及给水排水安装工程	520433.88	121250.00	17753.91	20239.46
	合计	520433.88	121250.00	17753.91	20239.46

表-03

表 2-61　　　　　单位工程投标报价汇总表

工程名称:某住宅楼采暖及给水排水安装工程　　　标段：　　　第　页　共　页

序号	汇总内容	金额(元)	其中:暂估价(元)
1	分部分项工程	347444.65	121250.00
1.1	给排水、采暖、燃气工程	347444.65	121250.00
1.2			—
1.3			—
1.4			—
1.5			—
			—
			—
			—
			—
			—
2	措施项目	32584.94	
2.1	其中:安全文明施工费	17753.91	—
3	其他项目	103003.24	—
3.1	其中:暂列金额	10000.00	—
3.2	其中:专业工程暂估价	50000.00	—
3.3	其中:计日工	38790.74	—
3.4	其中:总承包服务费	4212.50	—
4	规费	20239.46	
5	税金	17161.59	
	投标报价合计=1+2+3+4+5	520433.88	121250.00

表-04

第二章 水暖工程工程量清单及计价

表 2-62　　　分部分项工程和单价措施项目清单与计价表

工程名称：某住宅楼采暖及给水排水安装工程　　　　标段：　　　第 页共 页

序号	项目编码	项目名称	项目特征描述	计量单位	工程量	金额（元）		
						综合单价	合价	其中暂估价
1	031001002001	钢管	DN15,室内焊接钢管安装,螺纹连接	m	1325.00	21.38	28328.50	19875.00
2	031001002002	钢管	DN20,室内焊接钢管安装,螺纹连接	m	1855.00	24.68	45781.40	33390.00
3	031001002003	钢管	DN25,室内焊接钢管安装,螺纹连接	m	1030.00	38.28	39428.40	25750.00
4	031001002004	钢管	DN32,室内焊接钢管安装,螺纹连接	m	95.00	45.98	4368.10	2660.00
5	031001002005	钢管	DN40,室内焊接钢管安装,手工电弧焊	m	120.00	66.24	7948.80	4800.00
6	031001002006	钢管	DN50,室内焊接钢管安装,手工电弧焊	m	230.00	66.34	15258.20	10350.00
7	031001002007	钢管	DN70,室内焊接钢管安装,手工电弧焊	m	180.00	89.28	16070.40	11700.00
8	031001002008	钢管	DN80,室内焊接钢管安装,手工电弧焊	m	95.00	101.88	9678.60	7125.00

续一

序号	项目编码	项目名称	项目特征描述	计量单位	工程量	金额(元)		
						综合单价	合价	其中暂估价
9	031001002009	钢管	DN100,室内焊接钢管安装,手工电弧焊	m	70.00	118.13	8269.10	5600.00
10	031003001001	螺纹阀门	螺纹连接 J11T-16-15	个	84	23.26	1953.84	
11	031003001002	螺纹阀门	螺纹连接 J11T-16-20	个	76	25.88	1966.88	
12	031003001003	螺纹阀门	螺纹连接 J11T-16-25	个	52	35.20	1830.40	
13	031003003001	焊接法兰阀门	J11T-100	个	6	242.87	1457.22	
14	031005001001	铸铁散热器	柱形813,手工除锈,刷1次锈漆,2次银粉漆	片	5385	23.39	125955.15	
15	031002001001	管道支架	单管吊支架,ϕ20,∟40×4	kg	1200.00	18.42	22104.00	
16	031009001001	采暖工程系统调试	热水采暖系统	系统	1	8707.42	8707.42	
17	031001001001	镀锌钢管	DN80,室内给水,螺纹连接	m	4.30	56.24	241.83	
18	031001001002	镀锌钢管	DN70,室内给水,螺纹连接	m	20.90	50.45	1054.41	
19	031001006001	塑料管	DN110,室内排水,零件粘结	m	45.70	69.25	3164.73	

第二章 水暖工程工程量清单及计价

续二

序号	项目编码	项目名称	项目特征描述	计量单位	工程量	金额(元) 综合单价	合价	其中 暂估价
20	031001006002	塑料管	DN75,室内排水,零件粘结	m	0.50	45.78	22.89	
21	031001007001	复合管	DN40,室内给水,螺纹连接	m	23.60	52.44	1237.58	
22	031001007002	复合管	DN20,室内给水,螺纹连接	m	14.60	31.80	464.28	
23	031001007003	复合管	DN15,室内给水,螺纹连接	m	4.60	24.38	112.15	
24	031002001002	管道支架	单管吊支架,$\phi25$,∟25×4	kg	4.94	14.86	73.41	
25	031003013001	水表	室内水表安装,DN20	组	1	67.22	67.22	
26	031004003001	洗脸盆	陶瓷,PT-8,冷热水	组	3	257.36	772.08	
27	031004010001	淋浴器	金属	套	1	48.50	48.50	
28	031004006001	大便器	陶瓷	组	5	167.34	836.70	
29	031004014001	排水栓	排水栓安装,DN5	组	1	33.16	33.16	
30	031004014002	水龙头	铜,DN15	个	4	14.18	56.72	
31	031004014003	地漏	铸铁,DN10	个	3	50.86	152.58	
32	031301017001	脚手架搭拆	综合脚手架安装	m²	357.39	21.36	7633.85	
合 计							355078.50	121250.00

表-08

表 2-63　　　　　　　　　　综合单价分析表

工程名称:某住宅楼采暖及给水排水安装工程　　　标段:　　　第　页共　页

项目编码	031003001001	项目名称	螺纹阀门	计量单位	个	工程量	84

清单综合单价组成明细

定额编号	定额项目名称	定额单位	数量	单价 人工费	单价 材料费	单价 机械费	单价 管理费和利润	合价 人工费	合价 材料费	合价 机械费	合价 管理费和利润
8-243	阀门安装 DN25	个	1	2.79	3.45		5.01	2.79	3.45		5.01
	阀门 J11T-16-15	个	1		12.01				12.01		
人工单价				小	计			2.79	15.46		5.01
50元/工日				未计价材料费							
清单项目综合单价									23.26		

材料费明细	主要材料名称、规格、型号	单位	数量	单价(元)	合价(元)	暂估单价(元)	暂估合价(元)
	××牌螺纹阀门 DN25	个	1	12.01	12.01		
	黑玛钢活接头 DN25	个	1.010	2.67	2.70		
	铅油	kg	0.012	8.77	0.11		
	机油	kg	0.012	3.55	0.04		
	线麻	kg	0.001	10.40	0.01		
	橡胶板 $\delta 1 \sim \delta 3$	kg	0.004	7.49	0.03		
	棉丝	kg	0.015	29.13	0.44		
	砂纸	张	0.15	0.33	0.05		
	钢锯条	根	0.12	0.62	0.07		
	其他材料费			—		—	
	材料费小计			—	15.46	—	

表-09

表 2-64　　　　　总价措施项目清单与计价表

工程名称:某住宅楼采暖及给水排水安装工程　　　　标段:　　　第 页共 页

序号	项目编码	项目名称	计算基础	费率(%)	金额(元)	调整费率(%)	调整后金额(元)	备注
1	031302001001	安全文明施工费	定额人工费	25	17753.91			
2	031302002001	夜间施工增加费	定额人工费	2.5	1775.39			
3	031302004001	二次搬运费	定额人工费	4.5	3195.70			
4	031302005001	冬雨季施工增加费	定额人工费	0.6	426.09			
5	031302006001	已完工程及设备保护费			1800			
合　计					24951.09			

编制人(造价人员):×××　　　　　　　　　复核人(造价工程师):×××

表 2-65 **其他项目清单与计价汇总表**

工程名称：某住宅楼采暖及给水排水安装工程　　标段：　　第　页　共　页

序号	项目名称	金额(元)	结算金额(元)	备注
1	暂列金额	10000.00		明细详见表-12-1
2	暂估价	50000.00		
2.1	材料(工程设备)暂估价	—		明细详见表-12-2
2.2	专业工程暂估价	50000.00		明细详见表-12-3
3	计日工	38790.74		明细详见表-12-4
4	总承包服务费	4212.50		明细详见表-12-5
5	索赔与现场签证	—		明细详见表-12-6
	合　　计	103003.24		

表-12

表 2-66　　　　　　　　　暂列金额明细表

工程名称：某住宅楼采暖及给水排水安装工程　　　　标段：　　　第 页共 页

序号	项目名称	计量单位	暂定金额(元)	备注
1	政策性调整和材料价格风险	项	7500.00	
2	其他	项	2500.00	
3				
4				
5				
6				
7				
8				
9				
10				
11				
	合　计		10000.00	—

表-12-1

表 2-67　　材料(工程设备)暂估单价及调整表

工程名称:某住宅楼采暖及给水排水安装工程　　标段:　　第　页 共　页

序号	材料(工程设备)名称、规格、型号	计量单位	数量		暂估(元)		确认(元)		差额±(元)		备注
			暂估	确认	单价	合价	单价	合价	单价	合价	
1	DN15 钢管	m	1325.00		15.00	19875.00					用于室内给水管道项目
2	DN20 钢管	m	1855.00		18.00	33390.00					用于室内给水管道项目
3	DN25 钢管	m	1030.00		25.00	25750.00					用于室内给水管道项目
4	DN32 钢管	m	95.00		28.00	2660.00					用于室内给水管道项目
5	DN40 钢管	m	120.00		40.00	4800.00					用于室内给水管道项目
6	DN50 钢管	m	230.00		45.00	10350.00					用于室内给水管道项目
7	DN70 钢管	m	180.00		65.00	11700.00					用于室内给水管道项目
8	DN80 钢管	m	95.00		75.00	7125.00					用于室内给水管道项目
9	DN100 钢管	m	70.00		80.00	5600.00					用于室内给水管道项目
	合　计					12125.00					

表-12-2

表 2-68　　　　　　　　专业工程暂估价及结算价表

工程名称：　　　　　　　　标段：　　　　　　　　第　页共　页

序号	工程名称	工程内容	暂估金额（元）	结算金额（元）	差额±（元）	备注
1	远程抄表系统	给水排水工程远程抄表系统设备、线缆等的供应、安装、调试工作	50000.00			
	合　计		50000.00			

表-12-3

表 2-69 计日工表

工程名称:某住宅楼采暖及给水排水安装工程　　标段:　　第　页 共　页

编号	项目名称	单位	暂定数量	实际数量	综合单价（元）	合价(元) 暂定	合价(元) 实际
一	人工						
1	管道工	工时	100		140.00	14000.00	
2	电焊工	工时	45		120.00	5400.00	
3	其他工种	工时	45		75.00	3375.00	
4							
			人工小计			22775.00	
二	材料						
1	电焊条	kg	12.00		5.50	66.00	
2	氧气	m³	18.00		2.18	39.24	
3	乙炔气	kg	92.00		14.25	1311.00	
4							
5							
			材料小计			1416.24	
三	施工机械						
1	直流电焊机 20kW	台班	40		180.00	7200.00	
2	汽车起重机 8t	台班	10		230.00	2300.00	
3	载重汽车 8t	台班	5		200.00	1000.00	
4							
			施工机械小计			10500.00	
四、企业管理费和利润			按人工费的18%计算			4099.50	
			总　　计			38790.74	

表 2-70　　　　　　　　　　总承包服务费计价表

工程名称：某住宅楼采暖及给水排水安装工程　　　　标段：　　　第　页　共　页

序号	项目名称	项目价值（元）	服务内容	计算基础	费率（%）	金额（元）
1	发包人发包专业工程	50000.00	1. 按专业工程承包人的要求提供施工工作面并对施工现场进行统一管理,对竣工资料统一汇总整理。 2. 为专业工程承包人提供垂直运输和焊接电源接入点,并承担垂直运输费和电费	项目价值	6	3000.00
2	发包人提供材料	121250.00	对发包人供应的材料进行验收、保管和使用	项目价值	1	1212.50
	合　计	—	—	—	—	4212.50

表-12-5

表 2-71　　　　　　　规费、税金项目计价表

工程名称：某住宅楼采暖及给水排水安装工程　　　标段：　　　第　页共　页

序号	项目名称	计算基础	计算基数	计算费率（%）	金额（元）
1	规费	定额人工费			20239.46
1.1	社会保险费	定额人工费	(1)+…+(5)		15978.52
(1)	养老保险费	定额人工费		14	9942.19
(2)	失业保险费	定额人工费		2	1420.31
(3)	医疗保险费	定额人工费		6	4260.94
(4)	工伤保险费	定额人工费		0.25	177.54
(5)	生育保险费	定额人工费		0.25	177.54
1.2	住房公积金	定额人工费		6	4260.94
1.3	工程排污费	按工程所在地环境保护部门收取标准，按实计入			
2	税金	分部分项工程费+措施项目费+其他项目费+规费-按规定不计税的工程设备金额		3.41	17161.59
	合　计				37401.05

编制人(造价人员)：×××　　　　　　　　　复核人(造价工程师)：×××

表-13

第六节　水暖工程竣工结算编制

竣工结算是施工企业在所承包的工程全部完工竣工之后，与建设单位进行最终的价款结算。竣工结算反映该工程项目中施工企业的实际造

价以及还有多少工程款要结清。通过竣工结算，施工企业可以考核实际的工程费用是降低还是超支。竣工结算是建设单位竣工决算的一个组成部分。建筑安装工程竣工结算造价加上设备购置费、勘察设计费、征地拆迁费和一切建设单位为建设这个项目的其他全部费用，才能成为该工程完整的竣工决算。

一、一般规定

（1）工程完工后，发承包双方必须在合同约定时间内办理工程竣工结算。合同中没有约定或约定不清的，按"13 计价规范"中有关规定处理。

（2）工程竣工结算应由承包人或受其委托具有相应资质的工程造价咨询人编制，并应由发包人或受其委托具有相应资质的工程造价咨询人核对。实行总承包的工程，由总承包人对竣工结算的编制负总责。

（3）当发承包双方或一方对工程造价咨询人出具的竣工结算文件有异议时，可向工程造价管理机构投诉，申请对其进行执业质量鉴定。

（4）工程造价管理机构对投诉的竣工结算文件进行质量鉴定，宜按本章第七节的相关规定进行。

（5）根据《中华人民共和国建筑法》第六十一条规定："交付竣工验收的建筑工程，必须符合规定的建筑工程质量标准，有完整的工程技术经济资料和经签署的工程保修书，并具备国家规定的其他竣工条件"，由于竣工结算是反映工程造价计价规定执行情况的最终文件，竣工结算办理完毕，发包人应将竣工结算文件报送工程所在地或有该工程管辖权的行业管理部门的工程造价管理机构备案。竣工结算文件应作为工程竣工验收备案、交付使用的必备文件。

二、竣工结算编制与复核

（1）工程竣工结算应根据下列依据编制和复核：
1)"13 计价规范"；
2)工程合同；
3)发承包双方实施过程中已确认的工程量及其结算的合同价款；
4)发承包双方实施过程中已确认调整后追加（减）的合同价款；

5)建设工程设计文件及相关资料;
6)投标文件;
7)其他依据。

(2)分部分项工程和措施项目中的单价项目应依据发承包双方确认的工程量与已标价工程量清单的综合单价计算;发生调整的,应以发承包双方确认调整的综合单价计算。

(3)措施项目中的总价项目应依据已标价工程量清单的项目和金额计算;发生调整的,应以发承包双方确认调整的金额计算,其中安全文明施工费应按照国家或省级、行业建设主管部门的规定计算。施工过程中,国家或省级、行业建设主管部门对安全文明施工费进行了调整的,措施项目费和安全文明施工费应做相应调整。

(4)办理竣工结算时,其他项目费的计算应按以下要求进行计价:

1)计日工的费用应按发包人实际签证确认的数量和合同约定的相应项目综合单价计算;

2)当暂估价中的材料、工程设备是招标采购的,其单价按中标价在综合单价中调整;当暂估价中的材料、工程设备是非招标采购的,其单价按发承包双方最终确认的单价在综合单价中调整。当暂估价中的专业工程是招标发包的,其专业工程费按中标价计算;当暂估价中的专业工程为非招标发包的,其专业工程费按发承包双方与分包人最终确认的金额计算;

3)总承包服务费应依据已标价工程量清单金额计算,发承包双方依据合同约定对总承包服务费进行了调整的,应按调整后的金额计算;

4)索赔事件产生的费用在办理竣工结算时应在其他项目费中反映。索赔费用的金额应依据发承包双方确认的索赔事项和金额计算;

5)现场签证发生的费用在办理竣工结算时应在其他项目费中反映。现场签证费用金额依据发承包双方签证资料确认的金额计算;

6)合同价款中的暂列金额在用于各项价款调整、索赔与现场签证后,若有余额,则余额归发包人,若出现差额,则由发包人补足并反映在相应的工程价款中。

(5)规费和税金应按国家或省级、行业建设主管部门对规费和税金的计取标准计算。规费中的工程排污费应按工程所在地环境保护部门规定的标准缴纳后按实列入。

(6)由于竣工结算与合同工程实施过程中的工程计量及其价款结算、进度款支付、合同价款调整等具有内在联系,因此发承包双方在合同工程实施过程中已经确认的工程计量结果和合同价款,在竣工结算办理中应直接进入结算,从而简化结算流程。

三、竣工结算价编制标准格式

竣工结算价编制使用的表格包括:竣工结算书封面(封-4),竣工结算总价扉页(扉-4),工程计价总说明表(表-01),建设项目竣工结算汇总表(表-05),单项工程竣工结算汇总表(表-06),单位工程竣工结算汇总表(表-07),分部分项工程和单价措施项目清单与计价表(表-08),综合单价分析表(表-09),综合单价调整表(表-10),总价措施项目清单与计价表(表-11),其他项目清单与计价汇总表(表-12)[暂列金额明细表(表-12-1),材料(工程设备)暂估单价及调整表(表-12-2),专业工程暂估价及结算价表(表-12-3),计日工表(表-12-4),总承包服务费计价表(表-12-5),索赔与现场签证计价汇总表(表-12-6),费用索赔申请(核准)表(表-12-7),现场签证表(表-12-8)],规费、税金项目计价表(表-13),工程计量申请(核准)表(表-14),预付款支付申请(核准)表(表-15),总价项目进度款支付分解表(表-16),进度款支付申请(核准)表(表-17),竣工结算款支付申请(核准)表(表-18),最终结清支付申请(核准)表(表-19),发包人提供材料和工程设备一览表(表-20),承包人提供主要材料和工程设备一览表(适用于造价信息差额调整法)(表-21)或承包人提供主要材料和工程设备一览表(适用于价格指数差额调整法)(表-22)。

1. 竣工结算书封面

竣工结算书封面(封-4)应填写竣工工程的具体名称,发承包双方应盖单位公章,如委托工程造价咨询人办理的,还应加盖工程造价咨询人所在单位公章。

竣工结算书封面的样式见表2-72。

表 2-72　　　　竣工结算书封面

```
_____工程


            竣工结算书



        发 包 人：_____
                      （单位盖章）


        承 包 人：_____
                      （单位盖章）


        造价咨询人：_____
                      （单位盖章）


              年    月    日
```

封-4

2. 竣工结算总价扉页

承包人自行编制竣工结算总价时，编制人员必须是承包人单位注册的造价人员。由承包人盖单位公章，法定代表人或其授权人签字或盖章，编制的造价人员（造价工程师或造价员）签字盖执业专用章。

发包人自行核对竣工结算时，核对人员必须是在发包人单位注册的造价工程师。由发包人盖单位公章，法定代表人或其授权人签字或盖章，核对的造价工程师签字盖执业专用章。

发包人委托工程造价咨询人核对竣工结算时，核对人员必须是在工程造价咨询人单位注册的造价工程师。由发包人盖单位公章，法定代表人或其授权人签字盖章;工程造价咨询人盖单位资质专用章,法定代表人或其授权人签字或盖章;核对的造价工程师签字盖执业专用章。

除非出现发包人拒绝或不答复承包人竣工结算书的特殊情况,竣工结算办理完毕后,竣工结算总价扉页发承包双方的签字、盖章应当齐全。

竣工结算总价扉页(扉-4)的样式见表 2-73。

表 2-73　　　　　　　　竣工结算总价扉页

_____工程

竣工结算总价

签约合同价(小写):_____ (大写):_____
竣工结算价(小写):_____ (大写):_____

发 包 人:_____ 　承 包 人:_____ 　工程咨询人:_____
　　(单位盖章) 　　　　　(单位盖章) 　　　　　(单位资质专用章)

法定代表人　　　　法定代表人　　　　法定代表人
或其授权人:_____ 　或其授权人:_____ 　或其授权人:_____
　(签字或盖章) 　　　　(签字或盖章) 　　　　(签字或盖章)

编 制 人:_____ 　核 对 人:_____
　(造价人员签字盖专用章) 　　　(造价工程师签字盖专用章)

编制时间: 年 月 日 　　　　核对时间: 年 月 日

扉-4

3. 工程计价总说明表

工程计价总说明表(表-01)的样式及相关填写要求参见表 2-3。

4. 建设项目竣工结算汇总表

建设项目竣工结算汇总表(表-05)的样式见表 2-74。

表 2-74　　　　　　　　建设项目竣工结算汇总表

工程名称：　　　　　　　　　　　　　　　　　　　　第　页共　页

序号	单项工程名称	金额（元）	其中:(元)	
			安全文明施工费	规费
	合　计			

表-05

5. 单项工程竣工结算汇总表

单项工程竣工结算汇总表(表-06)的样式见表 2-75。

表 2-75　　　　　　　　单项工程竣工结算汇总表

工程名称：　　　　　　　　　　　　　　　　　　　　第　页共　页

序号	单位工程名称	金额（元）	其中:(元)	
			安全文明施工费	规费
	合　计			

表-06

6. 单位工程竣工结算汇总表

单位工程竣工结算汇总表(表-07)的样式见表 2-76。

表 2-76　　　　　　　　单位工程竣工结算汇总表

工程名称：　　　　　　　标段：　　　　　　　第　页共　页

序号	汇总内容	金额(元)
1	分部分项工程	
1.1		
1.2		
1.3		
2	措施项目	
2.1	其中:安全文明施工费	
3	其他项目	
3.1	其中:专业工程结算价	
3.2	其中:计日工	
3.3	其中:总承包服务费	
3.4	其中:索赔与现场签证	
4	规费	
5	税金	
竣工结算总价合计=1+2+3+4+5		

注:如无单位工程划分,单项工程也使用本表汇总。

表-07

7. 分部分项工程和单价措施项目清单与计价表

分部分项工程和单价措施项目清单与计价表(表-08)的样式及相关填写要求参见表 2-4。

8. 综合单价分析表

综合单价分析表(表-09)的样式及相关填写要求参见表 2-34。

9. 综合单价调整表

综合单价调整表(表-10)适用于各种合同约定调整因素出现时调整

综合单价,各种调整依据应附于表后。填写时应注意,项目编码和项目名称必须与已标价工程量清单保持一致,不得发生错漏,以免发生争议。

综合单价调整表的样式见表 2-77。

表 2-77　　　　　　　　　综合单价调整表

工程名称:　　　　　　　标段:　　　　　　　第　页共　页

序号	项目编码	项目名称	已标价清单综合单价(元)					调整后综合单价(元)				
			综合单价	其中				综合单价	其中			
				人工费	材料费	机械费	管理费和利润		人工费	材料费	机械费	管理费和利润

造价工程师(签章):　发包人代表(签章):　造价人员(签章):　承包人代表(签章):

日期:　　　　　　　　　　　　　　　　　日期:

注:综合单价调整应附调整依据。

表-10

10. 总价措施项目清单与计价表

总价措施项目清单与计价表(表-11)的样式及相关填写要求参见表 2-5。

11. 其他项目清单与计价汇总表

其他项目清单与计价汇总表(表-12)的样式及相关填写要求参见表 2-6。

12. 暂列金额明细表

暂列金额明细表(表-12-1)的样式及相关填写要求参见表 2-7。

13. 材料(工程设备)暂估单价及调整表

材料(工程设备)暂估单价及调整表(表-12-2)的样式及相关填写要求参见表 2-8。

第二章 水暖工程工程量清单及计价

14. 专业工程暂估价及结算价表

专业工程暂估价及结算价表（表-12-3）的样式及相关填写要求参见表 2-9。

15. 计日工表

计日工表（表-12-4）的样式及相关填写要求参见表 2-10。

16. 总承包服务费计价表

总承包服务费计价表（表-12-5）的样式及相关填写要求参见表 2-11。

17. 索赔与现场签证计价汇总表

索赔与现场签证计价汇总表（表-12-6）是对发承包双方签证认可的"费用索赔申请（核准）表"和"现场签证表"的汇总。

索赔与现场签证计价汇总表的样式见表 2-78。

表 2-78　　　　　索赔与现场签证计价汇总表

工程名称：　　　　　　　　标段：　　　　　　第 页共 页

序号	签证及索赔项目名称	计量单位	数量	单价（元）	合价（元）	索赔及签证依据
—	本页小计	—	—			—
—	合　计					

注：签证及索赔依据是指经双方认可的签证单和索赔依据的编号。

表-12-6

18. 费用索赔申请（核准）表

填写费用索赔申请（核准）表（表-12-7）时，承包人代表应按合同条款的约定，阐述原因，附上索赔证据、费用计算报发包人，经监理工程师复核（按照发包人的授权，不论是监理工程师或发包人现场代表均可），经造价工程师（此处造价工程师可以是发包人现场管理人员，也可以是发包人委托的工程造价咨询单位的人员）复核具体费用，经发包人审核后生效，该表以在选择栏中"□"内做标识"√"表示。

费用索赔申请（核准）表的样式见表 2-79。

表 2-79　　　　　　　　费用索赔申请(核准)表

工程名称：　　　　　　　　标段：　　　　　　　　　　　编号：

致：＿＿＿＿＿＿＿＿＿＿＿＿＿＿＿＿＿＿＿＿＿＿＿＿＿＿＿＿＿＿＿(发包人全称) 　　根据施工合同条款＿＿＿＿条的约定，由于＿＿＿＿＿＿＿＿＿原因，我方要求索赔金额(大写)＿＿＿＿＿＿＿＿＿＿(小写＿＿＿＿＿＿)，请予核准。 　　附：1. 费用索赔的详细理由和依据： 　　　　2. 索赔金额的计算： 　　　　3. 证明材料： 　　　　　　　　　　　　　　　　　　　　　　　承包人(章) 造价人员＿＿＿＿＿　　承包人代表＿＿＿＿＿　　　　　日　期＿＿＿＿＿	
复核意见： 　　根据施工合同条款＿＿＿＿条的约定，你方提出的费用索赔申请经复核： 　　□不同意此项索赔，具体意见见附件。 　　□同意此项索赔，索赔金额的计算，由造价工程师复核。 　　　　　　监理工程师＿＿＿＿＿ 　　　　　　日　　期＿＿＿＿＿	复核意见： 　　根据施工合同条款＿＿＿＿条的约定，你方提出的费用索赔申请经复核，索赔金额为(大写)＿＿＿＿＿＿(小写＿＿＿＿)。 　　　　　　造价工程师＿＿＿＿＿ 　　　　　　日　　期＿＿＿＿＿
审核意见： 　　□不同意此项索赔。 　　□同意此项索赔，与本期进度款同期支付。 　　　　　　　　　　　　　　　　　　　　　　　发包人(章) 　　　　　　　　　　　　　　　　　　　　　　　发包人代表＿＿＿＿＿ 　　　　　　　　　　　　　　　　　　　　　　　日　　期＿＿＿＿＿	

注：1. 在选择栏中的"□"内做标识"√"。
　　2. 本表一式四份，由承包人填报，发包人、监理人、造价咨询人、承包人各存一份。

表-12-7

19. 现场签证表

现场签证表(表-12-8)是对"计日工"的具体化，考虑到招标时，招标人对计日工项目的预估难免会有遗漏，造成实际施工发生后无相应的计日

第二章 水暖工程工程量清单及计价

工单价时,现场签证只能包括单价一并处理。因此,在汇总时,有计日工单价的,可归并于计日工,如无计日工单价的,归并于现场签证,以示区别。

现场签证表的样式见表 2-80。

表 2-80　　　　　　　　　　现场签证表

工程名称:　　　　　　　　标段:　　　　　　　　编号:

施工部位		日　期	
致:_____　　　　　　　　　　　　　　　　　　(发包人全称) 根据_____(指令人姓名)　年　月　日的口头指令或你方_____ (或监理人)　年　月　日的书面通知,我方要求完成此项工作应支付价款金额为(大写)_____(小写)_____,请予核准。 附:1. 签证事由及原因: 　　2. 附图及计算式: 　　　　　　　　　　　　　　　　　　　　　　　　　　　　承包人(章) 造价人员_____　承包人代表_____　　　日　期_____			
复核意见: 　你方提出的此项签证申请经复核: □不同意此项签证,具体意见见附件。 □同意此项签证,签证金额的计算,由造价工程师复核。 监理工程师_____ 　　日　期_____		复核意见: 　□此项签证按承包人中标的计日工单价计算,金额为(大写)_____,(小写_____)。 　□此项签证因无计日工单价,金额为(大写)_____,(小写_____)。 造价工程师_____ 　　日　期_____	
审核意见: □不同意此项签证。 □同意此项签证,价款与本期进度款同期支付。 　　　　　　　　　　　　　　　　　　　　　　　发包人(章) 　　　　　　　　　　　　　　　　　　　　　　　发包人代表_____ 　　　　　　　　　　　　　　　　　　　　　　　　日　期_____			

注:1. 在选择栏中的"□"内做标识"√"。
　　2. 本表一式四份,由承包人在收到发包人(监理人)的口头或书面通知后填写,发包人、监理人、造价咨询人、承包人各存一份。

表-12-8

20. 规费、税金项目计价表

规费、税金项目计价表(表-13)的样式及相关填写要求参见表 2-12。

21. 工程计量申请(核准)表

工程计量申请(核准)表(表-14)填写的"项目编码"、"项目名称"、"计量单位"应与已标价工程量清单中一致,承包人应在合同约定的计量周期结束时,将申报数量填写在申报数量栏,发包人核对后如与承包人填写的数量不一致,则在核实数量栏填上核实数量,经发承包双方共同核对确认的计量结果填在确认数量栏。

工程计量申请(核准)表的样式见表 2-81。

表 2-81　　　　　　　　　　工程计量申请(核准)表

工程名称：　　　　　　　　标段：　　　　　　　　第　页共　页

序号	项目编码	项目名称	计量单位	承包人申请数量	发包人核实数量	发承包人确认数量	备注
承包人代表： 日期：	监理工程师： 日期：		造价工程师： 日期：		发包人代表： 日期：		

表-14

22. 预付款支付申请(核准)表

预付款支付申请(核准)表(表-15)的样式见表 2-82。

第二章 水暖工程工程量清单及计价

表 2-82　　　　　　　预付款支付申请(核准)表

工程名称：　　　　　　　标段：　　　　　　　编号：

致：_____(发包人全称)

我方根据施工合同的约定,现申请支付工程预付价款额为(大写)_____(小写)_____,请予核准。

序号	名　称	申请金额(元)	复核金额(元)	备　注
1	已签约合同价款金额			
2	其中:安全文明施工费			
3	应支付的预付款			
4	应支付的安全文明施工费			
5	合计应支付的预付款			

承包人(章)
造价人员_____　承包人代表_____　日　期_____

复核意见：	复核意见：
□与合同约定不相符,修改意见见附件。 □与合同约定相符,具体金额由造价工程师复核。 　　　　监理工程师_____ 　　　　日　期_____	你方提出的支付申请经复核,应支付预付款金额为(大写)_____(小写)_____。 　　　　造价工程师_____ 　　　　日　期_____

审核意见：
□不同意。
□同意,支付时间为本表签发后的 15 天内。

　　　　　　　　　　　　　　　　　　　　发包人(章)
　　　　　　　　　　　　　　　　　　　　发包人代表_____
　　　　　　　　　　　　　　　　　　　　日　期_____

注：1. 在选择栏中的"□"内做标识"√"。
　　2. 本表一式四份,由承包人填报,发包人、监理人、造价咨询人、承包人各存一份。

表-15

23. 总价项目进度款支付分解表
总价项目进度款支付分解表(表-16)的样式见表 2-55。

24. 进度款支付申请(核准)表
进度款支付申请(核准)表(表-17)的样式见表 2-83。

表 2-83　　　　　　　　　进度款支付申请(核准)表

工程名称：　　　　　　　　标段：　　　　　　　　编号：

致：_____(发包人全称)

我方于____至____期间已完成了_____工作,根据施工合同的约定,现申请支付本周期的合同款额为(大写)_____(小写_____),请予核准。

序号	名　称	实际金额(元)	申请金额(元)	复核金额(元)	备注
1	累计已完成的合同价款		—		
2	累计已实际支付的合同价款		—		
3	本周期合计完成的合同价款				
3.1	本周期已完成单价项目的金额				
3.2	本周期应支付的总价项目的金额				
3.3	本周期已完成的计日工价款				
3.4	本周期应支付的安全文明施工费				
3.5	本周期应增加的合同价款				
4	本周期合计应扣减的金额				
4.1	本周期应抵扣的预付款				
4.2	本周期应扣减的金额				
5	本周期应支付的合同价款				

附：上述 3、4 详见附件清单。

承包人(章)

造价人员_____　　承包人代表_____　　日　期_____

复核意见： □与实际施工情况不相符,修改意见见附件。 □与实际施工情况相符,具体金额由造价工程师复核。 　　监理工程师_____ 　　日　期_____	复核意见： 你方提出的支付申请经复核,本周期已完成合同款额为(大写)_____(小写_____),本周期应支付金额为(大写)_____(小写_____)。 　　造价工程师_____ 　　日　期_____

审核意见：
□不同意。
□同意,支付时间为本表签发后的 15 天内。

发包人(章)
发包人代表_____
日　期_____

注：1. 在选择栏中的"□"内做标识"√"。
　　2. 本表一式四份,由承包人填报,发包人、监理人、造价咨询人、承包人各存一份。

第二章 水暖工程工程量清单及计价

25. 竣工结算款支付申请(核准)表

竣工结算款支付申请(核准)表(表-18)的样式见表 2-84。

表 2-84　　　　　　　竣工结算款支付申请(核准)表

工程名称：　　　　　　　　标段：　　　　　　　　编号：

致：_____(发包人全称)

　　我方于____至____期间已完成合同约定的工作，工程已经完工，根据施工合同的约定，现申请支付竣工结算合同款额为(大写)_____(小写)_____，请予核准。

序号	名　称	申请金额(元)	复核金额(元)	备　注
1	竣工结算合同价款总额			
2	累计已实际支付的合同价款			
3	应预留的质量保证金			
4	应支付的竣工结算款金额			

承包人(章)

造价人员_____　　承包人代表_____　　日　期_____

复核意见： □与实际施工情况不相符，修改意见见附件。 □与实际施工情况相符，具体金额由造价工程师复核。 　　监理工程师_____ 　　　日　期_____	复核意见： 　　你方提出的竣工结算款支付申请经复核，竣工结算款总额为(大写)____(小写____)，扣除前期支付以及质量保证金后应支付金额为(大写)_____(小写____)。 　　造价工程师_____ 　　　日　期_____

审核意见：
□不同意。
□同意，支付时间为本表签发后的 15 天内。

发包人(章)

发包人代表_____

日　期_____

注：1. 在选择栏中的"□"内做标识"√"。
　　2. 本表一式四份，由承包人填报，发包人、监理人、造价咨询人、承包人各存一份。

表-18

26. 最终结清支付申请(核准)表

最终结清支付申请(核准)表(表-19)的样式见表 2-85。

表 2-85　　　　　　　最终结清支付申请(核准)表

工程名称：　　　　　　　　标段：　　　　　　　　编号：

致：_____　　　　　　　　　　　　　　　　　(发包人全称)

　　我方于_____至_____期间已完成了缺陷修复工作,根据施工合同的约定,现申请支付最终结清合同款额为(大写)_____(小写_____),请予核准。

序号	名　　称	申请金额(元)	复核金额(元)	备　注
1	已预留的质量保证金			
2	应增加因发包人原因造成缺陷的修复金额			
3	应扣减承包人不修复缺陷、发包人组织修复的金额			
4	最终应支付的合同价款			

上述 3、4 详见附件清单。

　　　　　　　　　　　　　　　　　　　承包人(章)
造价人员_____　承包人代表_____　日　期_____

复核意见： □与实际施工情况不相符,修改意见见附件。 □与实际施工情况相符,具体金额由造价工程师复核。 　　　　监理工程师_____ 　　　　日　　期_____	复核意见： 　你方提出的支付申请经复核,最终应支付金额为(大写)_____ (小写_____)。 　　　　造价工程师_____ 　　　　日　　期_____
审核意见： □不同意。 □同意,支付时间为本表签发后的 15 天内。 　　　　　　　　　　　　　　　　　　发包人(章) 　　　　　　　　　　　　　　　　　　发包人代表_____ 　　　　　　　　　　　　　　　　　　日　　期_____	

注:1. 在选择栏中的"□"内做标识"√"。如监理人已退场,监理工程师栏可空缺。
　　2. 本表一式四份,由承包人填报,发包人、监理人、造价咨询人、承包人各存一份。

表-19

27. 发包人提供材料和工程设备一览表

发包人提供材料和工程设备一览表(表-20)的样式及相关填写要求参见表 2-13。

28. 承包人提供主要材料和工程设备一览表(适用于造价信息差额调整法)

承包人提供主要材料和工程设备一览表(适用于造价信息差额调整法)(表-21)的样式及相关填写要求参见表 2-14。

29. 承包人提供主要材料和工程设备一览表(适用于价格指数差额调整法)

承包人提供主要材料和工程设备一览表(适用于价格指数差额调整法)(表-22)的样式及相关填写要求参见表 2-15。

四、水暖工程竣工结算编制示例

表 2-86　　　　　　　竣工结算书封面

　　　　　　　　某住宅楼采暖及给水排水安装　　　　工程

竣工结算书

　　　　　　　发 包 人：＿＿＿×××＿＿＿
　　　　　　　　　　　　　　（单位盖章）

　　　　　　　承 包 人：＿＿＿×××＿＿＿
　　　　　　　　　　　　　　（单位盖章）

　　　　　　　造价咨询人：＿＿＿×××＿＿＿
　　　　　　　　　　　　　　（单位盖章）

　　　　　　　　　　××年×月×日

封-4

表 2-87　　竣工结算总价扉页

<u>　　某住宅楼采暖及给水排水安装　　</u>　工程

竣工结算总价

签约合同价(小写)：<u>520433.88</u>　（大写）：<u>伍拾贰万零肆佰叁拾叁元捌角捌分</u>
竣工结算价(小写)：<u>531369.63</u>　（大写）：<u>伍拾叁万壹仟叁佰陆拾玖元陆角叁分</u>

发包人：<u>　×××　</u>　承包人：<u>　×××　</u>　造价咨询人：<u>　×××　</u>
　　　　（单位盖章）　　　　　（单位盖章）　　　　　（单位资质专用章）

法定代表人　　　　　　法定代表人　　　　　　法定代表人
或其授权人：<u>×××</u>　或其授权人：<u>×××</u>　或其授权人：<u>×××</u>
　　　（签字或盖章）　　　　　（签字或盖章）　　　　　（签字或盖章）

编 制 人：<u>　　×××　　</u>　　核 对 人：<u>　　×××　　</u>
　　（造价人员签字盖专用章）　　　　（造价工程师签字盖专用章）

编制时间：××年×月×日　　　核对时间：××年×月×日

扉-4

表 2-88　　　　　　　　　　　总说明

工程名称：某住宅楼采暖及给水排水安装工程　　　　　　第　页共　页

1. 工程概况：本工程为某住宅楼采暖及给水排水安装工程。
2. 竣工结算依据：
(1) 承包人报送的竣工结算；
(2) 施工合同，招投标文件；
(3) 竣工图及现场签证等；
(4) 省建设主管部门颁发的计价定额和相关计价办法。
3. 结算价分析
本工程竣工结算经核对后较合同价有节余。
4. 工程变更。
5. 工程价款调整。
6. 索赔。
7. 其他等。

表-01

表 2-89　　建设项目竣工结算汇总表

工程名称:某住宅楼采暖及给水排水安装工程　　　　　　　第　页 共　页

序号	单项工程名称	金额(元)	其中:(元)	
			安全文明施工费	规费
1	某住宅楼采暖及给水排水安装工程	531369.63	18382.61	20956.19
	合　计	531369.63	18382.61	20956.19

表-05

表 2-90　　　　　　　　单项工程竣工结算汇总表

工程名称：某住宅楼采暖及给水排水安装工程　　　　　　　第　页 共　页

序号	单位工程名称	金额(元)	其中：(元)	
			安全文明施工费	规费
1	某住宅楼采暖及给水排水安装工程	531369.63	18382.61	20956.19
	合　计	531369.63	18382.61	20956.19

表-06

表 2-91　　　　　　　　单位工程竣工结算汇总表

工程名称：某住宅楼采暖及给水排水安装工程　　　标段：　　　第　页共　页

序号	汇总内容	金额(元)
1	分部分项工程	367804.79
1.1	给排水、采暖、燃气工程	367804.79
1.2		
1.3		
1.4		
1.5		
2	措施项目	34046.80
2.1	其中：安全文明施工费	18382.61
3	其他项目	91039.65
3.1	其中：专业工程结算价	47500.00
3.2	其中：计日工	37306.89
3.3	其中：总承包服务费	4189.01
3.4	其中：索赔与现场签证	2043.75
4	规费	20956.19
5	税金	17522.20
	竣工结算总价合计＝1＋2＋3＋4＋5	531369.63

表-07

表 2-92 分部分项工程和单价措施项目清单与计价表

工程名称:某住宅楼采暖及给水排水安装工程　　标段:　　第　页共　页

序号	项目编码	项目名称	项目特征描述	计量单位	工程量	金额(元) 综合单价	合价	其中 暂估价
1	031001002001	钢管	DN15,室内焊接钢管安装,螺纹连接	m	1387.00	24.38	33815.06	
2	031001002002	钢管	DN20,室内焊接钢管安装,螺纹连接	m	1923.00	26.68	51305.64	
3	031001002003	钢管	DN25,室内焊接钢管安装,螺纹连接	m	1108.00	37.25	41273.00	
4	031001002004	钢管	DN32,室内焊接钢管安装,螺纹连接	m	102.00	47.98	4893.96	
5	031001002005	钢管	DN40,室内焊接钢管安装,手工电弧焊	m	118.00	65.24	7698.32	
6	031001002006	钢管	DN50,室内焊接钢管安装,手工电弧焊	m	231.00	69.34	16017.54	
7	031001002007	钢管	DN70,室内焊接钢管安装,手工电弧焊	m	185.00	87.28	16146.80	
8	031001002008	钢管	DN80,室内焊接钢管安装,手工电弧焊	m	92.00	105.88	9740.96	

续一

序号	项目编码	项目名称	项目特征描述	计量单位	工程量	金额(元)		其中
						综合单价	合价	暂估价
9	031001002009	钢管	DN100,室内焊接钢管安装,手工电弧焊	m	69.00	128.13	8840.97	
10	031003001001	螺纹阀门	螺纹连接J11T-16-15	个	84	23.26	1953.84	
11	031003001002	螺纹阀门	螺纹连接J11T-16-20	个	76	25.88	1966.88	
12	031003001003	螺纹阀门	螺纹连接J11T-16-25	个	52	35.20	1830.40	
13	031003003001	焊接法兰阀门	J11T-100	个	6	256.98	1541.88	
14	031005001001	铸铁散热器	柱形813,手工除锈,刷1次锈漆,2次银粉漆	片	5385	24.16	130101.60	
15	031002001001	管道支架	单管吊支架,$\phi 20$,∟40×4	kg	1256.00	17.85	22419.60	
16	031009001001	采暖工程系统调试	热水采暖系统	系统	1	8737.97	8737.97	
17	031001001001	镀锌钢管	DN80,室内给水,螺纹连接	m	6.50	56.24	365.56	
18	031001001002	镀锌钢管	DN70,室内给水,螺纹连接	m	22.70	50.45	1145.22	
19	031001006001	塑料管	DN110,室内排水,零件粘结	m	52.60	69.25	3642.55	

第二章 水暖工程工程量清单及计价

续二

序号	项目编码	项目名称	项目特征描述	计量单位	工程量	综合单价	合价	其中暂估价
20	031001006002	塑料管	DN75,室内排水,零件粘结	m	1.80	45.78	82.40	
21	031001007001	复合管	DN40,室内给水,螺纹连接	m	28.20	52.44	1478.81	
22	031001007002	复合管	DN20,室内给水,螺纹连接	m	15.40	31.80	489.72	
23	031001007003	复合管	DN15,室内给水,螺纹连接	m	4.60	24.38	112.15	
24	031002001002	管道支架	单管吊支架,$\phi25$,$\llcorner 25\times4$	kg	5.20	14.86	77.27	
25	031003013001	水表	室内水表安装,DN20	组	1	67.22	67.22	
26	031004003001	洗脸盆	陶瓷,PT-8,冷热水	组	3	268.92	806.76	
27	031004010001	淋浴器	金属	套	1	48.50	48.50	
28	031004006001	大便器	陶瓷	组	5	192.35	961.75	
29	031004014001	排水栓	排水栓安装,DN5	组	1	33.16	33.16	
30	031004014002	水龙头	铜,DN15	个	4	14.18	56.72	
31	031004014003	地漏	铸铁,DN10	个	3	50.86	152.58	
32	031301017001	脚手架搭拆	综合脚手架安装	m²	362.50	22.83	8275.88	
合 计							376080.67	

表-08

表 2-93 综合单价分析表

工程名称：某住宅楼采暖及给水排水安装工程　　　　标段：　　　第 页共 页

项目编码	031003003001	项目名称	焊接法兰阀门	计量单位	个	工程量	6

清单综合单价组成明细

定额编号	定额项目名称	定额单位	数量	单价				合价			
				人工费	材料费	机械费	管理费和利润	人工费	材料费	机械费	管理费和利润
CH8261	阀门安装	个	1	21.59	183.77	12.88	38.74	21.59	183.77	12.88	38.74
人工单价			小　　计					21.59	183.77	12.88	38.74
50元/工日			未计价材料费								
			清单项目综合单价						256.98		

材料费明细	主要材料名称、规格、型号	单位	数量	单价（元）	合价（元）	暂估单价（元）	暂估合价（元）
	××牌阀门 T41T-16-100	个	1	176.00	176.00		
	垫圈	个	8	0.02	0.16		
	电焊条	kg	0.90	4.90	4.41		
	乙炔气	m³	0.002	15.00	0.03		
	氧气	m⁴	0.003	3.00	0.009		
	其他材料费			—	3.161	—	
	材料费小计			—	183.77		

表-09

第二章 水暖工程工程量清单及计价

表 2-94　　　　　综合单价调整表

工程名称：某住宅楼采暖及给水排水安装工程　　　　标段：　　　第　页共　页

序号	项目编码	项目名称	已标价清单综合单价(元)					调整后综合单价(元)				
			综合单价	其中				综合单价	其中			
				人工费	材料费	机械费	管理费和利润		人工费	材料费	机械费	管理费和利润
1	031001002001	钢管	21.38	2.02	16.92	0.68	1.76	24.38	2.02	19.92	0.68	1.76
2	031001002002	钢管	24.68	2.16	20.06	0.75	1.71	26.68	2.16	22.06	0.75	1.71
3	031001002003	钢管	38.28	4.27	26.47	1.66	5.88	37.25	4.27	25.46	1.65	5.87
4	031001002004	钢管	45.98	6.24	28.96	3.19	7.59	47.98	6.24	30.96	3.19	7.59
	其他略											

造价工程师(签章)：×××　　　　　　　　　造价人员(签章)：×××

发包人代表(签章)：×××　　　　　　　　承包人代表(签章)：×××

　　　　　　　　　　　　日期：××年×月×日　　　　　　　日期：××年×月×日

表-10

表 2-95　　　　　总价措施项目清单与计价表

工程名称：某住宅楼采暖及给水排水安装工程　　　　标段：　　　第　页共　页

序号	项目编码	项目名称	计算基础	费率(%)	金额(元)	调整费率(%)	调整后金额(元)	备注
1	031302001001	安全文明施工费	定额人工费	25	17753.91	25	18382.61	
2	031302002001	夜间施工增加费	定额人工费	2.5	1775.39	2.5	1838.26	
3	031302004001	二次搬运费	定额人工费	4.5	3195.70	4.5	3308.87	
4	031302005001	冬雨季施工增加费	定额人工费	0.6	426.09	0.6	441.18	
5	031302006001	已完工程及设备保护费			1800		1800	
		合　计			24951.09		25770.92	

编制人(造价人员)：×××　　　　　　　　复核人(造价工程师)：×××

表-11

表 2-96　　其他项目清单与计价汇总表

工程名称:某住宅楼采暖及给水排水安装工程　　　　标段：　　第　页共　页

序号	项目名称	金额(元)	结算金额(元)	备注
1	暂列金额		—	
2	暂估价	50000.00	47500.00	
2.1	材料(工程设备)结算价	—	—	明细详见表-12-2
2.2	专业工程结算价	50000.00	47500.00	明细详见表-12-3
3	计日工	38790.74	37306.89	明细详见表-12-4
4	总承包服务费	4212.50	4189.01	明细详见表-12-5
5	索赔与现场签证		2043.75	明细详见表-12-6
	合　计		91039.65	

表-12

第二章 水暖工程工程量清单及计价

表 2-97　　　　材料(工程设备)暂估单价及调整表

工程名称:某住宅楼采暖及给水排水安装工程　　　　标段：　　　第　页共　页

序号	材料(工程设备)名称、规格、型号	计量单位	数量		暂估(元)		确认(元)		差额±(元)		备注
			暂估	确认	单价	合价	单价	合价	单价	合价	
1	DN15 钢管	m	1325.00	1387.00	15.00	19875.00	18.00	24966.00	3.00	5091.00	用于室内给水管道项目
2	DN20 钢管	m	1855.00	1923.00	18.00	33390.00	20.00	38460.00	2.00	5070.00	
3	DN25 钢管	m	1030.00	1108.00	25.00	25750.00	24.00	26592.00	−1.00	842.00	
4	DN32 钢管	m	95.00	102.00	28.00	2660.00	30.00	3060.00	2.00	400.00	
5	DN40 钢管	m	120.00	118.00	40.00	4800.00	39.00	4602.00	−1.00	−198.00	
6	DN50 钢管	m	230.00	231.00	45.00	10350.00	48.00	11088.00	3.00	738.00	
7	DN70 钢管	m	180.00	185.00	65.00	11700.00	63.00	11655.00	−2.00	−45.00	
8	DN80 钢管	m	95.00	92.00	75.00	7125.00	79.00	7268.00	4.00	143.00	
9	DN100 钢管	m	70.00	69.00	80.00	5600.00	90.00	6210.00	10.00	610.00	
	合　计					121250.00		133901.00		12651.00	

表-12-2

表 2-98　　　　专业工程暂估价及结算价表

工程名称:某住宅楼采暖及给水排水安装工程　　　　标段：　　　第　页共　页

序号	工程名称	工程内容	暂估金额(元)	结算金额(元)	差额±(元)	备注
1	远程抄表系统	给水排水工程远程抄表系统设备、线缆等的供应、安装、调试工作	50000.00	47500.00	−2500.00	
	合　计		50000.00	47500.00	−2500.00	

表-12-3

表 2-99　　　　　　　　　　　计日工表

工程名称：某住宅楼采暖及给水排水安装工程　　　　标段：　　第　页　共　页

编号	项目名称	单位	暂定数量	实际数量	综合单价（元）	合价(元) 暂定	合价(元) 实际
一	人工						
1	管道工	工时	100	90	140.00	14000.00	12600.00
2	电焊工	工时	45	50	120.00	5400.00	6000.00
3	其他工种	工时	45	43	75.00	3375.00	3225.00
4							
	人工小计					22775.00	21825.00
二	材料						
1	电焊条	kg	12.00	11.00	5.50	66.00	60.50
2	氧气	m³	18.00	23.00	2.18	39.24	50.14
3	乙炔气	kg	92.00	83.00	14.25	1311.00	1182.75
4							
5							
	材料小计					1416.24	1293.39
三	施工机械						
1	直流电焊机 24kW	台班	40	35	180.00	7200.00	6300.00
2	汽车起重机	台班	10	12	230.00	2300.00	2760.00
3	载重汽车 8t	台班	5	6	200.00	1000.00	1200.00
4							
	施工机械小计					10500.00	10260.00
四、企业管理费和利润	按人工费的 18% 计算					4099.50	3928.50
	总　　计					38790.74	37306.89

表-12-4

第二章 水暖工程工程量清单及计价

表 2-100　　　　　　　　　　　总承包服务费计价表

工程名称：某住宅楼采暖及给水排水安装工程　　　　标段：　　　第　页共　页

序号	项目名称	项目价值（元）	服务内容	计算基础	费率（%）	金额（元）
1	发包人发包专业工程	47500.00	1. 按专业工程承包人的要求提供施工工作面并对施工现场进行统一管理，对竣工资料统一汇总整理。 2. 为专业工程承包人提供垂直运输和焊接电源接入点，并承担垂直运输费和电费	项目价值	6	2850.00
2	发包人提供材料	133901.00	对发包人供应的材料进行验收及保管和使用	项目价值	1	1339.01
	合　计	—	—	—	—	4189.01

表-12-5

表 2-101　　　　　　　索赔与现场签证计价汇总表

工程名称：某住宅楼采暖及给水排水安装工程　　　　标段：　　第　页共　页

序号	签证及索赔项目名称	计量单位	数量	单价(元)	合价(元)	索赔及签证依据
1	暂停施工				500.00	001
…	（其他略）					
—	本页小计	—	—	—	2043.75	—
—	合　计	—	—	—	2043.75	—

表-12-6

第二章 水暖工程工程量清单及计价

表 2-102　　　　　费用索赔申请(核准)表

工程名称:某住宅楼采暖及给水排水安装工程　　　标段:　　　编号:001

致:_____×××公司_____(发包人全称)
根据施工合同条款　12　条的约定,由于　你方工作需要的　原因,我方要求索赔金额(大写)　伍佰元整　(小写　500　元),请予核准。 附:1.费用索赔的详细理由和依据:根据发包人"关于暂停施工的通知",详见附件1(略)。 　　2.索赔金额的计算:详见附件2(略)。 　　3.证明材料:监理确认签字及租赁合同等。   　　　　　　　　　　　　　　　　　　　　　　　　　　　承包人(章)
造价人员　×××　　　承包人代表　×××　　　　　日　　期××年×月×日

复核意见: 　　根据施工合同条款　12　条的约定,你方提出的费用索赔申请经复核: ☐不同意此项索赔,具体意见见附件。 ☑同意此项索赔,索赔金额的计算,由造价工程师复核。 　　　　　监理工程师_____×××_____ 　　　　　日　　期××年×月×日	复核意见: 　　根据施工合同条款　12　条的约定,你方提出的费用索赔申请经复核,索赔金额为(大写)伍佰元整(小写　500　元)。 　　　　　造价工程师_____×××_____ 　　　　　日　　期××年×月×日

审核意见: ☐不同意此项索赔。 ☑同意此项索赔,与本期进度款同期支付。   　　　　　　　　　　　　　　　　　　　　　　　　　　发包人(章) 　　　　　　　　　　　　　　　　　　　　　　发包人代表_____×××_____ 　　　　　　　　　　　　　　　　　　　　　　日　　期××年×月×日

表-12-7

表 2-103 规费、税金项目计价表

工程名称:某住宅楼及给水排水安装工程　　标段：　　　第 页共 页

序号	项目名称	计算基础	计算基数	计算费率(%)	金额(元)
1	规费	定额人工费			20956.19
1.1	社会保险费	定额人工费	(1)+…+(5)		16544.36
(1)	养老保险费	定额人工费		14	10294.26
(2)	失业保险费	定额人工费		2	1470.61
(3)	医疗保险费	定额人工费		6	4411.83
(4)	工伤保险费	定额人工费		0.25	183.83
(5)	生育保险费	定额人工费		0.25	183.83
1.2	住房公积金	定额人工费		6	4411.83
1.3	工程排污费				
2	税金	分部分项工程费+措施项目费+其他项目费+规费－按规定不计税的工程设备金额		3.41	17522.20
	合　计				38478.39

编制人(造价人员):×××　　　　　　　　复核人(造价工程师):×××

第七节　水暖工程造价鉴定

发承包双方在履行施工合同过程中,由于不同的利益诉求,有一些施工合同纠纷需要采用仲裁、诉讼的方式解决,因此工程造价鉴定在一些施工合同纠纷案件处理中就成了裁决、判决的主要依据。

一、一般规定

(1)在工程合同价款纠纷案件处理中,需做工程造价司法鉴定的,应根据《工程造价咨询企业管理办法》(建设部令第 149 号)第二十条的规定,委托具有相应资质的工程造价咨询人进行。

(2)工程造价咨询人接受委托时提供工程造价司法鉴定服务,不仅应符合建设工程造价方面的规定,还应按仲裁、诉讼程序和要求进行,并应符合国家关于司法鉴定的规定。

(3)按照《注册造价工程师管理办法》(建设部令第 150 号)的规定,工程计价活动应由造价工程师担任。《建设部关于对工程造价司法鉴定有关问题的复函》(建办标函[2005]155 号)第二条规定:"从事工程造价司法鉴定的人员,必须具备注册造价工程师执业资格,并只得在其注册的机构从事工程造价司法鉴定工作,否则不具有在该机构的工程造价成果文件上签字的权力"。鉴于进入司法程序的工程造价鉴定的难度一般较大,因此,工程造价咨询人进行工程造价司法鉴定时,应指派专业对口、经验丰富的注册造价工程师承担鉴定工作。

(4)工程造价咨询人应在收到工程造价司法鉴定资料后 10 天内,根据自身专业能力和证据资料判断能否胜任该项委托,如不能,应辞去该项委托。工程造价咨询人不得在鉴定期满后以上述理由不做出鉴定结论,影响案件处理。

(5)为保证工程造价司法鉴定的公正进行,接受工程造价司法鉴定委托的工程造价咨询人或造价工程师如是鉴定项目一方当事人的近亲属或代理人、咨询人以及其他关系可能影响鉴定公正的,应当自行回避;未自行回避,鉴定项目委托人以该理由要求其回避的,必须回避。

(6)《最高人民法院关于民事诉讼证据的若干规定》(法释[2001]33 号)第五十九条规定:"鉴定人应当出庭接受当事人质询",因此,工程造价咨询人应当依法出庭接受鉴定项目当事人对工程造价司法鉴定意见书的质询。如确因特殊原因无法出庭的,经审理该鉴定项目的仲裁机关或人民法院准许,可以书面形式答复当事人的质询。

二、取证

(1)工程造价的确定与当时的法律法规、标准定额以及各种要素价格具有密切关系,为做好一些基础资料不完备的工程鉴定,工程造价咨询人进行工程造价鉴定工作时,应自行收集以下(但不限于)鉴定资料:

1)适用于鉴定项目的法律、法规、规章、规范性文件以及规范、标准、定额;

2)鉴定项目同时期同类型工程的技术经济指标及其各类要素价格等。

(2)真实、完整、合法的鉴定依据是做好鉴定项目工程造价司法工作鉴定的前提。工程造价咨询人收集鉴定项目的鉴定依据时,应向鉴定项目委托人提出具体书面要求,其内容包括:

1)与鉴定项目相关的合同、协议及其附件;

2)相应的施工图纸等技术经济文件;

3)施工过程中的施工组织、质量、工期和造价等工程资料;

4)存在争议的事实及各方当事人的理由;

5)其他有关资料。

(3)根据最高人民法院规定"证据应当在法庭上出示,由当事人质证。未经质证的证据,不能作为认定案件事实的依据(法释[2001]33号)",工程造价咨询人在鉴定过程中要求鉴定项目当事人对缺陷资料进行补充的,应征得鉴定项目委托人同意,或者协调鉴定项目各方当事人共同签认。

(4)鉴定工作需要现场勘验的,工程造价咨询人应提请鉴定项目委托人组织各方当事人对被鉴定项目所涉及的实物标的进行现场勘验。

(5)勘验现场应制作勘验记录、笔录或勘验图表,记录勘验的时间、地点、勘验人、在场人、勘验经过、结果,由勘验人、在场人签名或者盖章确认。绘制的现场图应注明绘制的时间、测绘人姓名、身份等内容。必要时应采取拍照或摄像取证;留下影像资料。

(6)鉴定项目当事人未对现场勘验图表或勘验笔录等签字确认的,工程造价咨询人应提请鉴定项目委托人决定处理意见,并在鉴定意见书中做出表述。

三、鉴定

(1)《最高人民法院关于审理建设工程施工合同纠纷案件适用法律问题的解释》(法释[2004]14号)第十六条一款规定:"当事人对建设工程的计价标准或者计价方法有约定的,按照约定结算工程价款",因此,如鉴定项目委托人明确告之合同有效,工程造价咨询人就必须依据合同约定进行鉴定,不得随意改变发承包双方合法的合同,不能以专业技术方面的惯例来否定合同的约定。

(2)工程造价咨询人在鉴定项目合同无效或合同条款约定不明确的情况下应根据法律法规、相关国家标准和"13计价规范"的规定,选择相应专业工程的计价依据和方法进行鉴定。

(3)为保证工程造价鉴定的质量,尽可能将当事人之间的分歧缩小直至化解,为司法调解、裁决或判决提供科学合理的依据。工程造价咨询人出具正式鉴定意见书之前,可报请鉴定项目委托人向鉴定项目各方当事人发出鉴定意见书征求意见稿,并指明应书面答复的期限及其不答复的相应法律责任。

(4)工程造价咨询人收到鉴定项目各方当事人对鉴定意见书征求意见稿的书面复函后,应对不同意见认真复核,修改完善后再出具正式鉴定意见书。

(5)工程造价咨询人出具的工程造价鉴定书应包括下列内容:
1)鉴定项目委托人名称、委托鉴定的内容;
2)委托鉴定的证据材料;
3)鉴定的依据及使用的专业技术手段;
4)对鉴定过程的说明;
5)明确的鉴定结论;
6)其他需说明的事宜;
7)工程造价咨询人盖章及注册造价工程师签名盖执业专用章。

(6)进入仲裁或诉讼的施工合同纠纷案件,一般都有明确的结案时限,为避免影响案件的处理,工程造价咨询人应在委托鉴定项目的鉴定期限内完成鉴定工作,如确因特殊原因不能在原定期限内完成鉴定工作时,应按照相应法规提前向鉴定项目委托人申请延长鉴定期限,并应在此期限内完成鉴定工作。

经鉴定项目委托人同意等待鉴定项目当事人提交、补充证据的,质证所用的时间不应计入鉴定期限。

(7)对于已经出具的正式鉴定意见书中有部分缺陷的鉴定结论,工程造价咨询人应通过补充鉴定做出补充结论。

四、造价鉴定标准格式

造价鉴定编制使用的表格包括:工程造价鉴定意见书封面(封-5),工程造价鉴定意见书扉页(扉-5),工程计价总说明表(表-01),建设项目竣工结算汇总表(表-05),单项工程竣工结算汇总表(表-06),单位工程竣工结算汇总表(表-07),分部分项工程和单价措施项目清单与计价表(表-08),综合单价分析表(表-09),综合单价调整表(表-10),总价措施项目清单与计价表(表-11),其他项目清单与计价汇总表(表-12)[暂列金额明细表(表-12-1),材料(工程设备)暂估单价及调整表(表-12-2),专业工程暂估价及结算价表(表-12-3),计日工表(表-12-4),总承包服务费计价表(表-12-5),索赔与现场签证计价汇总表(表-12-6),费用索赔申请(核准)表(表-12-7),现场签证表(表-12-8)],规费、税金项目计价表(表-13),工程计量申请(核准)表(表-14),预付款支付申请(核准)表(表-15),总价项目进度款支付分解表(表-16),进度款支付申请(核准)表(表-17),竣工结算款支付申请(核准)表(表-18),最终结清支付申请(核准)表(表-19),发包人提供材料和工程设备一览表(表-20),承包人提供主要材料和工程设备一览表(适用于造价信息差额调整法)(表-21)或承包人提供主要材料和工程设备一览表(适用于价格指数差额调整法)(表-22)。

工程造价鉴定所用表格样式除工程造价鉴定意见书封面(封-5)和工程造价鉴定意见书扉页(扉-5)分别见表2-104和表2-105外,其他表格样式均参见本章前述各节所列。

工程造价鉴定意见书封面(封-5)应填写鉴定工程项目的具体名称,意见书文号,工程造价咨询人盖所在单位公章。工程造价鉴定意见书扉页(扉-5)应填写工程造价鉴定项目的具体名称,工程造价咨询人应盖单位资质专用章,法定代表人或其授权人签字或盖章,造价工程师签字盖执业专用章。

表 2-104　　　　　工程造价鉴定意见书封面

_____工程

编号：××[2×××]××号

工程造价鉴定意见书

造价咨询人：_____
　　　　　　　（单位盖章）

年　月　日

封-5

表 2-105　　　　工程造价鉴定意见书扉页

_____工程

工程造价鉴定意见书

鉴定结论：

造价咨询人：_____
　　　　　　　　（盖单位章及资质专用章）

法定代表人：_____
　　　　　　　　　　（签字或盖章）

造价工程师：_____
　　　　　　　　　　（签字盖专用章）

年　月　日

扉-5

第三章 水暖工程工程量清单计价取费

第一节 建筑安装工程费用组成与计算

一、建筑安装工程费用组成

(一)建筑安装工程费用项目组成(按费用构成要素划分)

建筑安装工程费按照费用构成要素划分,由人工费、材料(包含工程设备,下同)费、施工机具使用费、企业管理费、利润、规费和税金组成。其中人工费、材料费、施工机具使用费、企业管理费和利润包含在分部分项工程费、措施项目费、其他项目费中,如图3-1所示。

1. 人工费

人工费是指按工资总额构成规定,支付给从事建筑安装工程施工的生产工人和附属生产单位工人的各项费用。内容包括:

(1)计时工资或计件工资。是指按计时工资标准和工作时间或对已做工作按计件单价支付给个人的劳动报酬。

(2)奖金。是指对超额劳动和增收节支支付给个人的劳动报酬。如节约奖、劳动竞赛奖等。

(3)津贴补贴。是指为了补偿职工特殊或额外的劳动消耗和因其他特殊原因支付给个人的津贴,以及为了保证职工工资水平不受物价影响支付给个人的物价补贴。如流动施工津贴、特殊地区施工津贴、高温(寒)作业临时津贴、高空津贴等。

(4)加班加点工资。是指按规定支付的在法定节假日工作的加班工资和在法定日工作时间外延时工作的加点工资。

(5)特殊情况下支付的工资。是指根据国家法律、法规和政策规定,因病、工伤、产假、计划生育假、婚丧假、事假、探亲假、定期休假、停工学习、执行国家或社会义务等原因按计时工资标准或计时工资标准的一定

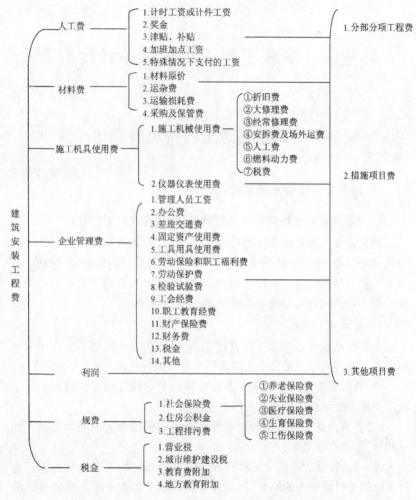

图 3-1 建筑安装工程费用组成(按费用构成要素划分)

比例支付的工资。

2. 材料费

材料费是指施工过程中耗费的原材料、辅助材料、构配件、零件、半成品或成品、工程设备的费用。内容包括:

(1)材料原价。是指材料、工程设备的出厂价格或商家供应价格。

(2)运杂费。是指材料、工程设备自来源地运至工地仓库或指定堆放地点所发生的全部费用。

(3)运输损耗费。是指材料在运输装卸过程中不可避免的损耗。

(4)采购及保管费。是指为组织采购、供应和保管材料、工程设备的过程中所需要的各项费用。包括采购费、仓储费、工地保管费、仓储损耗。

工程设备是指构成或计划构成永久工程一部分的机电设备、金属结构设备、仪器装置及其他类似的设备和装置。

3. 施工机具使用费

施工机具使用费是指施工作业所发生的施工机械、仪器仪表使用费或其租赁费。

(1)施工机械使用费。施工机械使用费以施工机械台班耗用量乘以施工机械台班单价表示,施工机械台班单价应由下列七项费用组成:

1)折旧费。是指施工机械在规定的使用年限内,陆续收回其原值的费用;

2)大修理费。是指施工机械按规定的大修理间隔台班进行必要的大修理,以恢复其正常功能所需的费用;

3)经常修理费。是指施工机械除大修理以外的各级保养和临时故障排除所需的费用。包括为保障机械正常运转所需替换设备与随机配备工具附具的摊销和维护费用,机械运转中日常保养所需润滑与擦拭的材料费用及机械停滞期间的维护和保养费用等;

4)安拆费及场外运费。安拆费指施工机械(大型机械除外)在现场进行安装与拆卸所需的人工、材料、机械和试运转费用以及机械辅助设施的折旧、搭设、拆除等费用;场外运费指施工机械整体或分体自停放地点运至施工现场或由一施工地点运至另一施工地点的运输、装卸、辅助材料及架线等费用;

5)人工费。是指机上司机(司炉)和其他操作人员的人工费;

6)燃料动力费。是指施工机械在运转作业中所消耗的各种燃料及水、电等;

7)税费。是指施工机械按照国家规定应缴纳的车船使用税、保险费及年检费等。

(2)仪器仪表使用费。仪器仪表使用费是指工程施工所需使用的仪器仪表的摊销及维修费用。

4. 企业管理费

企业管理费是指建筑安装企业组织施工生产和经营管理所需的费用。内容包括：

(1)管理人员工资。是指按规定支付给管理人员的计时工资、奖金、津贴补贴、加班加点工资及特殊情况下支付的工资等。

(2)办公费。是指企业管理办公用的文具、纸张、账表、印刷、邮电、书报、办公软件、现场监控、会议、水电、烧水和集体取暖降温(包括现场临时宿舍取暖降温)等费用。

(3)差旅交通费。是指职工因公出差、调动工作的差旅费、住勤补助费,市内交通费和误餐补助费,职工探亲路费,劳动力招募费,职工退休、退职一次性路费,工伤人员就医路费,工地转移费以及管理部门使用的交通工具的油料、燃料等费用。

(4)固定资产使用费。是指管理和试验部门及附属生产单位使用的属于固定资产的房屋、设备、仪器等的折旧、大修、维修或租赁费。

(5)工具用具使用费。是指企业施工生产和管理使用的不属于固定资产的工具、器具、家具、交通工具和检验、试验、测绘、消防用具等的购置、维修和摊销费。

(6)劳动保险和职工福利费。是指由企业支付的职工退职金、按规定支付给离休干部的经费,集体福利费、夏季防暑降温、冬季取暖补贴、上下班交通补贴等。

(7)劳动保护费。是指企业按规定发放的劳动保护用品的支出。如工作服、手套、防暑降温饮料以及在有碍身体健康的环境中施工的保健费用等。

(8)检验试验费。是指施工企业按照有关标准规定,对建筑以及材料、构件和建筑安装物进行一般鉴定、检查所发生的费用,包括自设试验室进行试验所耗用的材料等费用。不包括新结构、新材料的试验费,对构件做破坏性试验及其他特殊要求检验试验的费用和建设单位委托检测机构进行检测的费用,对此类检测发生的费用,由建设单位在工程建设其他费用中列支。但对施工企业提供的具有合格证明的材料进行检测不合格的,该检测费用由施工企业支付。

(9)工会经费。是指企业按《工会法》规定的全部职工工资总额比例计提的工会经费。

(10)职工教育经费。是指按职工工资总额的规定比例计提,企业为职工进行专业技术和职业技能培训,专业技术人员继续教育、职工职业技能鉴定、职业资格认定以及根据需要对职工进行各类文化教育所发生的费用。

(11)财产保险费。是指施工管理用财产、车辆等的保险费用。

(12)财务费。是指企业为施工生产筹集资金或提供预付款担保、履约担保、职工工资支付担保等所发生的各种费用。

(13)税金。是指企业按规定缴纳的房产税、车船使用税、土地使用税、印花税等。

(14)其他。包括技术转让费、技术开发费、投标费、业务招待费、绿化费、广告费、公证费、法律顾问费、审计费、咨询费、保险费等。

5. 利润

利润是指施工企业完成所承包工程获得的盈利。

6. 规费

规费是指按国家法律、法规规定,由省级政府和省级有关权力部门规定必须缴纳或计取的费用。内容包括:

(1)社会保险费

1)养老保险费。是指企业按照规定标准为职工缴纳的基本养老保险费;

2)失业保险费。是指企业按照规定标准为职工缴纳的失业保险费;

3)医疗保险费。是指企业按照规定标准为职工缴纳的基本医疗保险费;

4)生育保险费。是指企业按照规定标准为职工缴纳的生育保险费;

5)工伤保险费。是指企业按照规定标准为职工缴纳的工伤保险费。

(2)住房公积金。是指企业按规定标准为职工缴纳的住房公积金。

(3)工程排污费。是指按规定缴纳的施工现场工程排污费。

其他应列而未列入的规费,按实际发生计取。

7. 税金

税金是指国家税法规定的应计入建筑安装工程造价内的营业税、城市维护建设税、教育费附加以及地方教育附加。

(二)建筑安装工程费用项目组成(按造价形成划分)

建筑安装工程费按照工程造价形成由分部分项工程费、措施项目费、其他项目费、规费、税金组成。分部分项工程费、措施项目费、其他项目费包含人工费、材料费、施工机具使用费、企业管理费和利润如图 3-2 所示。

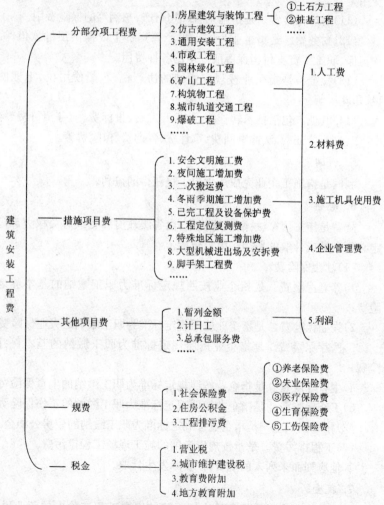

图 3-2　建筑安装工程费用组成(按造价形成划分)

1. 分部分项工程费

分部分项工程费是指各专业工程的分部分项工程应予列支的各项费用。

(1)专业工程。是指按现行国家计量规范划分的房屋建筑与装饰工程、仿古建筑工程、通用安装工程、市政工程、园林绿化工程、矿山工程、构筑物工程、城市轨道交通工程、爆破工程等各类工程。

(2)分部分项工程。是指按现行国家计量规范对各专业工程划分的项目。如房屋建筑与装饰工程划分的土石方工程、地基处理与桩基工程、砌筑工程、钢筋及钢筋混凝土工程等。

各类专业工程的分部分项工程划分见现行国家或行业计量规范。

2. 措施项目费

措施项目费是指为完成建设工程施工,发生于该工程施工前和施工过程中的技术、生活、安全、环境保护等方面的费用。内容包括:

(1)安全文明施工费。

1)环境保护费。是指施工现场为达到环保部门要求所需要的各项费用;

2)文明施工费。是指施工现场文明施工所需要的各项费用;

3)安全施工费。是指施工现场安全施工所需要的各项费用;

4)临时设施费。是指施工企业为进行建设工程施工所必须搭设的生活和生产用的临时建筑物、构筑物和其他临时设施费用。包括临时设施的搭设、维修、拆除、清理费或摊销费等。

(2)夜间施工增加费。是指因夜间施工所发生的夜班补助费、夜间施工降效、夜间施工照明设备摊销及照明用电等费用。

(3)二次搬运费。是指因施工场地条件限制而发生的材料、构配件、半成品等一次运输不能到达堆放地点,必须进行二次或多次搬运所发生的费用。

(4)冬雨季施工增加费。是指在冬季或雨季施工需增加的临时设施、防滑、排除雨雪,人工及施工机械效率降低等费用。

(5)已完工程及设备保护费。是指竣工验收前,对已完工程及设备采取的必要保护措施所发生的费用。

(6)工程定位复测费。是指工程施工过程中进行全部施工测量放线和复测工作的费用。

(7)特殊地区施工增加费。是指工程在沙漠或其边缘地区、高海拔、高寒、原始森林等特殊地区施工增加的费用。

(8)大型机械设备进出场及安拆费。是指机械整体或分体自停放场地运至施工现场或由一个施工地点运至另一个施工地点，所发生的机械进出场运输及转移费用及机械在施工现场进行安装、拆卸所需的人工费、材料费、机械费、试运转费和安装所需的辅助设施的费用。

(9)脚手架工程费。是指施工需要的各种脚手架搭、拆、运输费用以及脚手架购置费的摊销（或租赁）费用。

措施项目及其包含的内容详见各类专业工程的现行国家或行业计量规范。

3. 其他项目费

(1)暂列金额。是指建设单位在工程量清单中暂定并包括在工程合同价款中的一笔款项。用于施工合同签订时尚未确定或者不可预见的所需材料、工程设备、服务的采购，施工中可能发生的工程变更、合同约定调整因素出现时的工程价款调整以及发生的索赔、现场签证确认等的费用。

(2)计日工。是指在施工过程中，施工企业完成建设单位提出的施工图纸以外的零星项目或工作所需的费用。

(3)总承包服务费。是指总承包人为配合、协调建设单位进行的专业工程发包，对建设单位自行采购的材料、工程设备等进行保管以及施工现场管理、竣工资料汇总整理等服务所需的费用。

4. 规费。

定义同上述"（一）、6"。

5. 税金。

定义同上述"（一）、7"。

二、建筑安装工程费用计算方法

（一）各费用构成计算方法

1. 人工费

$$人工费 = \sum (工日消耗量 \times 日工资单价) \quad (3\text{-}1)$$

$$日工资单价 = \frac{\frac{生产工人平均月工资(计时计件)}{} + 平均月\left(奖金 + \frac{津贴}{补贴} + 特殊情况下支付的工资\right)}{年平均每月法定工作日}$$

$(3\text{-}2)$

注：式(3-1)主要适用于施工企业投标报价时自主确定人工费，也是工程造价管理机构编制计价定额确定定额人工单价或发布人工成本信息的参考依据。

$$人工费 = \sum（工程工日消耗量 \times 日工资单价） \quad (3-3)$$

注：式(3-3)适用于工程造价管理机构编制计价定额时确定定额人工费，是施工企业投标报价的参考依据。

式(3-3)中日工资单价是指施工企业平均技术熟练程度的生产工人在每工作日(国家法定工作时间内)按规定从事施工作业应得的日工资总额。

工程造价管理机构确定日工资单价应通过市场调查，根据工程项目的技术要求，参考实物工程量人工单价综合分析确定，最低日工资单价不得低于工程所在地人力资源和社会保障部门所发布的最低工资标准的：普工1.3倍、一般技工2倍、高级技工3倍。

工程计价定额不可只列一个综合工日单价，应根据工程项目技术要求和工种差别适当划分多种日人工单价，确保各分部工程人工费的合理构成。

2. 材料费

(1) 材料费。

$$材料费 = \sum（材料消耗量 \times 材料单价） \quad (3-4)$$

$$材料单价 = [（材料原价 + 运杂费） \times [1 + 运输损耗率(\%)]] \times [1 + 采购保管费率(\%)] \quad (3-5)$$

(2) 工程设备费。

$$工程设备费 = \sum（工程设备量 \times 工程设备单价） \quad (3-6)$$

$$工程设备单价 = （设备原价 + 运杂费） \times [1 + 采购保管费率(\%)] \quad (3-7)$$

3. 施工机具使用费

(1) 施工机械使用费。

$$施工机械使用费 = \sum（施工机械台班消耗量 \times 机械台班单价） \quad (3-8)$$

$$机械台班单价 = 台班折旧费 + 台班大修费 + 台班经常修理费 + 台班安拆费及场外运费 + 台班人工费 + 台班燃料动力费 + 台班车船税费 \quad (3-9)$$

注：工程造价管理机构在确定计价定额中的施工机械使用费时，应根据《建筑施工机械台班费用计算规则》结合市场调查编制施工机械台班单价。施工企业可以参考工程造价管理机构发布的台班单价，自主确定施工机械使用费的报价，如租赁施工机械，公式为：施工机械使用费 = $\sum$ (施工机械台班消耗量×机械台班租赁单价)。

(2) 仪器仪表使用费。

仪器仪表使用费 = 工程使用的仪器仪表摊销费 + 维修费　　(3-10)

4. 企业管理费费率

(1) 以分部分项工程费为计算基础。

$$\text{企业管理费费率}(\%) = \frac{\text{生产工人年平均管理费}}{\text{年有效施工天数} \times \text{人工单价}} \times \text{人工费占分部分项工程费比例}(\%) \quad (3-11)$$

(2) 以人工费和机械费合计为计算基础。

$$\text{企业管理费费率}(\%) = \frac{\text{生产工人年平均管理费}}{\text{年有效施工天数} \times (\text{人工单价} + \text{每一工日机械使用费})} \times 100\%$$

(3-12)

(3) 以人工费为计算基础。

$$\text{企业管理费费率}(\%) = \frac{\text{生产工人年平均管理费}}{\text{年有效施工天数} \times \text{人工单价}} \times 100\% \quad (3-13)$$

注：上述公式适用于施工企业投标报价时自主确定管理费，是工程造价管理机构编制计价定额确定企业管理费的参考依据。

工程造价管理机构在确定计价定额中的企业管理费时，应以定额人工费或（定额人工费+定额机械费）作为计算基数，其费率根据历年工程造价积累的资料，辅以调查数据确定，列入分部分项工程和措施项目中。

5. 利润

(1) 施工企业根据企业自身需求并结合建筑市场实际自主确定，列入报价中。

(2) 工程造价管理机构在确定计价定额中的利润时，应以定额人工费或（定额人工费+定额机械费）作为计算基数，其费率根据历年工程造价积累的资料，并结合建筑市场实际确定，以单位（单项）工程测算，利润在税前建筑安装工程费的比重可按不低于5%且不高于7%的费率计算。

利润应列入分部分项工程和措施项目中。

6. 规费

(1)社会保险费和住房公积金。社会保险费和住房公积金应以定额人工费为计算基础,根据工程所在地省、自治区、直辖市或行业建设主管部门规定的费率计算。

$$社会保险费和住房公积金 = \sum(工程定额人工费 \times 社会保险费和住房公积金费率) \quad (3-14)$$

式(3-14)中,社会保险费和住房公积金费率可以每万元发承包价的生产工人人工费和管理人员工资含量与工程所在地规定的缴纳标准综合分析取定。

(2)工程排污费。工程排污费等其他应列而未列入的规费应按工程所在地环境保护等部门规定的标准缴纳,按实计取列入。

7. 税金

$$税金 = 税前造价 \times 综合税率(\%) \quad (3-15)$$

其中,综合税率的计算方法如下:

(1)纳税地点在市区的企业:

$$综合税率(\%) = \left(\frac{1}{1-3\%-3\%\times7\%-3\%\times3\%-3\%\times2\%} - 1\right) \times 100\% \quad (3-16)$$

(2)纳税地点在县城、镇的企业:

$$综合税率(\%) = \left(\frac{1}{1-3\%-3\%\times5\%-3\%\times3\%-3\%\times2\%} - 1\right) \times 100\% \quad (3-17)$$

(3)纳税地点不在市区、县城、镇的企业:

$$综合税率(\%) = \left(\frac{1}{1-3\%-3\%\times1\%-3\%\times3\%-3\%\times2\%} - 1\right) \times 100\% \quad (3-18)$$

(4)实行营业税改增值税的,按纳税地点现行税率计算。

(二)建筑安装工程计价参考公式

1. 分部分项工程费

$$分部分项工程费 = \sum(分部分项工程量 \times 综合单价) \quad (3-19)$$

式(3-19)中综合单价包括人工费、材料费、施工机具使用费、企业管理费和利润以及一定范围的风险费用(下同)。

2. 措施项目费

(1)国家计量规范规定应予计量的措施项目,其计算公式为:

$$措施项目费 = \sum(措施项目工程量 \times 综合单价) \quad (3-20)$$

(2)国家计量规范规定不宜计量的措施项目计算方法如下:

1)安全文明施工费。

$$安全文明施工费 = 计算基数 \times 安全文明施工费费率(\%) \quad (3-21)$$

计算基数应为定额基价(定额分部分项工程费+定额中可以计量的措施项目费)、定额人工费或(定额人工费+定额机械费),其费率由工程造价管理机构根据各专业工程的特点综合确定。

2)夜间施工增加费。

$$夜间施工增加费 = 计算基数 \times 夜间施工增加费费率(\%) \quad (3-22)$$

3)二次搬运费。

$$二次搬运费 = 计算基数 \times 二次搬运费费率(\%) \quad (3-23)$$

4)冬雨季施工增加费。

$$冬雨季施工增加费 = 计算基数 \times 冬雨季施工增加费费率(\%) \quad (3-24)$$

5)已完工程及设备保护费。

$$已完工程及设备保护费 = \frac{计算}{基数} \times \frac{已完工程及设备}{保护费费率}(\%) \quad (3-25)$$

上述2)~5)项措施项目的计费基数应为定额人工费或(定额人工费+定额机械费),其费率由工程造价管理机构根据各专业工程特点和调查资料综合分析后确定。

3. 其他项目费

(1)暂列金额由建设单位根据工程特点,按有关计价规定估算,施工过程中由建设单位掌握使用,扣除合同价款调整后如有余额,归建设单位。

(2)计日工由建设单位和施工企业按施工过程中的签证计价。

(3)总承包服务费由建设单位在招标控制价中根据总包服务范围和有关计价规定编制,施工企业投标时自主报价,施工过程中按签约合同价执行。

4. 规费和税金

建设单位和施工企业均应按照省、自治区、直辖市或行业建设主管部门发布的标准计算规费和税金,不得作为竞争性费用。

三、工程计价程序

1. 建设单位工程招标控制价计价程序

建设单位工程招标控制价计价程序见表3-1。

表3-1　　　　　　　　建设单位工程招标控制价计价程序

工程名称:　　　　　　　　标段:

序号	内容	计算方法	金额(元)
1	分部分项工程费	按计价规定计算	
1.1			
1.2			
1.3			
1.4			
1.5			
2	措施项目费	按计价规定计算	
2.1	其中:安全文明施工费	按规定标准计算	
3	其他项目费		
3.1	其中:暂列金额	按计价规定估算	
3.2	其中:专业工程暂估价	按计价规定估算	
3.3	其中:计日工	按计价规定估算	
3.4	其中:总承包服务费	按计价规定估算	
4	规费	按规定标准计算	
5	税金(扣除不列入计税范围的工程设备金额)	(1+2+3+4)×规定税率	
招标控制价合计=1+2+3+4+5			

2. 施工企业工程投标报价计价程序

施工企业工程投标报价计价程序见表 3-2。

表 3-2　　　　　　　施工企业工程投标报价计价程序

工程名称：　　　　　　　　　标段：

序号	内　　容	计算方法	金额(元)
1	分部分项工程费	自主报价	
1.1			
1.2			
1.3			
1.4			
1.5			
2	措施项目费	自主报价	
2.1	其中:安全文明施工费	按规定标准计算	
3	其他项目费		
3.1	其中:暂列金额	按招标文件提供金额计列	
3.2	其中:专业工程暂估价	按招标文件提供金额计列	
3.3	其中:计日工	自主报价	
3.4	其中:总承包服务费	自主报价	
4	规费	按规定标准计算	
5	税金(扣除不列入计税范围的工程设备金额)	(1+2+3+4)×规定税率	
投标报价合计=1+2+3+4+5			

3. 竣工结算计价程序

竣工结算计价程序见表 3-3。

表 3-3　　　　　　　　　　竣工结算计价程序

工程名称：　　　　　　　　　　标段：

序号	汇总内容	计算方法	金额(元)
1	分部分项工程费	按合同约定计算	
1.1			
1.2			
1.3			
1.4			
1.5			
2	措施项目	按合同约定计算	
2.1	其中:安全文明施工费	按规定标准计算	
3	其他项目		
3.1	其中:专业工程结算价	按合同约定计算	
3.2	其中:计日工	按计日工签证计算	
3.3	其中:总承包服务费	按合同约定计算	
3.4	索赔与现场签证	按发承包双方确认数额计算	
4	规费	按规定标准计算	
5	税金(扣除不列入计税范围的工程设备金额)	(1+2+3+4)×规定税率	
竣工结算总价合计=1+2+3+4+5			

第二节 水暖工程清单计价取费费率

一、水暖工程施工技术措施费

水暖工程施工技术措施费按安装工程计价规范和安装工程消耗量定额规定执行。

二、水暖工程施工组织措施费费率

水暖工程施工组织措施费费率见表 3-4。

表 3-4 水暖工程施工组织措施费费率

项目名称		计算基数	费率(%)
施工组织措施费			
环境保护费		人工费＋机械费	0.2～0.9
文明施工费		人工费＋机械费	1.5～4.2
安全施工费		人工费＋机械费	1.6～3.6
临时设施费		人工费＋机械费	4.2～7.0
夜间施工费		人工费＋机械费	0.0～0.2
缩短工期措施费			
其中	缩短工期10%以内	人工费＋机械费	0.0～2.5
	缩短工期20%以内	人工费＋机械费	2.5～4.0
	缩短工期30%以内	人工费＋机械费	4.0～6.0
二次搬运费		人工费＋机械费	0.6～1.3
已完工程及设备保护费		人工费＋机械费	0.0～0.3
冬雨季施工增加费		人工费＋机械费	1.1～2.0
工程定位复测、工程点交、场地清理费		人工费＋机械费	0.4～1.0
生产工具用具使用费		人工费＋机械费	0.9～2.1

三、水暖工程企业管理费费率

水暖工程企业管理费费率计算参考表 3-5。

第三章 水暖工程工程量清单计价取费

表 3-5　　　　　水暖工程企业管理费费率

项目名称	计算基数	费率(%)		
		一类	二类	三类
工业管道及水、暖、通风、消防管道	人工费＋机械费	35～40	29～34	23～28

四、水暖工程利润

水暖工程利润取费费率参考表 3-6。

表 3-6　　　　　水暖工程利润取费费率

项目名称	计算基数	费率(%)		
		一类	二类	三类
工业管道及水、暖、通风、消防管道	人工费＋机械费	21～26	15～20	9～14

五、水暖工程规费费率

水暖工程规费费率见表 3-7。

表 3-7　　　　　水暖工程规费费率

项目名称	计算基数	费率(%)
社会保险费		
养老保险费	分部分项目清单人工费＋施工技术措施项目清单人工费	20～35
失业保险费	分部分项目清单人工费＋施工技术措施项目清单人工费	2～4
医疗保险费	分部分项目清单人工费＋施工技术措施项目清单人工费	8～15
住房公积金	分部分项目清单人工费＋施工技术措施项目清单人工费	10～20
工程排污费	按工程所在地环保部门规定计取	

六、水暖工程税金费率

水暖工程税金费率见表 3-8。

表 3-8　　　　　　　　水暖工程税金费率

项目名称	计算基数	费率(%)		
		市区	城(镇)	其他
税金	分部分项工程项目清单费＋措施项目清单费＋其他项目清单费＋规费	3.475	3.410	3.282

第三节　水暖工程清单计价取费工程类别划分标准

一、水暖工程取费工程类别划分

水暖工程取费工程类别的划分见表 3-9。

表 3-9　　　　　　　　水暖工程取费工程类别

工程＼类别	一类	二类	三类
给水排水、采暖、燃气安装工程	(1)管外径 630mm 以上厂区(室外)煤气管网安装； (2)管外径 720mm 以上厂区(室外)采暖管网安装	(1)管外径 630mm 以下厂区(室外)煤气管网安装； (2)管外径 720mm 以下厂区(室外)采暖管网安装； (3)ϕ300mm 以上厂区(室外)供水管网安装； (4)ϕ600mm 以上厂区(室外)排水管网安装	(1)ϕ300mm 以下厂区(室外)供水管网安装； (2)ϕ600mm 以下厂区(室外)排水管网安装

二、水暖工程类别划分说明

(1)安装工程以单位工程为类别划分单位。符合以下规定者为单位工程：

1)设备安装工程和民用建筑物或构筑物合并为单位工程,建筑设备安装工程同建筑工程类别(不包括单位锅炉房、变电所)；

2)新建或扩建的住宅区、厂区的室外给水、排水、供热、燃气等建筑管道安装工程;室外的架空线路、电缆线路、路灯等建筑电气安装工程均为单位工程;

3)厂区内的室外给水、排水、热力、煤气管道安装;架空线路、电缆线路安装;龙门起重机、固定式胶带输送机安装;拱顶罐、球形罐制作、安装;焦炉、高炉及热风炉砌等各自为单位工程;

4)工业建筑物或构筑物的安装工程各自为单位工程;

5)工业建筑室内的上下水、暖气、煤气、卫生、照明等工程由建筑单位施工时,应同建筑工程类别执行。

(2)安装单位工程中,有几个分部(专业)工程类别时,以最高分部(专业)类别为单位工程类别。分部(专业)工程类别中有几个特征时,凡符合其中之一者,即为该类工程。

(3)在单位工程内,如仅有一个分部(专业)工程时,则该分部(专业)工程即为单位工程。

(4)一个类别工程中,部分子目套用其他工程子目时,按主册类别执行。

(5)安装工程中的刷油、绝热、防腐蚀工程,不单独划分类别,归并在所属类别中。单独刷油、防腐蚀、绝热工程按相应工程三类取费。

第四章 水暖工程工程量计算

第一节 给排水、采暖、燃气管道

一、管道工程概述

(一)公称直径

公称直径,又叫公称通径,是管材和管件规格的主要参数。公称直径是为了设计、制造、安装和维修的方便而人为规定的管材、管件规格的标准直径。公称直径在少数情况下与制品接合端的内径相似或者相等,但在一般情况下,大多数制品其公称直径既不等于实际外径,也不等于实际内径,而是与内径相近的一个整数。所以公称直径又叫名义直径,是一种称呼直径。公称直径的符号是 DN,单位是 mm。

钢管的公称直径与钢管的外径、壁厚对照表见表 4-1。

表 4-1　　钢管的公称直径与钢管的外径、壁厚对照表　　(单位:mm)

公称直径	外径	壁　厚	
		普通钢管	加厚钢管
6	10.2	2.0	2.5
8	13.5	2.5	2.8
10	17.2	2.5	2.8
15	21.3	2.8	3.5
20	26.9	2.8	3.5
25	33.7	3.2	4.0
32	42.4	3.5	4.0
40	48.3	3.5	4.5
50	60.3	3.8	4.5

续表

公称直径	外径	壁厚	
		普通钢管	加厚钢管
65	76.1	4.0	4.5
80	88.9	4.0	5.0
100	114.3	4.0	5.0
125	139.7	4.0	5.5
150	168.3	4.5	6.0

注：表中的公称直径是近似内径的名义尺寸，不表示外径减去两个壁厚所得的内径。

(二)管道接口形式与性能

各种管道接口的形式与性能见表4-2。

表4-2　　　　管道接口形式与性能　　　　（单位：mm）

接口形式	示意图	抗拉强度(MPa)ϕ25管	接口工艺与经济比较
焊接接口		30	需专用设备,工艺复杂,成本较高
承插热熔接口		50	工艺复杂,需专用设备,耐高压,接口制作成本低,质量好
对接热熔接口		41.6	操作较承插热熔接口简便,需专用设备,接口成本低
电热熔接口		51.5	操作简便,质量稳定,耐高压,需较多设备,接口成本低
螺纹接口		27.5	需绞丝工具,操作较金属管难,成本较低但质量差
插接式接口		70.3	操作简便、耐低压,只能用于低压系统,成本较高

(三)钢管螺纹连接简介

钢管螺纹连接又称丝扣连接,常用于 $DN \leqslant 100$,$PN \leqslant 1MPa$ 的冷、热水管道,是指在管子端部按照规定的螺纹标准加工成外螺纹,与带有内螺纹的管件拧接在一起。螺纹的形式有圆柱管螺纹和圆锥管螺纹之分。由于管子和管件上加工的外螺纹和内螺纹是锥螺纹,或是柱螺纹的不同,决定了螺纹接口的形式不同,效果也不一样。

1. 钢管螺纹套丝加工方法

(1)人工绞板套丝:人工绞板由绞板和板牙组成。绞板上有板牙架,上面设4个板牙孔,用来装置板牙。板牙,即管螺纹车刀,每副4个,编有序号,按序号装入板牙孔中,不得装错。板牙有不同规格,用来加工不同管径的螺纹,使用时,应按管径规格选用。人工绞板套丝有一些缺陷,如螺纹不正、细丝螺纹断丝缺口、螺纹裂缝等。

(2)电动套丝机套丝:电动套丝机套丝由人力拖动改成机械电力拖动,增设了电动机、齿轮变速箱系统和进刀量控制系统。用电动套丝机加工螺纹,车削速度均匀、可调,进刀量可控、可调,车成的螺纹尺寸正确、标准。同时由机械代替了人力操作,减轻了体力劳动,大大提高了工效。

2. 钢管螺纹连接方式

(1)圆柱螺纹接圆柱螺纹。指管端的外螺纹与管件的内螺纹都是圆柱管螺纹,由于制造公差,外螺纹直径略小于内螺纹直径。圆柱螺纹连接只是全部螺纹齿面间的压接,压接面积大,强度高,但压接面上的压强小、严密性差,主要用在长丝根母的接口连接,代替活接头。

(2)圆锥螺纹接圆柱螺纹。指管端的外螺纹是圆锥螺纹与管件的内螺纹是圆柱螺纹之间的连接,由于只有圆锥螺纹的基面与柱螺纹直径相等,所以螺纹之间的连接既有齿面接触面上的压接,又有基面上的压紧作用,螺纹连接的强度和严密性都较好,是管道螺纹连接的主要接口形式。

(3)圆锥螺纹接圆锥螺纹。指管端的外螺纹与管件的内螺纹都是圆锥管螺纹,随着连接件间的拧紧,螺纹之间的连接既有全部齿面间的压接,又有全部齿面上的压紧,接口的强度和严密性都很好,但由于内锥螺纹加工困难,这种接口形式主要应用在对接口强度和严密性要求都比较高的中高压管道工程或具有特定要求的油气管道中。

(四)管道清洗、压力试验与消毒

(1)管道清洗。是指为了保证管道系统内部的清洁,在经过强度试验和严密试验合格后,在投入运行前,应对系统进行吹扫和清洗。

(2)压力试验。是指检查管道及其附件机械性能的强度试验和检查其连接状况的严密性试验,以检验系统所用管材和附件的承压能力以及系统连接部位的严密性。其试验程序由充水、升压、强度试验、降压及严密性检查几个步骤组成。

(3)管道清毒。是指对管道试压合格后,进行水质检验,需对管道进行清毒处理,使管道给水符合使用要求。

(五)钢管理论质量计算

(1)钢管的理论质量计算(钢的密度按 7.85g/cm^3 计算):

$$W=0.0246615(D-t)t$$

式中 W——钢管的单位长度理论质量(kg/m);

D——钢管的外径(mm);

t——钢管的壁厚(mm)。

(2)钢管镀锌后单位长度理论质量计算:

$$W'=cW$$

式中 W'——钢管镀锌后的单位长度理论质量(kg/m);

W——钢管镀锌前的单位长度理论质量(kg/m);

c——镀锌层的质量系数,见表 4-3。

表 4-3　　　　　镀锌层的质量系数

壁厚(mm)	0.5	0.6	0.8	1.0	1.2	1.4	1.6	1.8	2.0	2.3
系数 c	1.255	1.159	1.127	1.112	1.106	1.091	1.080	1.071	1.064	1.055
壁厚(mm)	2.6	2.9	3.2	3.6	4.0	4.5	5.0	5.4	5.6	6.3
系数 c	1.049	1.044	1.040	1.035	1.032	1.028	1.025	1.024	1.023	1.020
壁厚(mm)	7.1	8.0	8.8	10	11	12.5	14.2	16	17.5	20
系数 c	1.018	1.016	1.014	1.013	1.012	1.011	1.009	1.008	1.009	1.006

(六)管道工程常用图例

(1)管道类别应以汉语拼音字母表示,管道图例宜符合表 4-4 的要求。

表 4-4　　　　　　　　　　管　道

序号	名称	图例	备注
1	生活给水管	—— J ——	—
2	热水给水管	—— RJ ——	—
3	热水回水管	—— RH ——	—
4	中水给水管	—— ZJ ——	—
5	循环冷却给水管	—— XJ ——	—
6	循环冷却回水管	—— XH ——	—
7	热媒给水管	—— RM ——	—
8	热媒回水管	—— RMH ——	—
9	蒸汽管	—— Z ——	—
10	凝结水管	—— N ——	—
11	废水管	—— F ——	可与中水原水管合用
12	压力废水管	—— YF ——	—
13	通气管	—— T ——	—
14	污水管	—— W ——	—
15	压力污水管	—— YW ——	—

续表

序号	名称	图例	备注
16	雨水管	—— Y ——	—
17	压力雨水管	—— YY ——	—
18	虹吸雨水管	—— HY ——	—
19	膨胀管	—— PZ ——	—
20	保温管	~~~~~	也可用文字说明保温范围
21	伴热管	=====	也可用文字说明保温范围
22	多孔管	—*—*—*—	—
23	地沟管	=====	—
24	防护套管	—[ ]—	—
25	管道立管	XL-1 平面　XL-1 系统	X 为管道类别 L 为立管 1 为编号
26	空调凝结水管	—— KN ——	—
27	排水明沟	坡向 ——→	—
28	排水暗沟	坡向 ——→	—

注：1. 分区管道用加注角标方式表示；
  2. 原有管线可用比同类型的新设管线细一级的线型表示，并加斜线，拆除管线则加叉线。

(2)管道连接的图例宜符合表 4-5 的要求。

表 4-5　　　　　　　　　　管道连接

序号	名称	图例	备注
1	法兰连接	——‖——	—
2	承插连接	——⊃——	—
3	活接头	——‖——	—
4	管堵	——⌐	—
5	法兰堵盖	——‖	—
6	盲板	——┤	—
7	弯折管	——○　　○—— 高　低　　低　高	—
8	管道丁字上接	高 ——○—— 低	—
9	管道丁字下接	高 ——○—— 低	—
10	管道交叉	低 ——‖—— 高	在下面和后面的管道应断开

二、关于管道界限的划分

(1)给水管道室内外界限划分:以建筑物外墙皮 1.5m 为界,入口处设阀门者以阀门为界。与市政给水管道的界限应以水表井为界;无水表井的,应以与市政给水管道碰头点为界。

(2)排水管道室内外界限划分:应以出户第一个排水检查井为界。室外排水管道与市政排水界限应以与市政管道碰头井为界。

(3)采暖热源管道室内外界限划分：应以建筑物外墙皮 1.5m 为界，入口处设阀门者应以阀门为界；与工业管道的界限应以锅炉房或泵站外墙皮 1.5m 为界。

(4)燃气管道室内外界限划分：地下引入室内的管道应以室内第一个阀门为界，地上引入室内的管道应以墙外三通为界；室外燃气管道与市政燃气管道应以两者的碰头点为界。

三、给排水、采暖、燃气管道工程量计算

(一)镀锌钢管工程量计算

镀锌钢管分为冷镀锌管和热镀锌管，前者已被禁用。热镀锌钢管广泛应用于建筑、机械、煤矿、化工、铁道车辆、汽车工业、公路、桥梁、集装箱、体育设施、农业机械、石油机械、探矿机械等制造工业。热镀锌管是使熔融金属与铁基体反应而产生合金层，从而使基体与镀层二者相结合。热镀锌前应先将钢管进行酸洗，为了去除钢管表面的氧化铁，酸洗后应将钢管在氯化铵或氯化锌水溶液或氯化铵和氯化锌混合水溶液槽中进行清洗，然后送入热浸镀槽中。冷镀锌管就是电镀锌，锌层与钢管基体独立分层，锌层较薄，只有 $10\sim50g/m^2$，锌层简单附着在钢管基体上，容易脱落，因而，其本身的耐腐蚀性比热镀锌管相差很多。

1. 工程量计算规则

镀锌钢管工程量计算规则见表 4-6。

表 4-6　　　　　　　　　　镀锌钢管

项目编码	项目名称	项目特征	计量单位	工程量计算规则	工作内容
031001001	镀锌钢管	1. 安装部位 2. 介质 3. 规格、压力等级 4. 连接形式 5. 压力试验及吹、洗设计要求 6. 警示带形式	m	按设计图示管道中心线以长度计算	1. 管道安装 2. 管件制作、安装 3. 压力试验 4. 吹扫、冲洗 5. 警示带铺设

2. 项目特征描述

(1)安装部位应说明是室内还是室外。
(2)输送介质应说明给水、排水、热媒体、燃气、雨水等。
(3)应说明管道规格及压力等级。
(4)应说明管道的连接形式。连接形式有焊接连接、螺纹连接、法兰连接,常用的是焊接连接、螺纹连接两种。
(5)应说明压力试验及吹、洗设计要求。
(6)应说明警示带形式。如安全警示带、交通警示带。

3. 工程量计算示例

【例 4-1】 如图 4-1 所示,某室外蒸汽供热管道中有 $DN100$ 镀锌钢管一段,起止总长度为 130m,管道中设置方形伸缩器一个,臂长 0.9m,该管道刷沥青漆两遍,膨胀蛭石保温,保温层厚度为 60mm,试计算该段管道安装工程量。

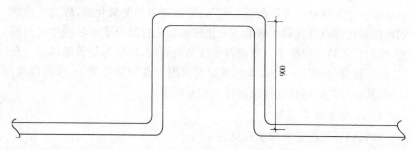

图 4-1 方形伸缩器示意图

【解】 供热管道的长度为 130m,伸缩器两臂的增加长度 $L=0.9+0.9=1.8$m,则:

室外蒸汽供热管道安装工程量$=130+1.8=131.8$m

该段管道安装工程量清单见表 4-7。

表 4-7　　　　　　　　　工程量清单

项目编码	项目名称	项目特征描述	计量单位	工程量
031001001001	镀锌钢管	室外蒸汽供热管道	m	131.8

(二)钢管工程量计算

钢管与圆钢等实心钢材相比,在抗弯、抗扭强度相同时,其质量较轻,广泛用于制造结构件和机械零件,如石油钻杆、汽车传动轴、自行车架以及建筑施工中用的钢脚手架等。用钢管制造环形零件,可提高材料利用率,简化制造工序,节约材料和加工工时,如滚动轴承套圈、千斤顶套等,目前已广泛用钢管来制造。钢管按横截面形状的不同可分为圆管和异型管。由于在周长相等的条件下,圆面积最大,用圆形管可以输送更多的流体。此外,圆环截面在承受内部或外部径向压力时,受力较均匀,因此绝大多数钢管是圆管。但是,圆管也有一定的局限性,如在受平面弯曲的条件下,圆管就不如方管、矩形管抗弯强度大。

1. 钢管的分类

按生产方法分类,钢管可分为无缝钢管和焊接钢管两大类:

(1)无缝钢管。无缝钢管常用普通碳素钢、优质碳素钢或低合金钢制造而成。按制造方法可分为热轧钢管和冷轧钢管两种。无缝钢管的规格用"管外径×壁厚"表示,符号为 $D \times \delta$,单位均为 mm(如 159×4.5)。无缝钢管常用于输送氧气、乙炔管道、室外供热管道和高压水管线。

(2)焊接钢管。

1)普通焊接钢管,又称水煤气钢管、黑铁管、低压流体运输用焊接钢管,可用于输送水、煤气、空气、油和取暖蒸汽等一般较低压力的流体或其他用途;

2)直卷缝焊接钢管,是指由钢板卷制焊接而成的钢管。公称直径规格为 $DN50 \sim DN1800$,壁厚为 $3 \sim 12$mm,在暖通空调工程中多用在室外汽、水和废气等管道上;

3)螺旋缝焊接钢管,分为自动埋弧焊接钢管和高频焊接钢管两种。

按断面形状分类,钢管可分为简单断面钢管和复杂断面钢管两大类;按壁厚分类,钢管可分为薄壁钢管和厚壁钢管;按用途分类,钢管可分为管道用钢管、热工设备用钢管、机械工业用钢管、石油地质勘探用钢管、容器钢管、化学工业用钢管、特殊用途钢管等。

2. 工程量计算规则

钢管工程量计算规则见表4-8。

表 4-8　　　　　　　　　　钢　　管

项目编码	项目名称	项目特征	计量单位	工程量计算规则	工作内容
031001002	钢管	1. 安装部位 2. 介质 3. 规格、压力等级 4. 连接形式 5. 压力试验及吹、洗设计要求 6. 警示带形式	m	按设计图示管道中心线以长度计算	1. 管道安装 2. 管件制作、安装 3. 压力试验 4. 吹扫、冲洗 5. 警示带铺设

3. 项目特征描述

(1)安装部位应说明是室内还是室外。

(2)输送介质应说明给水、排水、热媒体、燃气、雨水等。

(3)应说明管道规格及压力等级。

(4)应说明管道的连接形式。连接形式有焊接连接、螺纹连接、法兰连接，常用的是焊接连接、螺纹连接两种。

(5)应说明压力试验及吹、洗设计要求。

(6)应说明警示带形式。如安全警示带、交通警示带。

4. 工程量计算示例

【例 4-2】 图 4-2 所示为某小区内的采暖系统方形钢管安装示意图，试计算工程量。

【解】 采暖系统钢管安装工程量($DN25$ 焊接钢管)＝[12.0－(－0.800)](标高差)＋0.3(竖直埋管长度)＋0.8(水平埋管长度)－0.5(散热器进出水管中心距)×4(层数)＝11.9m

工程量清单见表 4-9。

表 4-9　　　　　　　　　工程量清单

项目编码	项目名称	项目特征描述	计量单位	工程量
031001002001	钢管	DN25 焊接方钢管，单管顺流式连接，室内	m	11.9

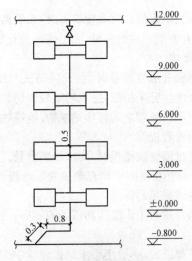

图 4-2 采暖系统示意图

说明：①方管采用的是 DN25 焊接钢管；②连接方式为单管顺流式连接

(三)不锈钢管工程量计算

不锈钢管按材质分为普通碳素钢管、优质碳素结构钢管、合金结构管、合金钢管、轴承钢管、不锈钢管以及为节省贵重金属和满足特殊要求的双金属复合管、镀层和涂层管等。不锈钢管一般常用布氏、洛氏、维氏三种硬度指标来衡量其硬度。不锈钢管的连接方式多样，常见的管件类型有压缩式、压紧式、活接式、推进式、推螺纹式、承插焊接式、活接式法兰连接、焊接式及焊接与传统连接相结合的派生系列连接方式。这些连接方式，根据其原理不同，适用范围也有所不同，但大多数均安装方便、牢固可靠。连接采用的密封圈或密封垫材质，大多选用符合国家标准要求的硅橡胶、丁腈橡胶和三元乙丙橡胶等。

1. 不锈钢管安装简介

(1)不锈钢管在安装前应进行清洗，并应吹干或擦干，除去油渍及其他污物。管子表面有机械损伤时，必须加以修整，使其光滑，并应进行酸洗或钝化处理。

(2)不锈钢管不允许与碳钢支架接触，应在支架与管道之间垫入不锈钢片以及不含氯离子的塑料或橡胶垫片。

(3)不锈钢管较长或输送介质温度较高时,在管路上应设不锈钢补偿器。常用的补偿器有方型和波型两种,采用哪一种补偿器,要视管径大小和工作压力的高低而定。

(4)当采用碳钢松套法兰连接时,由于碳钢法兰锈蚀后,铁锈与不锈钢表面长期接触,会产生分子扩散,使不锈钢发生锈蚀现象。为了防腐绝缘,应在松套法兰与不锈钢管之间衬垫绝缘物,绝缘物可采用不含氯离子的塑料、橡皮或石棉橡胶板。

(5)不锈钢管穿过墙壁或楼板时,均应加装套管。套管与管道之间的间隙不应小于 10mm,并在空隙里填充绝缘物。绝缘物内不得含有铁屑、铁锈等杂物,绝缘物可采用石棉绳。

(6)根据输送的介质与工作温度和压力的不同,法兰垫片可采用软垫片或金属垫片。

(7)不锈钢管子焊接时,一般用手工氩弧焊或手工电弧焊。所用焊条应在 150~200℃温度下干燥 0.5~1h,焊接环境温度不得低于 -5℃,如果温度偏低,应采取预热措施。

(8)如果用水做不锈钢管道压力试验时,水的氯离子含量不得超过 25mg/kg。

2. 工程量计算规则

不锈钢管工程量计算规则见表 4-10。

表 4-10　　　　　　　　不锈钢管

项目编码	项目名称	项目特征	计量单位	工程量计算规则	工作内容
031001003	不锈钢管	1. 安装部位 2. 介质 3. 规格、压力等级 4. 连接形式 5. 压力试验及吹、洗设计要求 6. 警示带形式	m	按设计图示管道中心线以长度计算	1. 管道安装 2. 管件制作、安装 3. 压力试验 4. 吹扫、冲洗 5. 警示带铺设

3. 项目特征描述

(1)安装部位应说明是室内还是室外。

(2)输送介质应说明给水、排水、热媒体、燃气、雨水等。

(3)应说明管道规格及压力等级。

(4)应说明管道的连接形式。不锈钢管的连接形式有压缩式、压紧式、活接式、推进式、推螺纹式、承插焊接式、活接式法兰连接、焊接式及焊接与传统连接相结合的派生系列连接方式等。

(5)应说明压力试验及吹、洗设计要求。

(6)应说明警示带形式。如安全警示带、交通警示带。

(四)铜管工程量计算

铜管又称紫铜管,是压制的和拉制的无缝管。铜管具有质量较轻、导热性好、低温强度高等特点,常用于制造换热设备(如冷凝器等),也用于制氧设备中装配低温管路。直径小的铜管常用于输送有压力的液体(如润滑系统、油压系统等)和用作仪表的测压管等。

1. 工程量计算规则

铜管工程量计算规则见表 4-11。

表 4-11　　　　　铜　　管

项目编码	项目名称	项目特征	计量单位	工程量计算规则	工作内容
031001004	铜管	1. 安装部位 2. 介质 3. 规格、压力等级 4. 连接形式 5. 压力试验及吹、洗设计要求 6. 警示带形式	m	按设计图示管道中心线以长度计算	1. 管道安装 2. 管件制作、安装 3. 压力试验 4. 吹扫、冲洗 5. 警示带铺设

2. 项目特征描述

(1)安装部位应说明是室内还是室外。

(2)输送介质应说明给水、排水、热媒体、燃气、雨水等。

(3)应说明管道规格及压力等级。

(4)应说明管道的连接形式。铜管的连接形式包括机械连接和钎焊连接两大类,机械连接又分卡套式、插接式和压接式连接。

(5)应说明压力试验及吹、洗设计要求。

(6)应说明警示带形式。如安全警示带、交通警示带。

(五)铸铁管工程量计算

1. 铸铁管安装简介

承插铸铁管一般用灰口铸铁铸造,其试验水压力一般不大于 0.1MPa,其规格尺寸如图 4-3 所示。

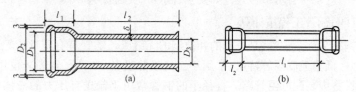

图 4-3 承插铸铁管
(a)承插口直管;(b)双承直管

铸铁管安装应满足以下要求:

(1)安装前,应对管材的外观进行检查,查看有无裂纹、毛刺等,不合格的不能使用。

(2)插口装入承口前,应将承口内部和插口外部清理干净,用气焊烤掉承口内及承口外的沥青。如采用橡胶圈接口时,应先将橡胶圈套在管子的插口上,插口插入承口后调整好管子的中心位置。

(3)铸铁管全部放稳后,暂将接口间隙内填塞干净的麻绳等,防止泥土及杂物进入。

(4)接口前挖好操作坑。

(5)如口内填麻丝时,将堵塞物拿掉,填麻的深度为承口总深度的 1/3,填麻应密实均匀,应保证接口环形间隙均匀。

(6)打麻时,应先打油麻后打干麻。应把每圈麻拧成麻辫,麻辫直径等于承插口环形间隙的 1.5 倍,长度为周长的 1.3 倍左右为宜。打锤要用力,凿凿相压,一直到铁锤打击时发出金属声为止。采用胶圈接口时,填打胶圈应逐渐滚入承口内,防止出现"闷鼻"现象。

(7)将配置好的石棉水泥填入口内(不能将拌好的石棉水泥用料放置超过半小时再打口),应分几次填入,每填一次应用力打实,凿凿相压。第一遍贴里口打,第二遍贴外口打,第三遍朝中间打,打至呈油黑色为止,最后轻打找平,如图 4-4 所示。如果采用膨胀水泥接口时,也应分层填入并捣实,最后捣实至表层面返浆,且比承口边缘凹进 1～2mm 为宜。

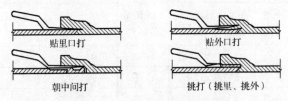

图 4-4 铸铁承插管打口基本操作法

(8)接口完毕,应迅速用湿泥或用湿草袋将接口处周围覆盖好,并用虚土埋好进行养护。天气炎热时,还应铺上湿麻袋等物进行保护,防止热胀冷缩损坏管口。在太阳暴晒时,应随时洒水养护。

2. 工程量计算规则

铸铁管工程量计算规则见表 4-12。

表 4-12　　　　　　　铸　铁　管

项目编码	项目名称	项目特征	计量单位	工程量计算规则	工作内容
031001005	铸铁管	1. 安装部位 2. 介质 3. 材质、规格 4. 连接形式 5. 接口材料 6. 压力试验及吹、洗设计要求 7. 警示带形式	m	按设计图示管道中心线以长度计算	1. 管道安装 2. 管件安装 3. 压力试验 4. 吹扫、冲洗 5. 警示带铺设

3. 项目特征描述

(1)安装部位应说明是室内还是室外。
(2)输送介质应说明给水、排水、热媒体、燃气、雨水等。
(3)应说明管道材质及规格。铸铁管直径规格均用公称直径"DN"表示。给水铸铁管外径壁厚及规格质量见表 4-13。

表 4-13　　　　　给水铸铁管外径壁厚及规格质量

公称直径 DN (mm)	承插直管				双盘直管			
	壁厚 (mm)	长度 (m)	每根质量 (kg)	每米质量 (kg)	壁厚 (mm)	长度 (m)	每根质量 (kg)	每米质量 (kg)
75	9.0	3	58.5	19.50	9.0	3	59.5	19.83
100	9.0	3	75.5	25.17	9.0	3	76.4	25.47
125	9.0	4	119.0	29.75	9.0	3	93.1	31.03
150	9.0	4	149.0	37.25	9.0	3	116.0	38.67
200	10.0	4	207.0	51.75	10.0	4	207.0	51.75
250	10.8	4	277.0	69.25	10.8	4	280.0	70.00
300	11.4	4	348.0	87.00	11.4	4	353.0	88.25
350	12.0	4	426.0	106.50	12.0	4	434.0	108.50
400	12.8	4	519.0	129.75	12.8	4	525.0	131.25
450	13.4	4	610.0	152.50	13.4	4	622.0	155.50
500	14.0	4	706.0	176.50	14.0	4	721.0	180.25

(4)应说明管道的连接形式。连接形式应按接口形式不同,如螺纹连接、焊接(电弧焊、氧乙炔焊)、承插、卡接、热熔、粘结等不同特征分别列项。

(5)应说明接口材料的种类。

(6)管道压力试验及吹、洗设计要求。

1)管道水压试验应符合以下要求:

①水压试验之前,管道应固定牢固,接头必须明露。支管不宜连通卫生器具配水件。

②加压宜用手压泵,泵和测量压力表应装设在管道系统的底部最低点(不在最低点时应折算几何高差的压力值),压力表精度为0.01MPa,量程为试压值的1.5倍。

③管道注满水后,排出管内空气,封堵各排气出口,进行严密性检查。

④缓慢升压,升至规定试验压力,10min内压力降不得超过0.02MPa,然后降至工作压力检查,压力应不降,且不渗不漏。

⑤直埋在地坪面层和墙体内的管道,分段进行水压试验,试验合格后土建方可继续施工。

2)管道冲洗、通水试验。

①管道系统在验收前必须进行冲洗,冲洗水应采用生活饮用水,流速不得小于1.5m/s。应连续进行,保证充足的水量,出水水质和进水水质透明度一致为合格。

②系统冲洗完毕后应进行通水试验,按给水系统的1/3配水点同时开放,各排水点通畅,接口处无渗漏。

(7)应说明警示带形式。如安全警示带、交通警示带。

4. 工程量计算示例

【例4-3】 如图4-5所示为某住宅楼排水系统中铸铁排水干管的一部分,试计算其工程量。

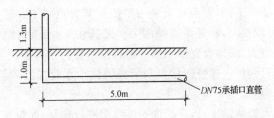

图4-5 排水干管示意图

【解】 承插口直管DN75工程量=1.3(立管地上部分)+1.0(立管地下部分)+5.0(横管地下部分)=7.3m

该排水干管的工程量清单见表4-14。

表4-14　　　　　　　工程量清单

项目编码	项目名称	项目特征描述	计量单位	工程量
031001005001	承插铸铁管	承插铸铁排水管,DN75(承插口直管)	m	7.3

(六)塑料管工程量计算

塑料管是以合成树脂为主要成分,加入适量添加剂,在一定温度和压力下塑制成型的有机高分子材料管道,分为用于室内外输送冷、热水和低温地板辐射采暖管道的聚乙烯(PE)管、聚丙烯(PP-R)管、聚丁烯(PB)管等,以及适用于输送生活污水和生产污水的聚氯乙烯(PVC-U)管。

塑料管具有质量轻、搬运装卸便利；耐化学药品性优良；流体阻力小；施工简便；节约能源，保护环境等优点。但是塑料管容易老化，特别是室外受紫外线强光的照射，导致塑料变脆、老化、使用寿命大大降低，承压能力较弱不足 0.4MPa，而且阻燃性变差。

1. 塑料管安装简介

塑料管安装时，应首先安装立管，然后安装水平支管，再安装卫生器具支管、存水弯，最后安装卫生器具。安装段的划分，应根据系统管网构造形式和现场安装条件，按照水平管和竖直管的不同安装特点，以将空中接口减少到最低数为原则进行。

由于塑料管较轻，安装工作也就显得轻便容易，但塑料管的性能与接口方法和铸铁管不同，因而在安装中要根据其特点施工。塑料管的线胀系数大，管段较长时，常常设有伸缩节。尤其在工业、工艺塑料排水管道中温度变化较大，必须设置伸缩器。塑料排水管的接口形式，有橡胶圈接口和粘结接口两种。橡胶圈接口与承插铸铁给水管橡胶圈接口相似，而且操作简单容易。

塑料排水管粘结接口，在根据安装草图进行选料、配料并进行预制加工时，需进行预组装一次，确定各卫生器具的接管方向和位置，调整好管段的预制加工长度，并在各个接口做好标记，再进行预制段的正式接口粘结预制。管道接口粘结时，要求涂刷粘结剂动作迅速、均匀饱满，承插口结合面都要涂刷，涂刷后立即插接，并加以挤压，把接口挤出的粘结剂用抹布抹去，然后注意放在平、直和安全稳妥的位置进行养护，避免接口变形，产生弯曲。

(1) 塑料管道上的伸缩节安装。塑料管伸缩节必须按设计要求的位置和数量进行安装。横干管应根据设计伸缩量确定，横支管上合流配件至立管超过 2m 应设伸缩节，但伸缩节之间的最大距离不得超过 4m。管端插入伸缩节处预留的间隙应为夏季 5～10mm，冬季 15～20mm。管道因环境温度和污水温度变化而引起的伸缩长度按下式计算：

$$\Delta L = L \cdot \alpha \cdot \Delta t$$

式中　L——管道长度(m)；

　　　ΔL——管道伸缩长度(m)；

　　　α——管道金属线膨胀系数，一般取 $\alpha = 6 \times 10^{-5} \sim 8 \times 10^{-5}$ m/(m·℃)；

Δt——温度差(℃)。

伸缩节的最大允许伸缩量为：

DN50——10mm；

DN75——12mm；

DN100——15mm。

(2)管道的配管及粘结工艺。

1)锯管及坡口。

①锯管长度应根据实测并结合连接件的尺寸逐层决定。

②锯管工具宜选用细齿锯、割刀和割管机等机具，断口平整并垂直于轴线，断面处不得有任何变形。

③插口处可用中号锉刀锉成 15°～30°的坡口，坡口厚度宜为管壁厚度的 1/3～1/2，长度一般不小于 3mm，坡口完成后，应将残屑清除干净。

2)管材或管件在黏合前应用棉纱或干布将承口内侧和插口外侧擦拭干净，使被黏结面保持清洁，无尘砂与水迹。当表面有油污时，必须用棉纱蘸丙酮等清洁剂擦净；

3)配管时，应将管材与管件承口试插一次，在其表面划出标记，管端插入的深度不得小于表 4-15 的规定；

表 4-15　　　　　塑料管管材插入管件承口深度　　　　(单位：mm)

代号	管子外径	管端插入承口深度	代号	管子外径	管端插入承口深度
1	40	25	4	110	50
2	50	25	5	160	60
3	75	40			

4)胶粘剂涂刷：用油刷蘸胶粘剂涂刷被粘结插口外侧及粘结承口内侧时，应轴向涂刷，动作迅速，涂抹均匀，且涂刷的胶粘剂应适量，不得漏涂或涂抹过厚。冬季施工时必须注意，应先涂承口，后涂插口；

5)塑料管道承插口粘结操作应遵守以下规定：

①承插口粘结不宜在湿度大的环境下进行，操作场所应远离火源，防止阳光直射。

②先对承插口进行试插，以检验其配合程度，以插入承口长度的 2/3 为宜，在插口端做上记号。在涂抹胶粘剂之前，先用干布把承、插口的粘

结表面擦干净。若有油污,可用丙酮等清洁剂擦净。

③涂抹胶粘剂使用鬃刷或尼龙刷。先从里到外涂承口,后涂插口。胶粘剂要涂抹均匀,不得漏涂或发生流淌。胶粘剂瓶及清洁剂瓶注意随用随开,经常保持密封。

④涂抹胶粘剂后,应在20s内完成粘结。若因延误时间而使涂抹的胶粘剂干涸,应清除干净后重新涂抹。操作时,将插口端插入承口中,插入时可稍做旋转,但不得超过1/4圈,不得插到承口底部后再旋转。插入时要保证承口端与插口端轴线一致。插接完成后,要将多余的胶粘剂揩干净。

⑤刚粘结好的接头,为避免受力,须静置固化一定时间。在不同温度下,承插胶粘结头的静置固化时间见表4-16。

表4-16　　　　　　　　静置固化时间

环境温度(℃)	>10	0~10	<0
静置固化时间(min)	2	5	15

⑥管道粘结操作场所,禁止明火及吸烟,通风必须良好。操作人员应佩戴防护手套、眼镜和口罩。

⑦当在0℃以下进行粘结操作时,要有保持胶粘剂不致冻结的措施,不得使用明火或电炉等方法加热胶粘剂。

2. 工程量计算规则

塑料管工程量计算规则见表4-17。

表4-17　　　　　　　　塑料管

项目编码	项目名称	项目特征	计量单位	工程量计算规则	工作内容
031001006	塑料管	1. 安装部位 2. 介质 3. 材质、规格 4. 连接形式 5. 阻火圈设计要求 6. 压力试验及吹、洗设计要求 7. 警示带形式	m	按设计图示管道中心线以长度计算	1. 管道安装 2. 管件安装 3. 塑料卡固定 4. 阻火圈安装 5. 压力试验 6. 吹扫、冲洗 7. 警示带铺设

3. 项目特征描述

(1)安装部位应说明是室内还是室外。

(2)输送介质应说明给水、排水、热媒体、燃气、雨水等。

(3)应说明管道材质、规格。工程中常见硬聚氯乙烯塑料管规格见表 4-18。

表 4-18　　　　　　　　　硬聚氯乙烯塑料管规格

外径 (mm)	轻 型			重 型		
	壁厚 (mm)	近似质量		壁厚 (mm)	近似质量	
		kg/m	kg/根		kg/m	kg/根
10				1.5	0.06	0.24
12				1.5	0.07	0.28
16				2.0	0.13	0.53
20				2.0	0.17	0.68
25	1.5	0.17	0.68	2.5	0.27	1.07
32	1.5	0.22	0.88	2.5	0.35	1.40
40	2.0	0.36	1.44	3.0	0.52	2.10
51	2.0	0.45	1.80	3.5	0.77	3.09
65	2.5	0.71	2.84	4.0	1.11	4.47
76	2.5	0.85	3.40	4.0	1.34	5.38
90	3.0	1.23	4.92	4.5	1.82	7.30
110	3.5	1.75	7.00	5.5	2.71	10.90
125	4.0	2.29	9.16	6.0	3.35	13.50
140	4.5	2.88	11.50	7.0	4.38	17.60
160	5.0	3.65	14.60	8.0	5.72	23.00
180	5.5	4.52	18.10	9.0	7.26	29.20
200	6.0	5.48	21.90	10.0	9.00	36.00

(4)应说明管道的连接形式。塑料管道连接形式有胶圈连接、粘结连接、焊接连接三种。

(5)阻火圈设计要求。阻火圈的主要作用是在火灾发生时,阻燃膨胀芯材受热迅速膨胀,挤压 PVC 管,在较短时间封堵管道贯穿的洞口,阻止火势沿洞口蔓延。因此,阻燃膨胀芯材起始膨胀温度、高温下膨胀体积和管道从火灾发生至被完全封堵的时间是相当重要的,有必要做出具体规定。另外,在施工安装阻火圈时,阻火圈有可能被水和水泥浆浸泡,阻燃膨胀芯材应具有较好的耐水、耐水泥浆等性能。

(6)应说明压力试验及吹、洗设计要求。

(7)应说明警示带形式。如安全警示带、交通警示带。

4. 工程量计算示例

【**例4-4**】 图4-6所示为某小区内采用UPVC塑料管作为给水管材的给水系统图,试计算其管道工程量。

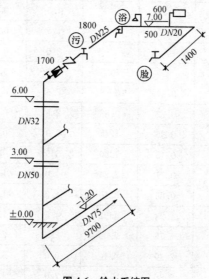

图4-6 给水系统图

【**解**】 根据不同的规格计算:

$DN20$:1.4(从洗脸盆水嘴到大便器节点处)×3层=4.2m

$DN25$:[0.6(从大便器节点到淋浴器节点处)+0.6(从淋浴器节点到浴盆水龙头处)+1.8(从浴盆水嘴到污水盆水嘴处)]×3层=(0.6+0.6+1.8)×3=9.0m

$DN32$:[1.7(从污水盆水嘴处到支管与竖管带节点处)×3+3.0(从二层支管处到三层支管处竖管)]=8.1m

DN50：3.0m
DN75：9.7m
工程量清单见表4-19。

表4-19　　　　　　　　　　工程量清单

项目编码	项目名称	项目特征描述	计量单位	工程量
031001006001	UPVC塑料管	DN20、给水	m	4.2
031001006002		DN25、给水	m	9.0
031001006003		DN32、给水	m	8.1
031001006004		DN50、给水	m	3.0
031001006005		DN75、给水	m	9.7

(七)复合管工程量计算

1. 复合管简介

复合管材是以金属管材为基础，内、外焊接聚乙烯、交联聚乙烯等非金属材料成型的管材，具有金属管材和非金属管材的优点。目前，市场较普遍的有铝塑复合管、铜塑复合管、钢塑复合管、涂塑复合管、钢骨架PE管等。

铝塑复合管是中间为一层焊接铝合金，内外各一层聚乙烯，经胶合层粘结而成的管材，具有聚乙烯塑料管耐腐蚀性好和金属管耐压高的优点。铝塑复合管按聚乙烯材料不同分为两种：适用于热水的交联聚乙烯铝塑复合管和适用于冷水的高密度聚乙烯铝塑复合管。

钢塑复合管是由镀锌管内壁置一定厚度的UPVC塑料而成，因而，同时具有钢管和塑料管材的优越性，多用作建筑给水冷水管，价格较贵。

钢骨架PE管是以优质低碳钢丝为增强相，高密度聚乙烯为基体，通过对钢丝点焊成网与塑料挤出填注同步进行，在生产线上连续拉膜成型的新型双面防腐压力管道，主要用于市政、化工和油田管网。

涂塑复合管是在钢管内壁融溶一层厚度为0.5～1.0mm的聚乙烯(PE)树脂、乙烯－丙烯酸共聚物(EAA)、环氧(EP)粉末、无毒聚丙烯(PP)或无毒聚氯乙烯(PVC)等有机物而构成的钢塑复合型管材，其不但具有钢管的高强度、易连接、耐水流冲击等优点，还克服了钢管遇水易腐蚀、污染、结垢及塑料管强度不高、消防性能差等缺点,设计寿命可达 50 年。涂塑钢管的缺点是安装时不得进行弯曲,热加工和电焊切割等作业时,切割面应用生产厂家配有的无毒常温固化胶涂刷。

2. 工程量计算规则

复合管工程量计算规则见表 4-20。

表 4-20　　　　　　　　　　复 合 管

项目编码	项目名称	项目特征	计量单位	工程量计算规则	工作内容
031001007	复合管	1. 安装部位 2. 介质 3. 材质、规格 4. 连接形式 5. 压力试验及吹、洗设计要求 6. 警示带形式	m	按设计图示管道中心线以长度计算	1. 管道安装 2. 管件安装 3. 塑料卡固定 4. 压力试验 5. 吹扫、冲洗 6. 警示带铺设

3. 项目特征描述

(1)安装部位应说明是室内还是室外。

(2)输送介质应说明给水、排水、热媒体、燃气、雨水等。

(3)应说明管道材质、规格,如铝塑复合管材、铜塑复合管、钢塑复合管、涂塑复合管、钢骨架 PE 管等。常用铝塑复合管管材规格见表 4-21。

表 4-21　　　　　　　　铝塑复合管管材规格

规格代号	外径(mm)	壁厚(mm)	每卷长度(m)
1216	16	2	100~200
1418	18	2	100~200
1620	20	2	100~200
2025	25	2.5	50~100
2632	32	3	25~50

(4)应说明管道的连接形式。连接形式应按接口形式不同,如螺纹连接、焊接(电弧焊、氧乙炔焊)、承插、卡接、热熔、粘结等不同特征分别列项。

(5)应说明压力试验及吹、洗设计要求。
(6)应说明警示带形式。如安全警示带、交通警示带。
(八)直埋式预制保温管工程量计算
直埋式预制保温管是由输送介质的钢管(工作管)、聚氨酯硬质泡沫塑料(保温层)、高密度聚乙烯外套管(保护层)紧密结合而成。其作用一是保护聚氨酯保温层免遭机械硬物破坏;二是防腐防水。

1. 直埋式预制保温管施工简介

(1)直埋保温管道和管件应采用工厂预制,并应符合国家现行标准有关规定。

(2)直埋保温管道的施工分段宜按补偿段划分,当管道设计有预热伸长要求时,应以一个预热伸长段作为一个施工分段。在雨、雪天进行接头焊接和保温施工时应搭盖罩棚。预制直埋保温管道在运输、现场存放、安装过程中,应采取必要措施封闭端口,不得拖拽保温管,不得损坏端口和外护层。

(3)直埋保温管道安装应按设计要求进行;管道安装坡度应与设计一致;在管道安装过程中,出现折角时必须经设计确认。

(4)对于直埋保温管道系统的保温端头,应采取措施对保温端头进行密封。直埋保温管道在固定点没有达到设计要求之前,不得进行预热伸长或试运行。保护套管不得妨碍管道伸缩,不得损坏保温层及外保护。

(5)预制直埋保温管的现场切割应符合下列规定:
1)管道配管长度不宜小于2m;
2)在切割时应采取措施防止外护管脆裂;
3)切割后的工作钢管裸露长度应与原成品管的工作钢管裸露长度一致;
4)切割后裸露的工作钢管外表面应清洁,不得有泡沫残渣。

(6)直埋保温管接头的保温和密封应符合下列规定:
1)接头施工采取的工艺应有合格的形式检验报告;
2)接头的保温和密封应在接头焊口检验合格后进行;
3)接头处的钢管表面应干净、干燥;
4)当周围环境温度低于接头原料的工艺使用温度时,应采取有效措施,保证接头质量;
5)接头外观不应出现熔胶溢出、过烧、鼓包、翘边、褶皱或层间脱离等

现象;

(6)一级管网现场安装的接头密封应进行100%的气密性检验。二级管网现场安装的接头密封应进行不少于20%的气密性检验。气密性检验的压力为0.02MPa,用肥皂水仔细检查密封处,无气泡为合格。

(7)直埋保温管道预警系统应符合下列规定:

1)预警系统的安装应按设计要求进行;

2)管道安装前应对单件产品预警线进行断路、短路检测;

3)在管道接头安装过程中,应首先连接预警线并在每个接头安装完毕后进行预警线断路、短路检测;

4)在补偿器、阀门、固定支架等管件部位的现场保温应在预警系统连接检验合格后进行。

2. 工程量计算规则

直埋式预制保温管工程量计算规则见表4-22。

表4-22　　　　　　　　直埋式预制保温管

项目编码	项目名称	项目特征	计量单位	工程量计算规则	工作内容
031001008	直埋式预制保温管	1. 埋设深度 2. 介质 3. 管道材质、规格 4. 连接形式 5. 接口保温材料 6. 压力试验及吹、洗设计要求 7. 警示带形式	m	按设计图示管道中心线以长度计算	1. 管道安装 2. 管件安装 3. 接口保温 4. 压力试验 5. 吹扫、冲洗 6. 警示带铺设

3. 项目特征描述

(1)应说明埋设深度。

(2)输送介质应说明给水、排水、热媒体、燃气、雨水等。

(3)应说明管道材质、规格。

(4)应说明管道的连接形式。连接形式应按接口形式不同,如螺纹连接、焊接(电弧焊、氧乙炔焊)、承插、卡接、热熔、粘结等不同特征分别列项。

(5)应说明接口保温材料。
(6)应说明压力试验及吹、洗设计要求。
(7)应说明警示带形式。如安全警示带、交通警示带。

(九)承插陶瓷缸瓦管工程量计算

承插陶瓷缸瓦管由塑性耐火黏土烧制而成,分带釉和不带釉两种。带釉管又有单面釉、双面釉之分,双面釉管又称耐酸缸瓦管,承插接口,壁厚分为普通管、厚管、特厚管。

缸瓦管比铸铁下水管的耐腐蚀能力更强,且价格便宜,但缸瓦管不够结实,在装运时,需特别小心,不得碰坏,即使装好后也要加强维护。承插陶瓷缸瓦管的直径一般不超出 500~600mm,有效长度为 400~800mm,能满足污水管道在技术方面的一般要求,被广泛应用于排除酸碱废水系统中。

1. 工程量计算规则

承插陶瓷缸瓦管工程量计算规则见表 4-23。

表 4-23　　　　　　　承插陶瓷缸瓦管

项目编码	项目名称	项目特征	计量单位	工程量计算规则	工作内容
031001009	承插陶瓷缸瓦管	1. 埋设深度 2. 规格 3. 接口方式及材料 4. 压力试验及吹、洗设计要求 5. 警示带形式	m	按设计图示管道中心线以长度计算	1. 管道安装 2. 管件安装 3. 压力试验 4. 吹扫、冲洗 5. 警示带铺设

2. 项目特征描述

(1)应说明埋设深度。
(2)应说明规格。
(3)应说明接口方式及材料。
(4)应说明压力试验及吹、洗设计要求。
(5)应说明警示带形式。如安全警示带、交通警示带。

(十)承插水泥管工程量计算

承插水泥管道又称水泥压力管、钢筋混凝土管,可以作为城市建设的下水管道,可以排污水,防汛排水,以及一些特殊厂矿里使用的上水管和农田机井。承插水泥管一般分为平口钢筋混凝土水泥管、柔性企口钢筋混凝土水泥管、承插口钢筋混凝土水泥管、F型钢承口水泥管、平口套环接口水泥管、企口水泥管等。

1. 承插水泥管安装简介

承插水泥管安装前应首先确定好中线及检查井的位置,检验基础高程合格后,开始从下游吊装下管,承口在上游。安装好第一节管道,并将其固定,然后下第二节管,安装好橡胶圈,并清除尽承口内的泥沙。用吊车将插口插入承口内,然后调直管道,安装倒链,用钢丝绳扣挂住第二节水泥管,再用倒链慢慢拉紧,使插口全部插入承口内,经检查合格后拆除倒链,再依次进行安装。

柔性接口用的橡胶圈使用前须逐个检查,外观应粗细均匀,椭圆度在允许范围内,质地应柔软,不得有割裂、破损、气泡、大飞边等缺陷。安装时承口内工作面、插口外工作面应清洗干净,套在插口上的圆形橡胶圈应平直,无扭曲,并且橡胶圈应均匀滚动到位,放松外力后回弹不得大于10mm,就位后应在承插口工作面上。

管道隐蔽工程验收合格后,沟槽应及时进行回填。沟槽回填前应对回填级配砂石取样送试验室做试验,以取得回填级配砂石的最大含水率。沟槽回填时必须将沟槽内杂物、木料、草袋、积水等清除干净。

2. 工程量计算规则

承插水泥管工程量计算规则见表4-24。

表4-24　　　　　　　　　承插水泥管

项目编码	项目名称	项目特征	计量单位	工程量计算规则	工作内容
031001010	承插水泥管	1. 埋设深度 2. 规格 3. 接口方式及材料 4. 压力试验及吹、洗设计要求 5. 警示带形式	m	按设计图示管道中心线以长度计算	1. 管道安装 2. 管件安装 3. 压力试验 4. 吹扫、冲洗 5. 警示带铺设

3. 项目特征描述

(1)应说明埋设深度。
(2)应说明规格。
(3)应说明接口方式及材料。
(4)应说明压力试验及吹、洗设计要求。
(5)应说明警示带形式。如安全警示带、交通警示带。

(十一)室外管道碰头工程量计算

管道碰头是指管道与管道之间的连接。室外管道碰头适用于新建或扩建工程的热源、水源、气源管道与原(旧)有管道碰头。室外管道碰头包括挖工作坑、土方回填或暖气沟局部拆除及修复。带介质管道碰头包括开关闸、临时防水管线铺设等费用。热源管道碰头每处包括供、回水两个接口。

1. 工程量计算规则

室外管道碰头工程量计算规则见表4-25。

表4-25　　　　　　　室外管道碰头

项目编码	项目名称	项目特征	计量单位	工程量计算规则	工作内容
031001011	室外管道碰头	1. 介质 2. 碰头形式 3. 材质、规格 4. 连接形式 5. 防腐、绝热设计要求	m	按设计图示以处计算	1. 挖填工作坑或暖气沟拆除及修复 2. 碰头 3. 接口处防腐 4. 接口处绝热及保护层

2. 项目特征描述

(1)输送介质应说明给水、排水、热媒体、燃气、雨水等。
(2)应说明碰头形式。碰头形式指带介质碰头、不带介质碰头。
(3)应说明材质、规格。
(4)应说明管道的连接形式。连接形式应按接口形式不同,如螺纹连接、焊接(电弧焊、氧乙炔焊)、承插、卡接、热熔、粘结等不同特征分别列项。

(5)应说明防腐、绝热的设计要求。

四、给排水、采暖、燃气管道工程量计算注意事项

(1)方形补偿器的制作安装应含在管道安装综合单价中。

(2)铸铁管安装适用于承插铸铁管、球磨铸铁管、柔性抗震铸铁管等。

(3)塑料管安装适用于UPVC、PVC、PP-C、PP-R、PE、PB管等塑料管材。

(4)复合管安装适用于钢塑复合管、铝塑复合管、钢骨架复合管等复合型管道。

(5)直埋保温管包括直埋保温管件安装及接口保温。

(6)排水管道安装包括立管检查口、透气帽。

(7)管道工程量计算不扣除阀门、管件(包括减压器、疏水器、水表、伸缩器等组成安装)及附属构筑物所占长度;方形补偿器以其所占长度列入管道安装工程量。

(8)压力试验按设计要求描述试验方法,如水压试验、气压试验、泄露性试验、闭水试验、通球试验、真空试验等。

(9)吹、洗按设计要求描述吹扫、冲洗方法,如水冲洗、消毒冲洗、空气吹扫等。

第二节 支架及其他

一、支架及其他工程量计算

(一)管道支架工程量计算

管道支架也称管架,是用于室内、室外的沿墙柱架空安装管道所需的支架。其作用是支撑管道,限制管道变形和位移,承受从管道传来的内压力、外荷载及温度变形的弹性力,再通过它将这些力传递到支承结构上或地上。对于既不靠墙也不靠柱敷设的管道,或虽靠墙、柱,但因故不可安装支架时,可在楼板下、梁下或柱侧装设各种吊架,用以吊挂管道。吊架的吊杆可以用圆钢制作成柔性结构,也可用型钢制成刚性结构,但无论是柔性吊架或是刚性吊架均不可作为固定管架使用。

1. 管道支架安装简介

(1) 支架安装的有关规定。

1) 固定支架、活动支架安装的允许偏差，应符合表 4-26 的规定；

表 4-26　　　　　支架安装允许偏差　　　　　（单位：mm）

检查项目	支架中心点平面坐标	支架标高	两固定支架间的其他支架中心线	
			距固定支架：10m 处	中心处
允许偏差	25	−10	5	25

2) 固定支架必须安装在设计规定的位置，不得任意移动，并使管道牢固地固定在支架上，用于抵抗管道的水平推力。活动支架不应妨碍管道由于热伸长所引起的位移。靠近沉降缝两侧的支架如图 4-7 所示，只能使管道垂直位移而不能水平横向位移。管道滑动时，支架不应偏斜或被滑托卡住。靠近补偿器两侧的几个支架应安装导向支架。弹簧支（吊）架应有能够调整弹簧压缩度的结构，弹簧下的支承结构，应与作用力的方向垂直。支架的受力部件，如横梁、吊杆及螺栓等的规格，应符合设计或有关标准图的规定。

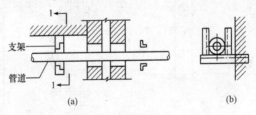

图 4-7　活动支架做法
(a) 平面图；(b) 1—1 剖面图

(2) 管道支架安装要求。

1) 安装的位置要正确，埋设要平整牢固；
2) 管道的标高按设计要求计算高差定位，一定要注意补偿器的位置；
3) 管架与管道接触要紧密，固定要牢靠；
4) 活动支架应灵活，滑托与滑槽两侧间应留有 3～5mm 的间隙，并留有一定的偏移量，使管道在管架上滑动时不被卡住。

5)采暖管道安装补偿器时,靠补偿器两侧的管道应安装导向支架,使管道伸缩时在支架上不至偏移中心线。

6)支架上的管道中心线离墙距离要符合设计要求,对于保温管道,保温层的表面离墙或柱子的净距不小于60mm。

7)对于大管架的孔应用电钻或冲床加工,孔径应比管卡或吊卡大1~2mm。

8)管架埋入墙内的深度不小于150mm,埋部端头应开为燕尾形。在埋架前孔内先用水浇湿,再用1:2水泥砂浆填塞固定。

(3)吊架安装。

1)无热胀的管道吊杆应垂直安装;有热胀的管道吊杆应向膨胀反方向倾斜 0.5Δ,如图4-8所示。此时,能活动偏移的吊杆长度一般为 20Δ,最少不得小于 10Δ(Δ 为水平方向位移的矢量和),如图4-9所示。

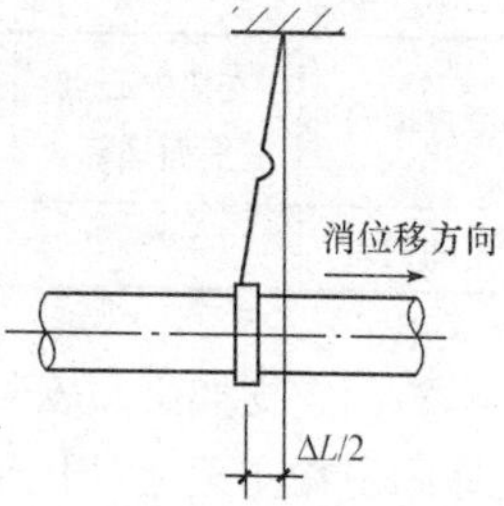

图 4-8 吊杆倾斜安装

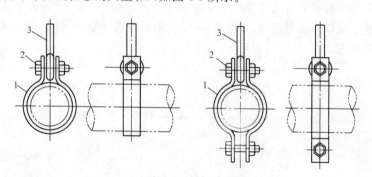

图 4-9 吊架安装

1—管卡;2—螺栓;3—吊杆

2)两根热膨胀方向相反的管道,不能使用同一吊架。

3)弹簧支架(图4-10、图4-11)安装前需对弹簧进行预压缩,压缩量按设计规定。弹簧支架预压缩的目的,是使管道运行受热膨胀时,弹簧支架所承受的负荷正好等于设计时它所应承受的管道荷重。

第四章 水暖工程工程量计算

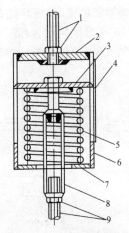

图 4-10 弹簧吊架结构图
1—上吊杆及螺母；2—上顶板；3—弹簧压板；
4—铭牌；5—弹簧；6—圆管；7—下底板；
8—花篮螺栓；9—下拉杆及螺母

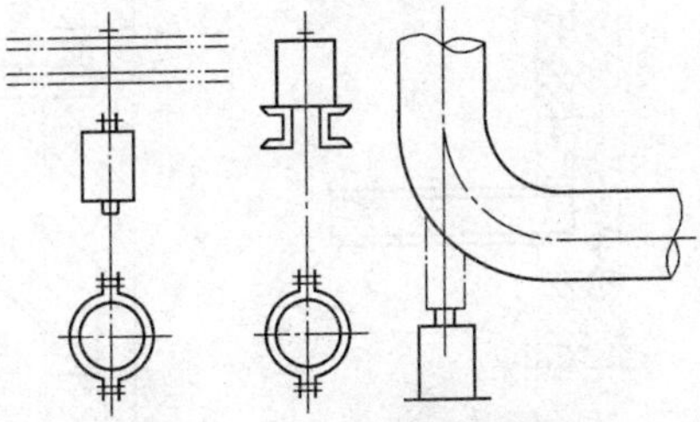

图 4-11 弹簧吊架的几种形式

2. 工程量计算规则

管道支架工程量计算规则见表 4-27。

表 4-27 管道支架

项目编码	项目名称	项目特征	计量单位	工程量计算规则	工作内容
031002001	管道支架	1. 材质 2. 管架形式	1. kg 2. 套	1. 以千克计量，按设计图示质量计算。 2. 以套计量，按设计图示数量计算	1. 制作 2. 安装

3. 项目特征描述

(1)应说明支架材质。

(2)应说明管道支架形式。管道支架包括架空敷设的水平管道支架、地上平管和垂直弯管支架、管道吊架、立管支架、弹簧支架、大管支撑小管的管架等形式。

1) 水平管道支架。当水平管道沿柱或墙架空敷设时,可根据荷载的大小、管道的根数、所需管架的长度及安装方式等分别采用各种形式的生根在柱上的支架(简称柱架),或生根在墙上的支架(简称墙架),如图 4-12 所示。

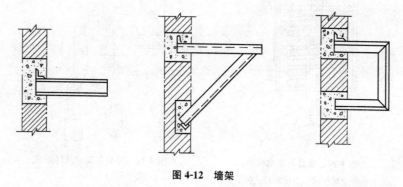

图 4-12 墙架

这些形式的柱架或墙架均可根据需要设计成活动支架、固定支架、导向支架,也可组装成弹簧支架。

2) 地上水平管和垂直弯管支架。一些管道离地面较近或与墙、柱、梁、楼板底等的距离较大,不便于在上述结构上生根,则可采用生根在地上的立柱式支架,如图 4-13 所示。图 4-14 所示则为地上垂直弯管支架。这种支架因易形成"冷桥",故不宜用做冷冻管支架。若需采用时,高度也应很小,并将金属支架包在管道的热绝缘结构内,且需在下面垫以木块,以免形成"冷桥"。

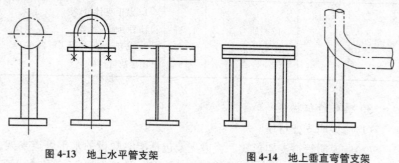

图 4-13 地上水平管支架　　　　图 4-14 地上垂直弯管支架

3)立管支架。管道工程中,常见的立管支架形式包括:

①可分别用于支承沿墙敷设 DN50 以下的单根或双根不保温的小管。

②用于小直径平行敷设的双管,可用来支承直径较大的管子。

③直径较大管道的导向支架。

4)弹簧支架。对于支承点处有垂直位移的管道,需用弹簧支架,以调节管道与管架之间由位移引起的变化。采用弹簧支架时,弹簧构件的选取尤为重要,主要取决于管道位移的大小及荷重条件。

管道工程中,常用的弹簧构件可与前述的各种支架或吊架组合成为弹簧管道支吊架。其中,可与滑动管托组成弹簧管托,弹簧管托安装在支架上组成弹簧支架。

5)大管支撑小管的管架。当大管的最大允许跨度比小管大得多时,管道维修中可以根据这个特点,利用不经常检修的大管来支承小管,以减少单独支承小管管架的材料及其占用的空间。采用此种管架时,由于大管承受了小管及其支吊架和连接件的质量,因而其最大允许跨度应有所减小。

作为支承用的大管管径一般应大于或等于 150mm,被大管支承的管的管径应小于大管管径的 1/4,并且一般不宜大于 DN100。

4. 工程量计算示例

【例 4-5】 如图 4-15 所示为一单管托架立面图,已知其质量为 25kg,试计算其工程量。

【解】 管道支架工程量:

①以千克计量,按设计图示质量计算:

单管托架工程量=25kg

②以套计量,按设计图示数量计算:

单管托架工程量=1 套

该管道支架制作安装工程量清单见表 4-28。

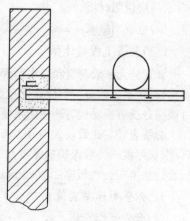

图 4-15 单管托架立面图

表 4-28　　　　　　　　　　工程量清单

项目编码	项目名称	项目特征描述	计量单位	工程量
031002001001	管道支架	角钢 50×5	kg(套)	25(1)

(二)设备支架工程量计算

设备支架是设备与附着结构连接的结构,它起着支承设备的作用,并通过它将设备上的荷载传递到支承结构上或地上。

1. 工程量计算规则

设备支架工程量计算规则见表 4-29。

表 4-29　　　　　　　　　　设备支架

项目编码	项目名称	项目特征	计量单位	工程量计算规则	工作内容
031002002	设备支架	1. 材质 2. 形式	1. kg 2. 套	1. 以千克计量,按设计图示质量计算。 2. 以套计量,按设计图示数量计算	1. 制作 2. 安装

2. 项目特征描述

(1)应说明材质。
(2)应说明形式。

(三)套管工程量计算

套管分为一般套管和防水套管两种。一般套管分为穿楼板套管和穿墙套管;防水套管分为刚性套管和柔性套管,柔性防水套管适用于管道穿过墙壁处受有振动或有严密防水要求的构筑物。

套管直径应比管径大两号。若管路保温,套管直径=管路直径+2×(保温层厚度+外缠保护层厚度)。穿墙套管长度应等于墙体厚度;穿楼板套管长度应为楼板厚度加 20mm,厨、卫间加 50mm。

1. 套管制作安装简介

(1)套管制作安装。
1)在加工制作套管前,认真熟悉图纸并分析如何制作安装预埋套管。

2)根据建筑平面图、结构管面图以及建筑立面图,确定套管的长度。再根据给排水平面图和大样图,并参照标准图集来制作。

3)给排水套管在制作时应注意,安装后应使管口与墙、梁、柱完成面相平。

4)钢套管须与止水翼环周边满焊。

在制作防水套管时,翼环和套管厚度应符合规范要求,防水套管的翼环两边应双面焊,且焊缝饱满、平整、光滑,无夹渣、气泡、裂纹等现象。焊好后,把焊渣清理干净,再刷两遍以上的防锈漆。在安装时,套管两端应用钢筋三方以上夹紧固定牢固,并不得歪斜。

(2)管道的安装。

1)管道在使用前应观察外观、灌水和外壁冲水,逐根检查有无裂缝、砂眼;

2)检查所有管件有无裂缝、砂眼,管壁是否厚薄均匀;

3)检查所有承插口是否到位、牢固、密实;

4)管道坡度应均匀,不得有倒坡,屋面出口处管道坡度应适当增大;

5)管道安装应按施工验收规范设置支吊架。

2. 工程量计算规则

套管工程量计算规则见表 4-30。

表 4-30　　　　　　　　套　管

项目编码	项目名称	项目特征	计量单位	工程量计算规则	工作内容
031002003	套管	1. 名称、类型 2. 材质 3. 规格 4. 填料材质	个	按设计图示数量计算	1. 制作 2. 安装 3. 除锈、刷油

3. 项目特征描述

套管项目特征应说明名称、类型、材质、规格、填料材质。

二、支架及其他工程量计算注意事项

(1)单件支架质量 100kg 以上的管道支吊架执行设备支吊架制作安装。

(2)成品支架安装执行相应管道支架或设备支架项目,不再计取制作费,支架本身价值含在综合单价中。

(3)套管的制作安装,适用于穿基础、墙、楼板等部位的防水套管、填料套管、无填料套管及防火套管等,应分别列项。

第三节 管道附件

一、管道附件概述

(一)阀门产品型号组成

给排水管道工程常用的阀门有很多类型,其产品型号代号由七个单元组成,编列顺序如图 4-16 所示。

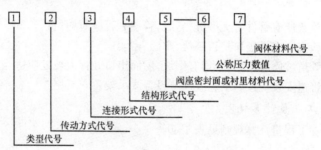

图 4-16 阀门型号表示方法

(1)阀门类型代号用汉语拼音字母表示,见表 4-31。

表 4-31　　　　　　　　阀门类型代号

类 型	代 号	类 型	代 号	类 型	代 号
闸阀	Z	隔膜阀	G	柱塞阀	U
截止阀	J	旋塞阀	X	减压阀	Y
节流阀	L	止回阀和底阀	H	蒸汽疏水阀	S
球阀	Q	弹簧载荷安全阀	A	排污阀	P
蝶阀	D	杠杆式安全阀	GA		

注:低温(低于-40℃)、保温(带加热套)和带波纹管的阀门在类型代号前分别加"D"、"B"和"W"汉语拼音字母。

(2)阀门传动方式代号用阿拉伯数字表示,见表 4-32。

表 4-32　　　　　　　　　阀门传动方式的代号

传动方式	代号	传动方式	代号	传动方式	代号
电磁动	0	正齿轮	4	气-液动	8
电磁-液动	1	锥齿轮	5	电动	9
电-液动	2	气动	6		
蜗轮	3	液动	7		

注:1. 手轮、手柄和拨手传动以及安全阀、减压阀、疏水阀省略本代号。
　　2. 对于气动或液动:常开式用 6K、7K 表示;常闭式用 6B、7B 表示;气动带手动用 6S 表示,防爆电动用"9B"表示。

(3)阀门连接形式的代号用阿拉伯数字表示,见表 4-33。

表 4-33　　　　　　　　　阀门连接形式及代号

连接形式	代号	连接形式	代号
内螺纹	1	对夹	7
外螺纹	2	卡箍	8
法兰	4	卡套	9
焊接	6		

注:焊接包括对焊和承插焊。

(4)阀门结构形式及代号用阿拉伯数字表示,见表 4-34。

表 4-34　　　　　　　　　阀门结构形式及代号

阀门类别	结构代号									
	1	2	3	4	5	6	7	8	9	0
闸阀	明杆楔式单闸板	明杆楔式双闸板	明杆平行式单闸板	明杆平行式双闸板	暗杆楔式单闸板	暗杆楔式双闸板	暗杆平行式单闸板	暗杆平行式双闸板		
截止阀	直通式	直角式	直通式	直角式	直流式	平衡直流式	平衡直角式	节流式		
旋塞阀	直通式	调节式	直通填料式	三通填料式	保温式	三通保温式	油封直通式	油封三通式	液面指示器	

续表

阀门类别	结构代号									
	1	2	3	4	5	6	7	8	9	0
止回阀	直通升降式	立式升降式		单瓣旋启式	多瓣旋启式	双瓣旋启式				
疏水阀	浮球式		浮桶式		钟形浮球式		脉冲式	热动力式		
减压阀	薄膜式	弹簧薄膜式	活塞式	波纹管式	杠杆式					
弹簧载荷安全阀	封式				不封式				带散热器全启式	
	微启式	全启式	带扳手微启式	带扳手全启式	微启式	全启式	带扳手微启式	带扳手全启式		
杠杆式安全阀	单杠杆微启式	单杠杆全启式	双杠杆微启式	双杠杆全启式	脉冲式					

(5) 阀座密封面或衬里材料的代号用汉语拼音字母表示,见表 4-35。

表 4-35　阀座密封面或衬里材料的代号

阀座密封面或衬里材料	代号	阀座密封面或衬里材料	代号
铜合金	T	渗氮钢	D
橡胶	X	硬质合金	Y
尼龙塑料	N	衬胶	J
氟塑料	F	衬铅	Q
锡基轴承合金(巴氏合金)	B	搪瓷	C
合金钢	H	渗硼钢	P

注:由阀体直接加工的阀座密封面材料代号用"W"表示,当阀座和阀瓣(闸板)密封面材料不同时,用低硬度材料代号表示(隔膜阀除外)。

(6) 阀体材料代号用汉语拼音字母表示,见表 4-36。

表 4-36　　　　　　　　　　阀体材料的代号

阀体材料	代号	阀体材料	代号
灰铸铁(HT25-27)	Z	铬钼钢(Gr5Mo)	I
可锻铸铁(KT30-6)	K	铬镍钛钢(1Gr18Ni9Ti)	P
球墨铸铁(QT40-15)	Q	铬镍钼钛钢(Gr18Ni12Mo2Ti)	R
铜合金(H62)	T	铬钼钒钢(12GrMoV)	V
碳素钢(ZG25Ⅱ)	C		

注：$PN \leqslant 1.6MPa$ 的灰铸铁阀体和 $PN \geqslant 2.5MPa$ 的碳素钢阀体，省略本代号。

(二)管道附件及阀门常用图例

(1)管道附件的图例宜符合表 4-37 的要求。

表 4-37　　　　　　　　　　管道附件图例

序号	名　称	图　例	备　注
1	管道伸缩器		—
2	方形伸缩器		—
3	刚性防水套管		—
4	柔性防水套管		—
5	波纹管		—
6	可曲挠橡胶接头	单球　双球	—
7	管道固定支架		—

续一

序号	名称	图例	备注
8	立管检查口		—
9	清扫口	平面　系统	—
10	通气帽	成品　蘑菇形	—
11	雨水斗	YD-平面　YD-系统	—
12	排水漏斗	平面　系统	—
13	圆形地漏	平面　系统	通用。如无水封，地漏应加存水弯
14	方形地漏	平面　系统	—
15	自动冲洗水箱		—
16	挡墩		—
17	减压孔板		—
18	Y形除污器		—

第四章 水暖工程工程量计算

续二

序号	名称	图例	备注
19	毛发聚集器	平面　系统	—
20	倒流防止器		—
21	吸气阀		—
22	真空破坏器		—
23	防虫网罩		—
24	金属软管		—

(2)阀门的图例宜符合表 4-38 的要求。

表 4-38　　　　　　阀门图例

序号	名称	图例	备注
1	闸阀		—
2	角阀		—
3	三通阀		—
4	四通阀		—

续一

序号	名称	图例	备注
5	截止阀		—
6	蝶阀		—
7	电动闸阀		—
8	液动闸阀		—
9	气动闸阀		—
10	电动蝶阀		—
11	液动蝶阀		—
12	气动蝶阀		—
13	减压阀		左侧为高压端
14	旋塞阀	平面　系统	—
15	底阀	平面　系统	—
16	球阀		—

续二

序号	名　称	图　例	备　注
17	隔膜阀		—
18	气开隔膜阀		—
19	气闭隔膜阀		—
20	电动隔膜阀		—
21	温度调节阀		—
22	压力调节阀		—
23	电磁阀		—
24	止回阀		—
25	消声止回阀		—
26	持压阀		—
27	泄压阀		—
28	弹簧安全阀		左侧为通用

续三

序号	名称	图例	备注
29	平衡锤安全阀		—
30	自动排气阀	平面　系统	—
31	浮球阀	平面　系统	—
32	水力液位控制阀	平面　系统	—
33	延时自闭冲洗阀		—
34	感应式冲洗阀		—
35	吸水喇叭口	平面　系统	—
36	疏水器		—

二、管道附件工程量计算

(一)螺纹阀门工程量计算

螺纹阀门指阀体带有内螺纹或外螺纹,与管道螺纹连接的阀门。管径小于或等于 32mm 宜采用螺纹连接。

1. 螺纹阀门安装简介

(1)内螺纹阀门安装时应符合下列要求：

1)与阀门内螺纹连接的管螺纹采用圆锥形短螺纹，其工作长度应比某些短螺纹的工作长度还要下两扣丝；

2)把选配好的螺纹短管卡在台钳上，往螺纹上抹一层铅油，顺着螺纹方向缠麻丝(当螺纹沿旋紧方向转动时，麻丝越缠越紧)，缠4～5圈麻丝即可；

3)手拿阀门往螺纹短管上拧2～3扣螺纹，当用手拧不动时，再用管钳子上紧。使用管钳子上阀门时，要注意管钳子与阀件的规格相适应；

4)使用管钳子操作时，一手握钳子把，一手按在钳头上，让管钳子后部牙口吃劲，使钳口咬牢管子不致打滑。扳转钳把时要用力平稳，不能贸然用力，以防钳口打滑按空而伤人；

5)阀门和螺纹短管上好之后，用锯条剔去留在螺纹外面的多余麻丝，用抹布擦去铅油。

(2)外螺纹阀门的连接方法与内螺纹阀门的连接方法一样，所不同的是铅油和麻丝缠在阀门的外螺纹上，再和内螺纹短管连接。

(3)阀门做水压试验时，应随着充水将阀体内空气排净。试验分强度试验和严密性试验两种。

1)阀门的强度试验：做闸阀和截止阀强度试验时，应把闸板或阀瓣打开，压力从通路一端引入，另一端堵塞。试验止回阀时，应从进口端引入压力，出口端堵塞。试验直通旋塞时，塞子应调整到全开状态，压力从通路一端引入，另一端堵塞；试验三通旋塞时，应把塞子调整到全开的各个工作位置进行试验。

2)阀门的严密性试验：试验闸阀时，应将闸板紧闭，从阀的一端引入压力，在另一端检查其严密性；在压力逐渐消除后，再从阀的另一端引入压力，在另一端检查其严密性。对双闸板的闸阀，是通过两闸板之间阀盖上的螺孔引入压力，而在阀的两端检查其严密性。试验截止阀时，阀杆应处于水平位置，阀瓣紧闭，压力从阀孔低的一端引入，在阀的另一端检查其严密性。

2. 工程量计算规则

螺纹阀门工程量计算规则见表4-39。

表 4-39　　　　　　　　　　螺纹阀门

项目编码	项目名称	项目特征	计量单位	工程量计算规则	工作内容
031003001	螺纹阀门	1. 类型 2. 材质 3. 规格、压力等级 4. 连接形式 5. 焊接方法	个	按设计图示数量计算	1. 安装 2. 电气接线 3. 调试

3. 项目特征描述

(1)应说明螺纹阀门的类型,如螺纹闸阀、螺纹球阀、螺纹截止阀、螺纹止回阀等。

(2)应说明其材质,如锻钢、不锈钢、铸钢等。

(3)应说明其规格、压力等级,如:Z994T-1,$DN50$;J11W-10T,$DN40$ 等。

(4)应说明其连接形式,如螺纹连接、焊接等。

(5)应说明其焊接方法。

(二)螺纹法兰阀门工程量计算

螺纹法兰阀门是指阀体带有螺纹法兰,与管道采用螺纹法兰连接的阀门。螺纹法兰是以螺纹方式连接的法兰。

1. 工程量计算规则

螺纹法兰阀门工程量计算规则见表 4-40。

表 4-40　　　　　　　　　　螺纹法兰阀门

项目编码	项目名称	项目特征	计量单位	工程量计算规则	工作内容
031003002	螺纹法兰阀门	1. 类型 2. 材质 3. 规格、压力等级 4. 连接形式 5. 焊接方法	个	按设计图示数量计算	1. 安装 2. 电气接线 3. 调试

2. 项目特征描述

(1)应说明螺纹法兰阀门的类型。

(2)应说明其材质,如锻钢、不锈钢、铸钢等。

(3)应说明其规格、压力等级。

(4)应说明其连接形式。

(5)应说明其焊接方法。

(三)焊接法兰阀门工程量计算

焊接法兰阀门是指在管道上焊接法兰来安装的法兰阀门。

1. 工程量计算规则

焊接法兰阀门工程量计算规则见表4-41。

表4-41　　　　　　焊接法兰阀门

项目编码	项目名称	项目特征	计量单位	工程量计算规则	工作内容
031003003	焊接法兰阀门	1. 类型 2. 材质 3. 规格、压力等级 4. 连接形式 5. 焊接方法	个	按设计图示数量计算	1. 安装 2. 电气接线 3. 调试

2. 项目特征描述

(1)应说明焊接法兰阀门的类型。

(2)应说明其材质,如锻钢、不锈钢、铸钢等。

(3)应说明其规格、压力等级。

(4)应说明其连接形式。

(5)应说明其焊接方法。

(四)带短管甲乙阀门工程量计算

带短管甲乙阀门中的"短管甲"是"带承插口管段+法兰",用于阀门进水管侧;"短管乙"是"直管段+法兰",用于阀门出口侧。带短管甲乙的法兰阀门一般用于承插接口的管道工程中。

1. 工程量计算规则

带短管甲乙阀门工程量计算规则见表4-42。

表 4-42　　　　　　　　带短管甲乙阀门

项目编码	项目名称	项目特征	计量单位	工程量计算规则	工作内容
031003004	带短管甲乙阀门	1. 材质 2. 规格、压力等级 3. 连接形式 4. 接口方式及材质	个	按设计图示数量计算	1. 安装 2. 电气接线 3. 调试

2. 项目特征描述

(1)应说明其材质,如碳钢、塑料和其他材质。
(2)应说明其规格。
(3)应说明其压力等级,如低压管道、中压管道、高压管道。
(4)应说明其连接形式,如螺纹连接、焊接等。
(5)应说明接口方式及材质。

(五)塑料阀门工程量计算

塑料阀门的类型主要有球阀、螺阀、止回阀、隔膜阀、闸阀和截止阀等,结构形式主要有两通、三通和多通阀门,主要原料有 ABS、PVC-U、PVC-C、PB、PE、PP 和 PVDF 等。

1. 塑料阀门连接方式简介

塑料阀门与管路系统连接的方式主要包括以下几种:

(1)对焊连接:阀门连接部位的外径与管材的外径相等,阀门连接部位的端面与管材的端面相对进行焊接。

(2)插口粘结连接:阀门连接部位为插口形式,与管件进行粘结连接。

(3)电熔承口连接:阀门连接部位为内径敷设电热丝的承口形式,与管材进行电熔连接。

(4)承口热熔连接:阀门连接部位为承口形式,与管材进行热熔承插连接。

(5)承口粘结连接:阀门连接部位为承口形式,与管材进行粘结承插连接。

(6)承口橡胶密封圈连接:阀门连接部位为内镶橡胶密封圈的承口形式,与管材进行承插连接。

(7)法兰连接:阀门连接部位为法兰形式,与管材上的法兰进行连接。
(8)螺纹连接:阀门连接部位为螺纹形式,与管材或管件上的螺纹进行连接。
(9)活接连接:阀门连接部位为活接形式,与管材或管件进行连接。
一个阀门上可以同时具有不同的连接方式。

2. 工程量计算规则

塑料阀门工程量计算规则见表 4-43。

表 4-43　　　　　　　　　塑料阀门

项目编码	项目名称	项目特征	计量单位	工程量计算规则	工作内容
031003005	塑料阀门	1. 规格 2. 连接形式	个	按设计图示数量计算	1. 安装 2. 调试

3. 项目特征描述

(1)应说明其规格。
(2)应说明其连接形式,如热熔连接、粘结、热风焊接等。

(六)减压器工程量计算

减压器是靠阀孔的启闭对通过的介质进行节流达到减压的,其应能使阀后压力维持到要求的范围内,工作时无振动,完全关阀后不漏气(泄露)。

1. 减压器安装简介

减压器的结构形式常见的有活塞式、波纹管式,此外,还有膜片式、外弹簧薄膜式等。在供热管网中,减压器靠启闭阀孔对蒸汽进行节流达到减压的目的。减压器应能自动地将阀后压力维持在一定范围内,工作时无振动,完全关闭后不漏气。减压器的安装是以阀组的形式表现的,阀组由减压阀、前后控制阀、压力表、安全阀、冲洗管、冲洗阀、旁通管、旁通阀及螺纹连接的三通、弯头、活接头等管件组成。

(1)减压器的安装高度。如设在离地面 1.2m 左右处,应沿墙敷设;如设在离地面 3m 左右处,应设永久性操作台。
(2)蒸汽系统的减压器组前应设置疏水阀。

(3) 如系统中介质带渣物时,应在减压阀组前设置过滤器。

(4) 为了便于减压器的调整工作,减压器组前后应装压力表。为了防止减压器组后的压力超过容许限度,减压器组后应装安全阀。

(5) 减压器有方向性,安装时注意勿将方向装反,并应使其垂直地安装在水平管道上。波纹管式减压器用于蒸汽时,波纹管应朝下安装;用于空气时,需将阀门反向安装。

2. 工程量计算规则

减压器工程量计算规则见表 4-44。

表 4-44　　　　　　　　减 压 器

项目编码	项目名称	项目特征	计量单位	工程量计算规则	工作内容
031003006	减压器	1. 材质 2. 规格、压力等级 3. 连接形式 4. 附件配置	组	按设计图示数量计算	组装

3. 项目特征描述

(1) 应说明其材质,如碳钢、塑料和其他材质。

(2) 应说明其规格。

(3) 应说明其压力等级。

(4) 应说明其连接形式。

(5) 应说明附件配置。

4. 工程量计算示例

【例 4-6】 图 4-17 所示为一活塞式减压阀安装示意图,试计算其工程量。

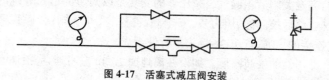

图 4-17　活塞式减压阀安装

【解】 参考图并根据工程量计算规则：

$$减压阀工程量=1 组$$

工程量清单见表 4-45。

表 4-45　　　　　　　　工程量清单

项目编码	项目名称	项目特征描述	计量单位	工程量
031003006001	减压阀	活塞式减压阀	组	1

(七)疏水器工程量计算

疏水器也称为疏水阀、自动排水器或凝结水排放器，可分为蒸汽系统使用和气体系统使用。

1. 疏水器安装简介

(1)疏水器的工作原理及适用范围。

1)机械式(自由浮球式、杠杆浮球式、倒吊桶式)疏水器利用浮力原理开关，可以自动辨别汽、水，常用于需连续排水、流量较大、排出的水进行收集后再利用。其中杠杆浮球疏水器和倒吊桶式疏水器结构复杂，自由浮球式疏水器结构简单，不漏气，一般用于管线疏水或设备疏水；

2)热动力式(圆盘式、脉冲式)疏水器是利用空气动力学原理，气体转向产生的压降来开关阀门。用于流量较小、压差较大、对连续性要求不高的地方，其结构简单，存在脉冲性泄漏，一般用于管线疏水；

3)热静力式(双金属片、膜盒式、波纹管式)疏水器是利用汽、水的不同温度引起温度敏感元件动作，达到控制阀门的目的。其灵敏度不高，有滞后现象，在压力变化的管道中不能正常工作。可装在用气设备上部单纯做排空气用，疏水方面常用于伴热管线疏水；

4)泵阀式疏水器采用内置泵阀设计，一般附带电动执行机构，疏水时不必考虑疏水器两侧压力差，从而达到疏水器从低压向高压疏水的目的。

(2)疏水器安装。

1)疏水器安装时，应根据设计图纸要求的规格组配后再进行安装。组配时，其阀体应与水平回水干管相垂直，不得倾斜，以利于排水；其介质流向与阀体标志应一致；同时安排好旁通管、冲洗管、检查管、止回阀、过滤器等部件的位置，并设置必要的法兰、活接头等零件，以便于检修拆卸。

2）疏水装置一般靠墙布置，安装时先在疏水器两侧，阀门以外适当处设置型钢托架，托架栽入墙内的深度不得小于 120mm。经找平找正，待支架埋设牢固后，将疏水装置搁在托架上就位。有旁通管时，旁通管朝室内侧卡在支架上。疏水器中心离墙不应小于 150mm；

3）疏水装置的连接方式一般为：疏水器的公称直径 $DN \leqslant 32mm$ 时，压力 $PN \leqslant 0.3MPa$；公称直径 $DN = 40 \sim 50mm$ 时，压力 $PN \leqslant 0.2MPa$，可以采用螺纹连接，其余均采用法兰连接。

2. 工程量计算规则

疏水器工程量计算规则见表 4-46。

表 4-46　　　　　　　　　疏 水 器

项目编码	项目名称	项目特征	计量单位	工程量计算规则	工作内容
031003007	疏水器	1. 材质 2. 规格、压力等级 3. 连接形式 4. 附件配置	组	按设计图示数量计算	组装

3. 项目特征描述

(1) 应说明其材质，如碳钢、塑料和其他材质。

(2) 应说明其规格。

(3) 应说明其压力等级。

(4) 应说明其连接形式。

(5) 应说明附件配置。

（八）除污器（过滤器）工程量计算

除污器又称为过滤器，其作用是防止管道介质中的杂质进入传动设备或精密部位，使生产发生故障或影响产品的质量。除污器一般安装在用户入口的供水总管上，以及热源（冷源）、用热（冷）设备、水泵、调节阀入口处。

1. 除污器的种类

根据管道的不同可分为立式除污器和卧式除污器。立式除污器可分为立式直通除污器和立式角通除污器;卧式除污器可分为卧式直通除污器和卧式角通除污器。

根据除污器的自动化程度可分为手动除污器、自动反冲洗除污器、全自动除污器。手动除污器即手动排污,使用不是很方便,但是价格便宜;自动反冲洗除污器即手动排污,自动反冲洗,人工只要打开排污口阀门即可自动反冲洗,简单方便;全自动除污器即使用压力表和电控柜全程控制除污器的运行,通过两端压力差来控制电控柜,触动自动阀门打开从而实现排污过程。

根据滤网材质不同可分为碳钢材质和不锈钢。一般使用压力有6kg、10kg、16kg、25kg、40kg等。

2. 工程量计算规则

除污器工程量计算规则见表4-47。

表4-47　　　　　　　　　除污器

项目编码	项目名称	项目特征	计量单位	工程量计算规则	工作内容
031003008	除污器（过滤器）	1. 材质 2. 规格、压力等级 3. 连接形式	组	按设计图示数量计算	安装

3. 项目特征描述

(1)应说明其材质,如碳钢、塑料和其他材质。
(2)应说明其规格及压力等级。
(3)应说明其连接形式。

(九)补偿器工程量计算

补偿器习惯上也叫膨胀节,或伸缩节,由构成其工作主体的波纹管(一种弹性元件)和端管、支架、法兰、导管等附件组成。其利用工作主体波纹管的有效伸缩变形,以吸收管线、导管、容器等由热胀冷缩等原因而产生的尺寸变化,或补偿管线、导管、容器等的轴向、横向和角向位移。补偿器也可用于降噪减振。

1. 补偿器的分类

(1)金属波纹补偿器。金属波纹补偿器采用奥氏体不锈钢材料或按用户要求的材料制造,具有优良的柔软性、耐蚀性、耐高温性(-235~$+450℃$)、耐高压性(最高可达 32MPa),在管路中可对任何方向进行连接,用以补偿温度和吸收振动、降低噪声、改变介质输送方向、消除管道间或管道与设备间的机械位移等,双法兰金属波纹软管对有位移、振动的各种泵、阀等的柔性接头尤为适用。

(2)非金属织物补偿器。构成非金属织物补偿器工作主体的弹性元件是非金属材质,通常是纤维织物有橡胶材质,此种材质除了在超高温度(400℃以上)情况下不能满足使用条件,其他各种工况均可以替代纤维织物。

2. 补偿器安装简介

(1)安装前,应先检查波纹补偿器膨胀节的型号、规格及管道的支座配置必须符合设计要求。

(2)对带内衬筒的膨胀节,应注意使内衬筒方向与介质流动方向一致(按膨胀节的流向标志安装)。平面角向型膨胀节的铰链转动屏幕应与位移平面一致。

(3)需要进行"冷紧"的膨胀节,其预变形所用的辅助构件,应在膨胀节预变形后拆除。

(4)管系安装完毕后,应立即拆除膨胀节上用做安装运输保护的辅助定位机构及紧固件,并按设计要求将限位装置调到规定的位置,使管系在环境条件得以充分的补偿。

(5)除设计要求预拉压或"冷紧"的预变形外,严禁使用波纹管变形的方法来调整管道的安装偏差,以免影响膨胀节的正常功能,降低其使用寿命和增加管系、设备及支承构件的载荷。

(6)膨胀节所有的活动元件不得被外部构件卡死或限制其活动部位正常动作。

(7)安装过程中不允许焊渣飞溅到小组波纹管表面和使波纹管受到其他机械损伤。

(8)对用于气体介质的膨胀节及其连接管道,做水压试验时,要考虑充水时是否需要对膨胀节的接管加设临时支架以承重。

(9)水压试验用水必须纯净,无腐蚀性,并控制水中的氯离子的含量不超过 25ppm。水压试验结束后,应尽快排尽波纹管中的积水,并迅速将波壳的内表面吹干。

(10)管道对中性要好,在无其他方法保证时,可采用直管敷设后切下等长管道再安装膨胀节的方法来保证。

(11)必须注意的是,膨胀节是不吸收扭矩的,因此在安装膨胀节时,不允许膨胀节受到扭转。

(12)保温层应做在膨胀节外保护套上,不得直接做在波纹管上,不得采用含氯的保温材料。

(13)支架必须符合设计要求,严禁在支架未安装好之前在管线内试压,以免将膨胀节拉坏。

(14)膨胀节允许不超过 1.5 倍公称系统的压力试验。

(15)装有膨胀节的管线在运行操作中,阀门开启和关闭要逐渐进行,以免管线内温度和压力急剧变化,造成支架或膨胀节损坏。

3. 工程量计算规则

补偿器工程量计算规则见表 4-48。

表 4-48　　　　　　　　补偿器

项目编码	项目名称	项目特征	计量单位	工程量计算规则	工作内容
031003009	补偿器	1. 类型 2. 材质 3. 规格、压力等级 4. 连接形式	个	按设计图示数量计算	安装

4. 项目特征描述

(1)应说明其类型。应采用合适的补偿器,以降低管道运行所产生的作用力,减少管道的应力和作用于阀门及管道支架结构的作用力,确保管道的稳定和安全运行。补偿器类型见表 4-49。

表 4-49　　　　　　　　　　　　补偿器类型

补偿器类型	优点	缺点	适用范围
自然补偿器	不特设补偿器	管道变形时会产生横向位移,补偿管段不能很长	当转角≤150°时,管道臂长不宜超过20~50mm
方形补偿器	制造方便,不用专门维修,工作可靠,轴向推力较小	介质流动阻力大,占地多,不易布置	宜装在两支架管段中间部位,两侧直管段设导向支架,预拉伸50%
波纹管补偿器	配管简单,安装容易,占地小,维修管理方便,流动阻力小	造价较高	工作温度在450°以下,规格 $DN50\sim DN2400$,注意支架的设置
套管补偿器	补偿能力大(一般可达250~400mm),机构简单,占地小,流动阻力小,安装方便,造价低	易漏水,需经常维修及更换填料,轴向推力大,只用于直线管段,需固定支座	套管式补偿器对氯离子含量无要求,特别适用于介质或周围环境氯离子超标的系统上
球形补偿器	能做空间变形,补偿能力大,占地小,安装方便,投资省,适用于架空敷设,密封性能良好,寿命较长	造价较高	两个一起使用,直管段可达400~500m,应考虑设置导向支座

(2)应说明其材质,如碳钢和其他材质。
(3)应说明其规格。
(4)应说明其压力等级,如低压管道、中压管道、高压管道。
(5)应说明其连接形式,如螺纹连接、焊接等。

(十)软接头(软管)工程量计算

软接头是用于金属管道之间起挠性连接作用的中空橡胶制品,可降低振动及噪声,并可对因温度变化引起的热胀冷缩起补偿作用。软接头按连接方式可分为松套法兰式、固定法兰式和螺纹式三种;按结构可分为单球体、双球体、弯球体等。

1. 软接头(软管)安装简介

(1)软接头(软管)在安装时严禁超位移极限安装。

(2)管道必须有固定支撑或固定托架,固定托架的力必须大于轴向力。垂直安装和架空安装时,产品两端需安装相应的固定支架和受力支架,以防止工作时受压拉脱。

(3)安装螺栓要对称逐步加压拧紧,以防局部泄露。

(4)安装时应远离热源,严禁使用不符合产品要求的介质。

(5)1.6MPa 以上的工作压力,安装螺栓要有弹性压垫,以防工作时螺栓松动。

(6)橡胶接头在运输装卸时严禁锐利器具划破表面、密封面。

2. 工程量计算规则

软接头(软管)工程量计算规则见表 4-50。

表 4-50　　　　　　软接头(软管)

项目编码	项目名称	项目特征	计量单位	工程量计算规则	工作内容
0310030010	软接头(软管)	1. 材质 2. 规格 3. 连接形式	个(组)	按设计图示数量计算	安装

3. 项目特征描述

(1)应说明其材质,如塑料或其他材质。

(2)应说明其规格,如 JGD 型软接头、JGD－A 型软接头、JXF 型软接头等。

(3)应说明其连接形式。

(十一)法兰工程量计算

法兰又叫法兰盘或凸缘盘,是用钢、铸铁、热塑性或热固性增强塑料制成的空心环状圆盘,盘上开有一定数量的螺栓孔。法兰是使管子与管子相互连接的零件,连接于管端;也有用在设备进出口上的法兰,用于两个设备之间的连接,如减速机法兰。法兰连接严密性好,拆卸安装方便,结合强度高,但耗用钢材、工时多,价格高。

1. 法兰安装简介

(1)法兰形式。法兰可分为平焊法兰、对焊法兰、松套法兰、螺纹法兰四种类型。

1)平焊法兰。平焊法兰一般适用于温度不超过300℃,公称压力不超过2.5MPa,通过介质为水、蒸汽、空气、煤气等的中低压管道;

2)对焊法兰。对焊法兰又称高颈法兰或大尾巴法兰,是指法兰的颈部与管道对接焊接在一起的法兰,多用于铸钢或锻钢件制造。对焊法兰适用于压力 $P{\leqslant}16\mathrm{MPa}$,温度 $T{\leqslant}350{\sim}450℃$ 的管道连接中;

3)松套法兰。松套法兰是利用翻边、钢环等把法兰套在管端上,使法兰可以在管端上活动。钢环或翻边就是密封面,法兰的作用则是把它们压紧。由于被钢环或翻边挡住,松套法兰不与介质接触;

4)螺纹法兰。螺纹法兰是指法兰与管子利用螺纹连接在一起。二者螺纹严格按公差配合在车床上加工,保障连接严密,常用于高压管道或镀锌钢管、铸铁法兰的管道连接中。

(2)法兰安装。安装法兰时,应将两法兰盘找平找正,先在法兰盘螺孔中顶穿几根螺栓(四孔法兰可先穿三根,六孔法兰可先穿四根),将制备好的衬垫插入两法兰之间,再穿好余下的螺栓。把衬垫找正后,即可用扳手拧紧螺钉。拧紧顺序应按对角顺序进行,不应将某一螺钉一拧到底,而应分3~4次拧到底。这样可使法兰衬垫受力均匀,保证法兰的严密性。

2. 工程量计算规则

法兰工程量计算规则见表4-51。

表4-51　　　　　　　　法　兰

项目编码	项目名称	项目特征	计量单位	工程量计算规则	工作内容
031003011	法兰	1. 材质 2. 规格、压力等级 3. 连接形式	副(片)	按设计图示数量计算	安装

3. 项目特征描述

(1)应说明其材质。在钢管上最常用的法兰有光滑面平焊钢法兰和凹凸面平焊钢法兰两种,如图4-18和图4-19所示。在中、低压碳素钢管的法兰连接中,法兰用Q235或20号钢制造。工作压力≤2.5MPa时,一般采用光滑面平焊钢法兰;工作压力为2.5~6.0MPa时,可采用凹凸面平焊钢法兰。

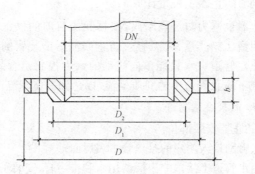

图 4-18 光滑面平焊钢法兰

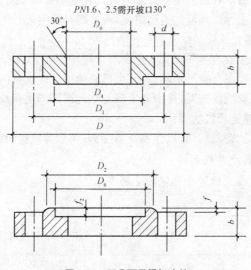

图 4-19 凹凸面平焊钢法兰

(2)应说明其规格、压力等级。法兰常用公称直径 DN 和公称压力 PN 表示,例如钢法兰:$DN100$、$PN1.6$,表示法兰的公称直径为 100mm,公称压力为 1.6MPa。

(3)应说明其连接形式,如螺纹连接、焊接等。

(十二)倒流防止器工程量计算

倒流防止器也称为防污隔断阀,根据我国目前的供水管网,在生活饮用水管道回流污染严重,又无有效防止回流污染装置的情况下,研制的一种严格限定管道中水只能单向流动的水力控制组合装置。其功能是在任何工况下防止管道中的介质倒流,以达到避免倒流污染的目的。

1. 倒流防止器安装简介

(1)倒流防止器安装部位。

1)自来水管网接入用户的接户管水表后面;

2)生活用水管道上接出非生活饮用水和排污管,安装于接出管起端;

3)生活饮用水水箱的进水管上(水箱底部进水时);

4)生活饮用水管道上串联加压泵时安装于泵吸水管上。

安装地点应保持环境的清洁卫生,必要时对环境进行消毒。

(2)倒流防止器安装。

1)倒流防止器宜水平安装,安装地点环境应清洁,有足够的维护空间。倒流防止器配有空气阻隔器,其出口必须接至排水管网或下水道中;

2)为测试及维修需要,排水器出口与空气阻隔器之间应安装球阀,正常工作时,球阀处于开启状态;

3)阀前应装控制阀门、过滤器及活接头,阀后装控制阀门以便维修。

2. 工程量计算规则

倒流防止器工程量计算规则见表4-52。

表4-52 倒流防止器

项目编码	项目名称	项目特征	计量单位	工程量计算规则	工作内容
031003012	倒流防止器	1. 材质 2. 型号、规格 3. 连接形式	套	按设计图示数量计算	安装

3. 项目特征描述

(1)应说明其材质,如黄铜、铸铁。

(2)应说明其型号、规格,如 HS21X、$DN15 \sim 50$。

(3)应说明其连接形式,如螺纹连接、焊接等。

(十三)水表工程量计算

1. 常用水表类型

常用水表有旋翼式水表($DN15\sim DN150$)(图 4-20)和水平螺翼式水表($DN100\sim DN400$)(图 4-21)及翼轮复式水表(主表 $DN50\sim DN400$,副表 $DN15\sim DN40$)(图 4-22)三种。

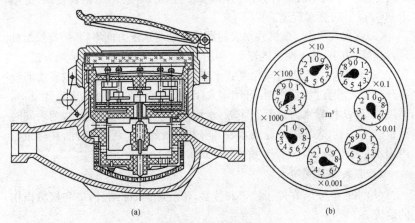

图 4-20 旋翼式水表
(a)旋翼式水表;(b)水表读数示意

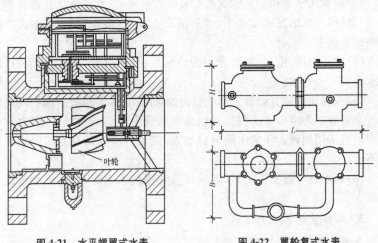

图 4-21 水平螺翼式水表   **图 4-22 翼轮复式水表**

(1) 旋翼式水表。旋翼式水表的翼轮转轴与水流方向垂直,装有平直叶片,流动阻力较大,适于测小的流量,多用于小直径管道上。按计数机构是否浸于水中,又分为湿式和干式两种。湿式水表的计数机构浸于水中,装在度盘上的厚玻璃可承受水压,其具有结构较简单、密封性好、计量准确、价格便宜等特点,所以应用广泛,适用于不超过40℃、不含杂质的净水管道上。干式水表的计数机构用金属圆盘与水隔开,结构较复杂,适用于90℃以下的热水管道。

(2) 螺翼式水表。螺翼式水表的翼轮转轴与水流方向平行,装有螺旋叶片,流动阻力小,适于测大的流量,多用在较大直径(大于DN80)的管道上。

(3) 翼轮复式水表。翼轮复式水表同时配有主表和副表,主表前面设有开闭器,当通过流量小时,开闭器自闭,水流经旁路通过副水表计量;当通过流量大时,靠水力顶开开闭器,水流同时从主、副水表通过,两表同时计量。主、副水表均属叶轮式水表,能同时记录大小流量,因此,在建筑物内用水量变化幅度较大时,可采用复式水表。

2. 水表安装简介

(1) 水表应安装在便于检修和读数,不受曝晒、冻结、污染和机械损伤的地方。

(2) 螺翼式水表的上游侧,应保证长度为8~10倍水表公称直径的直管段,其他类型水表的前后,则应有不小于300mm的直线管段。

(3) 旋翼式水表和垂直螺翼式水表应水平安装,水平螺翼式和容积式水表可根据实际情况确定水平、倾斜或垂直安装,垂直安装时,水流方向必须自下而上。

(4) 对于生活、生产、消防合一的给水系统,如只有一条引入管时,应绕水表安装旁通管。

(5) 水表前后和旁通管上均应装设检修阀门,水表与表后阀门间应装设泄水装置。为减少水头损失并保证表前管内水流的直线流动,表前检修阀门宜采用闸阀。住宅中的分户水表,其表后检修阀及专用泄水装置可不设。

(6) 当水表可能发生反转,影响计量和损坏水表时,应在水表后设止回阀。

3. 工程量计算规则

水表工程量计算规则见表4-53。

表 4-53　　　　　　　　　　水　表

项目编码	项目名称	项目特征	计量单位	工程量计算规则	工作内容
031003013	水表	1. 安装部位(室内外) 2. 型号、规格 3. 连接形式 4. 附件配置	组(个)	按设计图示数量计算	组装

4. 项目特征描述

(1)应说明其安装部位是室内还是室外。

(2)应说明其型号、规格。表 4-54～表 4-56 为常用水表的技术数据。

表 4-54　　　　　　　叶轮湿式水表技术数据

型号	公称直径(mm)	流量(m^3/h)				最大示值(m^3/h)	外形尺寸(mm)		
		特性	最大	额定	最小	灵敏度		长 L	宽 B	高 H
LXS-15	15	3	1.5	1.0	0.045	0.017	10000	243	97	117
LXS-20	20	5	2.5	1.6	0.075	0.025	10000	293	97	118
LXS-25	25	7	3.5	2.2	0.090	0.03	10000	343	101	128.8
LXS-32	32	10	5.0	3.2	0.12	0.04	10000	358	101	130.8
LXS-40	40	20	10.0	6.3	0.22	0.07	10000	385	126	150.8
LXS-50	50	30	15.0	10.0	0.40	0.09	100000	280	160	200
LXS-80	80	70	35.0	22.0	1.10	0.30	1000000	370	316	275
LXS-100	100	100	50.0	32.0	1.40	0.40	1000000	370	328	300
LXS-150	150	200	100.0	63.0	2.40	0.55	1000000	500	400	388

表 4-55　　　　　　　水平螺翼式水表技术数据

直径(mm)	流通能力(m^3/h)	流量(m^3/h)			最小示值(m^3)	最大示值(m^3)
		最大	额定	最小		
80	65	100	60	3	0.1	10^5
100	110	150	100	4.5	0.1	10^5
150	270	300	200	7	0.1	10^5
200	500	600	400	12	0.1	10^7

续表

直径 (mm)	流通能力 (m^3/h)	流量(m^3/h)			最小示值 (m^3)	最大示值 (m^3)
		最大	额定	最小		
250	800	950	450	20	0.1	10^7
300	—	1500	750	35	0.1	10^7
400	—	2800	1400	60	0.1	10^7

表 4-56　　　　　　　　翼轮复式水表技术数据

型号	公称直径(mm)		流量(m^3/h)			灵敏度	系数 K	水头损失(m)	
	主表	副表	额定	最小	最大			额定	最大
LXF-50	50	15	7	0.06	14	0.03	784	0.63	2.5
LXF-75	75	20	11	0.10	21	0.048	176.4	0.63	2.5
LXF-100	100	20	13	0.10	26	0.048	270.4	0.63	2.5
LXF-150	150	25	41	0.15	82	0.06	2689	0.63	2.5
LXF-200	200	25	45	0.15	92	0.12	3240	0.63	2.5

(3)应说明其连接形式,如螺纹连接、焊接等。

(4)应说明其附件配置。

(十四)热量表工程量计算

热量表是计算热量的仪表。其工作原理是将一对温度传感器分别安装在通过载热流体的上行管和下行管上,流量计安装在流体入口或回流管上(流量计安装的位置不同,最终的测量结果也不同),流量计发出与流量成正比的脉冲信号,一对温度传感器给出表示温度高低的模拟信号,而积算仪采集来自流量和温度传感器的信号,利用积算公式算出热交换系统获得的热量。

1. 常用热量表的类别

(1)热量表按结构和原理不同,可分为机械式(包括涡轮式、孔板式、涡街式)、超声波式、电磁式等种类。

1)机械式热量表。机械表分为单流束和多流束两种,单流束表的性能是水在表内从一个方向单股推动叶轮转动。单流束表的不足之处是表的磨损大,使用年限短。多流束表的性能是水在表内从多个方向推动叶轮转动。多流束表相对磨损小,使用年限长。叶轮分为螺仪和旋仪两种形式。一般小口径($DN15\sim DN40$)户用热量表使用旋仪,大口径($DN50\sim$

DN300)工艺表使用螺仪;

2)超声波式热量表。采用超声波式流量计的热量表统称为超声波式热量表。其利用超声波在流动的流体中传播时,顺水流传播速度与逆水流传播速度差计算流体的流速,从而计算出流体流量。超声波式热量表对介质无特殊要求,流量测量的准确度不受被测流体温度、压力、密度等参数的影响。超声波式热量表有直射式(也称对射式)和反射式(也称对流式)两种形式。直射式是利用超声波换能器直接发射和接收信号确定流量;反射式是利用超声波换能器通过反射板平面的反射速度确定流量;

3)电磁式热量表。采用电磁式流量计的热量表统称为电磁式热量表。由于成本极高、需要外加电源等原因,所以很少有热量表采用这种流量计。

(2)根据热量表总体结构与设计原理的不同,热量表可分为整体式热量表、组合式热量表和紧凑式热量表。

1)整体式热量表。整体式热量表的三个组成部分中(积算器、流量计、温度传感器),有两个以上的部分在理论上(而不是在形式上)是不可分割地结合在一起。比如,机械式热量表当中的标准机芯式(无磁电子式)热量表的积算器和流量计是不能任意互换的,检定时也只能对其进行整体测量;

2)组合式热量表。组成热量表的三个部分可以分离开来,并在同型号的产品中可以互相替换,检定时可以对各部件进行分体检测;

3)紧凑式热量表。在形式检定或出厂标定过程中可以看做组合式热量表,但在标定完成后,其组成部分必须按整体式热量表来处理。

(3)按使用功能,热量表可分为单用于采暖分户计量的热量表和可用于空调系统的(冷)热量表。(冷)热量表与热量表在结构和原理上是一样的,主要区别在传感器的信号采集和运算方式上,也就是说,两种表的区别是程序软件的不同。(冷)热量表的冷热计量转换是由程序软件完成的,当供水温度高于回水温度时,为供热状态,热量表计量的是供热量;当供水温度低于回水温度时,是制冷状态,热量表自动转换为计量制冷量。

(4)按使用功率,热量表可分为户用热量表和工业用热量表。

2. 热量表安装简介

(1)热量表要安装在合适的位置,以便于操作、读取与维护维修。

(2)热量表上的铅封不能损坏。如损坏,生产厂商将不再承担质量和准确度保证。

(3)安装时应严格要求,谨慎操作,防止人为损坏。

(4)超声波热量表可水平或垂直安装,垂直安装时,应使进水方向由下进水。

(5)热量表禁止安装在管道的最上端,防止局部管道集气造成计量不准。

(6)安装热量表前,应先确认供、回水管以及水流方向;热量表壳体上箭头所指方向为水流方向,不得装反。

3. 工程量计算规则

热量表工程量计算规则见表 4-57。

表 4-57 热 量 表

项目编码	项目名称	项目特征	计量单位	工程量计算规则	工作内容
031003014	热量表	1. 类型 2. 型号、规格 3. 连接形式	块	按设计图示数量计算	安装

4. 项目特征描述

(1)应说明其类型,如机械式、电磁式、超声波式等种类。

(2)应说明其型号、规格。

(3)应说明其连接形式,如螺纹连接、焊接等。

(十五)塑料排水管消声器、浮标液面计工程量计算

塑料排水管消声器是指设置在塑料排水管道上用于减轻或消除噪声的小型设备。

浮标液面计又称液位计,是用来测量容器内液面变化情况的一种计量仪表。UFZ 型浮标液面计是一种常用的直读式液位测量仪表,具有结构简单、读数直观、测量范围大、耐腐蚀的特点。浮标液面计的工作原理是:当液位发生变化时,浮标随之升降,与浮标连接的杠杆另一端处的磁钢也上下移动,此磁钢与安装在开关活动触头上的同极性磁钢相互排斥,使开关动作,利用这个开关信号发出声光报警,或控制泵的启闭,从而使液位控制在某范围之内。

1. 工程量计算规则

(1)塑料排水管消声器工程量计算规则见表 4-58。

表 4-58 塑料排水管消声器

项目编码	项目名称	项目特征	计量单位	工程量计算规则	工作内容
031003015	塑料排水管消声器	1. 规格 2. 连接形式	个	按设计图示数量计算	安装

(2)浮标液面计工程量计算规则见表 4-59。

表 4-59 浮标液面计

项目编码	项目名称	项目特征	计量单位	工程量计算规则	工作内容
031003016	浮标液面计	1. 规格 2. 连接形式	组	按设计图示数量计算	安装

2. 项目特征描述

(1)应说明其规格。

(2)应说明其连接形式。

(十六)浮漂水位标尺工程量计算

浮漂水位标尺适用于一般工业与民用建筑中的各种水塔、蓄水池等指示水位。

1. 工程量计算规则

浮漂水位标尺工程量计算规则见表 4-60。

表 4-60 浮漂水位标尺

项目编码	项目名称	项目特征	计量单位	工程量计算规则	工作内容
031003017	浮漂水位标尺	1. 用途 2. 规格	套	按设计图示数量计算	安装

2. 项目特征描述

(1)应说明其用途。
(2)应说明其规格。

三、管道附件工程量计算注意事项

(1)法兰阀门安装包括法兰连接,不得另计。阀门安装如仅为一侧法兰连接时,应在项目特征中描述。
(2)塑料阀门连接形式需注明热熔连接、粘结、热风焊接等形式。
(3)减压器规格按高压侧管道规格描述。
(4)减压器、疏水器、倒流防止器等项目组成与安装工作内容、项目特征应根据设计要求描述附件配置情况,或根据××图集或××施工图做法描述。

第四节 卫生器具

一、卫生器具简介

卫生器具指的是供水或接受、排出污水或污物的容器或装置,是建筑内部给水排水系统的重要组成部分。卫生器具的表面光滑、易于清洗、不透水、耐腐蚀、耐冷热和有一定的强度。除大便器外,每一卫生器具均应在排水口处设置十字栏栅,以防粗大污物进入排水管道,引起管道阻塞。卫生器具下面必须设置存水弯,以防排水系统中的有害气体窜入室内。

(一)卫生器具分类

卫生器具按其作用可分为以下几类:
(1)便溺用卫生器具,如大便器、小便器等。
(2)盥洗、淋浴用卫生器具,如洗脸盆、淋浴器等。
(3)洗涤用卫生器具,如洗涤盆、污水盆等。
(4)专用卫生器具,如医疗、科学研究实验室等特殊需要的卫生器具。

(二)卫生器具常用图例

卫生设备及水池的图例宜符合表 4-61 的要求。

表 4-61　　　　　　　　　卫生设备及水池图例

序号	名称	图例	备注
1	立式洗脸盆		—
2	台式洗脸盆		—
3	挂式洗脸盆		—
4	浴盆		—
5	化验盆、洗涤盆		—
6	厨房洗涤盆		不锈钢制品
7	带沥水板洗涤盆		—
8	盥洗槽		—
9	污水池		—
10	妇女净身盆		—
11	立式小便器		—

续表

序号	名称	图例	备注
12	壁挂式小便器		
13	蹲式大便器		
14	坐式大便器		
15	小便槽		
16	淋浴喷头		

注:卫生设备图例也可以建筑专业资料图为准。

二、卫生器具工程量计算

(一)浴缸工程量计算

浴缸是一种水管装置,供沐浴或淋浴之用,通常装置在家居浴室内。浴缸有陶瓷、玻璃钢、搪瓷和塑料等多种制品,配水分为冷水、冷热水及冷热水带混合水喷头等几种形式。现代的浴缸大多以亚加力(亚克力)或玻璃纤维制造,亦有以包上陶瓷的钢铁制成。

1. 浴缸安装简介

浴缸一般置于墙角处,定位找平后即可连接给、排水管道。所用配件多为配套产品。浴缸排水包括缸侧上方的溢水管和缸底部的排水管。连接时,溢水口处及三通结合处均应加橡胶垫圈,用锁母紧固。排水管端部缠石棉绳抹油灰后插入排水短管。给水管可明设或暗设,暗设时在配水件上先加套压盖,以丝接与墙上管箍连接,用油灰把压盖紧贴在墙面上。浴缸淋浴喷头和混合器连接为锁母连接,应垫以石棉绳。固定喷头立管须设一立管卡固定,活动喷头用的喷头架紧固在预埋件上。

2. 工程量计算规则

浴缸工程量计算规则见表4-62。

表4-62　　　　　　　　　　　浴　缸

项目编码	项目名称	项目特征	计量单位	工程量计算规则	工作内容
031004001	浴缸	1. 材质 2. 规格、类型 3. 组装形式 4. 附件名称、数量	组	按设计图示数量计算	1. 器具安装 2. 附件安装

3. 项目特征描述

(1)应说明其材质,如陶瓷、玻璃钢、塑料等多种制品。

(2)应说明其规格、类型。常见浴缸型号及规格见表4-63。

表4-63　　　　　　　常见浴缸型号及规格　　　　　　(单位:mm)

类别	长度	宽度	高度
普通浴缸	1200、1300、1400、1500、1600、1700	700~900	355~516
坐泡式浴缸	1100	700	475(坐处310)
按摩浴缸	1500	800~900	470

(3)应说明其组装形式。

(4)应说明其附件名称、数量。

4. 工程量计算示例

【例 4-7】 如图 4-23 所示为一搪瓷浴缸,采用冷热水供水,试计算其工程量。

【解】 搪瓷浴缸工程量=1 组

工程量清单见表4-64。

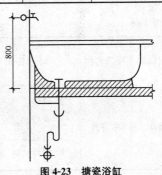

图 4-23 搪瓷浴缸

表4-64　　　　　　　　　工程量清单

项目编码	项目名称	项目特征描述	计量单位	工程量
031004001001	浴缸	搪瓷浴缸	组	1

(二)净身盆工程量计算

净身盆也称坐浴盆、妇女卫生盆,是一种坐在上面专供洗涤妇女下身用的洁具,其平面及纵剖面图如图 4-24 所示,一般设在纺织厂的女卫生间或产科医院。在妇女卫生盆后装有冷、热水龙头,冷、热水连通管上装有转换开关,使混合水流经盆底的喷嘴向上喷出。

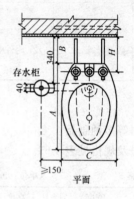
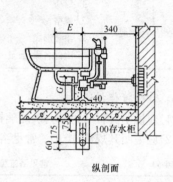

图 4-24 净身盆

1. 工程量计算规则

净身盆工程量计算规则见表 4-65。

表 4-65　　　　净 身 盆

项目编码	项目名称	项目特征	计量单位	工程量计算规则	工作内容
031004002	净身盆	1. 材质 2. 规格、类型 3. 组装形式 4. 附件名称、数量	组	按设计图示数量计算	1. 器具安装 2. 附件安装

2. 项目特征描述

(1)应说明其材质,如陶瓷、玻璃钢、塑料等多种制品。
(2)应说明其规格、类型。常见净身盆的规格见表 4-66。

表 4-66　　　　　　　　　常见净身盆规格　　　　　　（单位：mm）

卫生盆代号	型号					
	A	B	C	E	G	H
601	650	105	350	160	165	205
602	650	100	390	170	150	197
6201	585	167	370	170	155	230
6202	600	165	354	160	135	227
7201	568	175	360	150	175	230
7205	570	180	370	160	175	240

(3) 应说明其组装形式。
(4) 应说明其附件名称、数量。

3. 工程量计算示例

【例 4-8】　如图 4-25 所示为某产科医院卫生间中净身盆安装布置图，试计算其工程量。

【解】　净身盆工程量＝1 组
工程量清单见表 4-67。

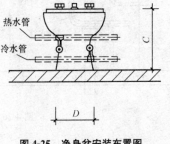

图 4-25　净身盆安装布置图

表 4-67　　　　　　　　　工程量清单

项目编码	项目名称	项目特征描述	计量单位	工程量
031004002001	净身盆	搪瓷净身盆	组	1

（三）洗脸盆工程量计算

洗脸盆又称洗面器，洗脸盆的材质以陶瓷为主，也有人造大理石、玻璃钢等。形状有长方形、半圆形及三角形等。

1. 洗脸盆安装简介

洗脸盆安装的形式较多，一般可分为挂式、立柱式、台式三类。
(1) 挂式洗面器，是指一边靠墙悬挂安装的洗面器，一般适用于家庭。
(2) 立柱式洗面器，是指下部为立柱支承安装的洗面器，常用在较高标准的公共卫生间内。

(3)台式洗面器,是指脸盆镶于大理石台板上或附设在化妆台的台面上的洗面器,在国内宾馆的卫生间使用最为普遍。

常见洗脸盆安装形式如图 4-26 所示。

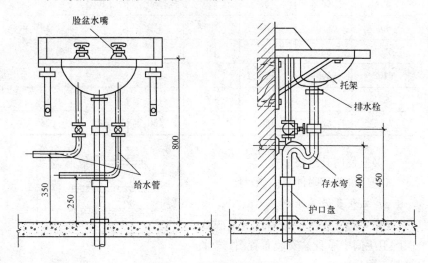

图 4-26 洗脸盆安装示意图

2. 工程量计算规则

洗脸盆工程量计算规则见表 4-68。

表 4-68　　　　　　　　洗 脸 盆

项目编码	项目名称	项目特征	计量单位	工程量计算规则	工作内容
031004003	洗脸盆	1. 材质 2. 规格、类型 3. 组装形式 4. 附件名称、数量	组	按设计图示数量计算	1. 器具安装 2. 附件安装

3. 项目特征描述

(1)应说明其材质,如陶瓷、玻璃钢、塑料等多种制品。

(2)应说明其规格、类型。常见普通洗脸盆和柱脚式洗脸盆的规格见表 4-69 和表 4-70。

表 4-69　　　　　常见普通洗脸盆编号及尺寸　　　　（单位：mm）

尺寸部位	洗脸盆编号											
	18	19	5	6	12	13	14	21	22	27	33	39	40	41	42
长	560	510	560	510	510	410	510	460	360	560	510	410	560	530	560
宽	410	410	410	410	310	310	360	290	260	410	410	310	460	450	410
高	300	280	270	250	260	200	250	225	200	210	210	200	240	215	200

注：1. 表中 18 号、19 号为中心单眼洗脸盆。
　　2. 表中 13 号、21 号、22 号、39 号为右单眼洗脸盆。

表 4-70　　　　　常见柱脚式洗脸盆型号及尺寸　　　　（单位：mm）

脸盆型号	尺寸部位				备　　注
	长	宽	总高	盆高	
PT-4	710	560	800	210	
PT-6	680	530	800	200	
PT-7	560	430	800	215	1. PT-7～PT-10 为方形盆。
PT-8	685	520	800	200	2."总高"为盆高与柱脚高之和
PT-9	610	510	780	235	
PT-10	610	460	780	190	
PT-11	590	445	800	220	

(3)应说明其组装形式。

(4)应说明其附件名称、数量。

(四)洗涤盆工程量计算

洗涤盆主要装于住宅或食堂的厨房内,供洗涤各种餐具等使用。

1. 洗涤盆安装简介

在洗涤盆的安装过程中,洗涤盆可配套冷热水龙头或混合龙头、肘式开关或脚踏开关。排水口在盆底的一端,口内装有带栏栅的排水栓。为防止过多的泥砂杂质进入管道和卫生要求较高时,在排水口应设滤网。为使水在盆中停留,应备有橡皮或金属制的塞头。

2. 工程量计算规则

洗涤盆工程量计算规则见表 4-71。

表 4-71　　　　　　　　　洗涤盆

项目编码	项目名称	项目特征	计量单位	工程量计算规则	工作内容
031004004	洗涤盆	1. 材质 2. 规格、类型 3. 组装形式 4. 附件名称、数量	组	按设计图示数量计算	1. 器具安装 2. 附件安装

3. 项目特征描述

(1)应说明其材质,如陶瓷、玻璃钢、塑料等多种制品。

(2)应说明其规格、类型。洗涤盆多为陶瓷制品,其常用规格有 8 种,具体尺寸见表 4-72。

表 4-72　　　　　　　洗涤盆尺寸表　　　　　　(单位:mm)

尺寸部位	1号	2号	3号	4号	5号	6号	7号	8号
长	610	610	510	610	410	610	510	410
宽	460	410	360	410	310	460	360	310
高	200	200	200	150	200	150	150	150

(3)应说明其组装形式。

(4)应说明其附件名称、数量。

4. 工程量计算示例

【例 4-9】 某四层住宅楼共有住宅 16 套,若每套住宅厨房设置 6 号陶瓷洗涤盆 1 组,试计算洗涤盆工程量。

【解】 洗涤盆工程量=16 组

工程量清单见表 4-73。

表 4-73　　　　　　　　　工程量清单

项目编码	项目名称	项目特征描述	计量单位	工程量
031004004001	洗涤盆	6号洗涤盆 610mm×460mm×150mm	组	1

(五)化验盆工程量计算

化验盆装置在工厂、科学研究机关、学校化验室或试验室中,通常都是陶瓷制品。盆内已有水封,排水管上不需装存水弯,也不需要盆架,用木螺丝固定于试验台上。盆的出口配有橡皮塞头。根据使用要求,化验盆可装置单联、双联、三联的鹅颈龙头。

1. 化验盆安装简介

某三联化验龙头化验盆安装示意图如图 4-27 所示。

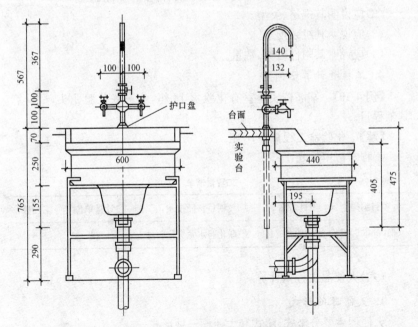

图 4-27　某三联化验龙头化验盆安装示意图

2. 工程量计算规则

化验盆工程量计算规则见表 4-74。

表 4-74　　　　　　　　　　　化 验 盆

项目编码	项目名称	项目特征	计量单位	工程量计算规则	工作内容
031004005	化验盆	1. 材质 2. 规格、类型 3. 组装形式 4. 附件名称、数量	组	按设计图示数量计算	1. 器具安装 2. 附件安装

3. 项目特征描述

(1)应说明其材质,如陶瓷、玻璃钢、塑料等多种制品。
(2)应说明其规格、类型。
(3)应说明其组装形式。
(4)应说明其附件名称、数量。

4. 工程量计算示例

【例 4-10】 某高校实验室有化验盆 18 组,为三联化验龙头,试计算其工程量。

【解】 化验盆工程量=18 组

工程量清单见表 4-75。

表 4-75　　　　　　　　　　　工程量清单

项目编码	项目名称	项目特征描述	计量单位	工程量
031004005001	化验盆	三联化验水龙头化验盆	组	18

(六)大便器工程量计算

1. 大便器的形式

大便器主要分坐式、蹲式和大便槽三种形式。

(1)坐式大便器本身带有存水弯,多用于住宅、宾馆、医院。坐式大便器分为低水箱坐式大便器和高水箱坐式大便器两种。低水箱由陶瓷、塑料制成方形,有进水孔、排水孔,水箱背上部有 2～3 个孔,应根据设计图样所提供的尺寸安装,如图 4-28 所示。高水箱坐式大便器安装如图 4-29 所示。

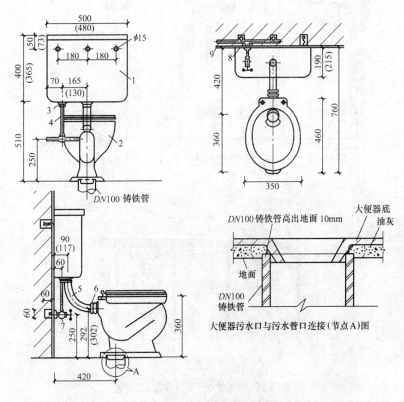

图 4-28 低水箱坐式大便器安装图
1—低水箱;2—坐式便器;3—浮球阀配件 $DN15$;4—水箱进水管 $DN15$;
5—冲洗管及配件 $DN50$;6—锁紧螺母 $DN50$;7—角阀 $DN15$;8—三通;9—给水管

(2)蹲式大便器常用于住宅、公共建筑卫生间及公共厕所内。蹲式大便器分为低水箱蹲式大便器和高水箱蹲式大便器。蹲式大便器本身不带水封,需要另外装置铸铁或陶瓷存水弯。存水弯有 P 形和 S 形两种;冲洗水箱常用陶瓷、塑料制成,呈方形,水箱背上部留有 2～3 个孔,便于预埋螺栓固定在墙上。低水箱蹲式大便器安装如图 4-30 所示,高水箱蹲式大便器安装如图 4-31 所示。

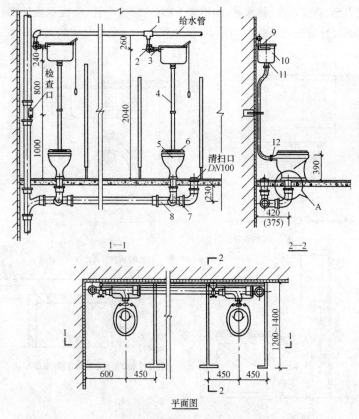

图 4-29 高水箱坐式大便器安装示意图

1、8—三通；2—角式截止阀；3—浮球阀配件；4—冲洗管；5—坐式大便器；6—盖板；
7、9—弯头；10—高水箱；11—冲洗管配件；12—胶皮碗

(3) 大便槽是一个狭长开口的槽，一般用于建筑标准不高的公共建筑或公共厕所。

2. 大便器安装简介

(1) 坐式大便器安装。安装前，先将大便器的污水口插入预先已埋好的 DN100 污水管中，调整好位置，再将大便器底座外廓和螺栓孔眼的位置用铅笔或石笔在光地坪上标出，然后移开大便器用冲击电钻打孔植入膨胀螺栓，插入 M10 的鱼尾螺栓并灌入水泥砂浆。也可手工打洞，但应

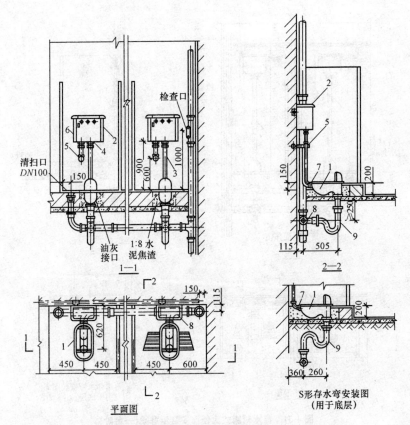

图 4-30 低水箱蹲式大便器安装示意图(一台阶)
1—蹲式大便器;2—低水箱;3—冲洗管;4—冲洗管配件;5—角式截止阀;
6—浮球阀配件;7—胶皮碗;8—90°三通;9—存水弯

注意打出的洞要上小下大,以避免因螺栓受力而使其连同水泥砂浆被拔出。

安装大便器时,取出污水管口的管堵,把管口清理干净,并检查内部有无残留杂物,然后在大便器污水口周围和底座面抹以油灰或纸筋水泥(纸筋与水泥的比例约为2:8),但不宜涂抹太多,接着按原先所划的外廓线,将大便器的污水口对正污水管管口,用水平尺反复校正并把填料压实。在拧紧预埋的鱼尾螺栓或膨胀螺栓时,切不可过分用力,这是要特别

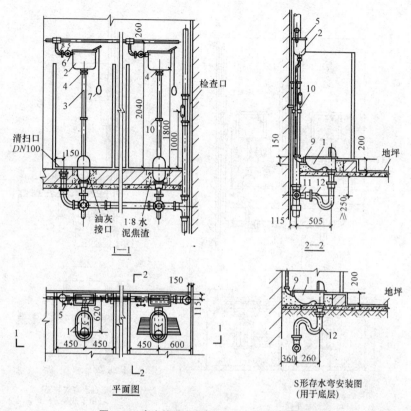

图 4-31 高水箱蹲式大便器安装示意图(一台阶)
1—蹲式大便器；2—高水箱；3—冲洗管；4—冲洗管配件；
5—角式截止阀；6—浮球阀配件；7—拉链；8—弯头；9—胶皮碗；
10—单管立式支架；11—90°三通；12—存水弯

注意的，以免造成底部碎裂。就位固定后应将大便器周围多余的油灰水泥刮除并擦拭干净。大便器的木盖(或塑料盖)可在即将交工时安装，以免在施工过程中损坏。

(2)蹲式大便器安装。蹲式大便器应安装在地坪的台阶中(即高出地坪的坑台中)，每一台阶高度为200mm，最多为两个台阶(400mm高)，以存水弯是否安装于楼层或底层而定。蹲式大便器如在底层安装时，必须先把土夯实，再以1∶8水泥焦渣或混凝土做底座，污水管上连接陶瓷存水弯时,接口处先用油麻丝填塞,再用纸筋水泥(纸筋和水泥比例约为2：8)塞满刮平,并将陶瓷存水弯用水泥固紧。大便器污水口套进存水弯之前,须先将油灰或纸筋水泥涂在大便器污水口外面,并把手伸至大便器出口内孔,把挤出的油灰抹光。在大便器底部填实、装稳的同时,应用水平尺找正找平,不得歪斜,更不得使大便器与存水弯发生脱节。

3. 工程量计算规则

大便器工程量计算规则见表4-76。

表4-76　　　　　　　　　　大便器

项目编码	项目名称	项目特征	计量单位	工程量计算规则	工作内容
031004006	大便器	1. 材质 2. 规格、类型 3. 组装形式 4. 附件名称、数量	组	按设计图示数量计算	1. 器具安装 2. 附件安装

4. 项目特征描述

(1)应说明其材质,如陶瓷、玻璃钢、塑料等多种制品。
(2)应说明其规格、类型。常见坐式大便器的规格分别见表4-77。

表4-77　　　　常见坐式大便器(带低位水箱)规格　　　(单位：mm)

尺寸\型号	外形尺寸						上水配管		下水配管
	A	B	B_1	B_2	H_1	H_2	C	C_1	D
601	711	210	534	222	375	360	165	81	340
602	701	210	534	222	380	360	165	81	340
6201	725	190	480	225	360	335	165	72	470
6202	715	170	450	215	360	335	160	75	460
7201	720	186	465	213	370	375	137	90	510
7205	700	180	475	218	380	380	132	109	480

(3)应说明其组装形式。

(4)应说明其附件名称、数量。

5. 工程量计算示例

【例 4-11】 某医院厕所内有 8 组自闭式冲洗磁蹲式大便器,试计算其工程量。

【解】 自闭式冲洗磁蹲式大便器工程量＝8 组

工程量清单见表 4-78。

表 4-78 工程量清单

项目编码	项目名称	项目特征描述	计量单位	工程量
031004006001	大便器	自闭式磁蹲式大便器	组	8

(七)小便器工程量计算

1. 小便器的形式

小便器有挂式、立式及小便槽三种形式,冲洗方式有角型阀、直型阀及自动水箱冲洗,用于单身宿舍、办公楼、旅馆等处的厕所中。

(1)挂式小便器。挂式小便器又称小便斗,用白色陶瓷制成,挂于墙上,边缘有小孔,进水后经小孔均匀分布淋洗斗内壁。小便斗现常配塑料制存水弯。

(2)立式小便器。立式小便器安装在卫生设备标准较高的公共建筑男厕所中,用白色陶瓷制成,上有冲洗进水口,进水口设扁形布水口,下有排水口,靠墙竖立在地面上,多为成组装置。

(3)小便槽。小便槽为瓷砖沿墙砌筑的浅槽,建造简单、占地小、成本低,可供多人使用,广泛用于工业企业、公共建筑、集体宿舍的男厕所中。

2. 小便器安装简介

(1)挂式小便器安装。挂式小便器的安装如图 4-32 所示。

1)首先,从给水甩头中心向下吊垂线,并将垂线画在安装小便器的墙上,量尺画出安装后挂耳中心水平线,将实物量尺后在水平线上画出两侧挂耳间距及四个螺钉孔位置的"十"字记号。在上下两孔间凿出洞槽预下防腐木砖,或者凿剔小孔预栽木螺栓。待墙面装饰做完,木砖达到强度,拔下铁钉,把完好无缺的小便器就位,用木螺栓加上铅垫把挂式小便器牢

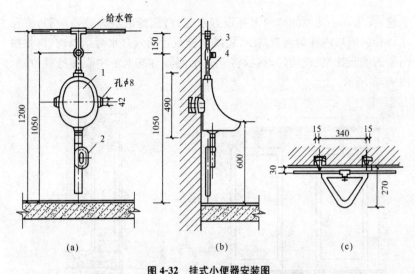

图 4-32 挂式小便器安装图
(a)立面图；(b)侧面图；(c)平面图
1—挂式小便器；2—存水弯；3—角式截止阀；4—短管

固地安装在墙上；

2)用短管、管箍、角型阀连接给水管甩头与小便器进水口。冲洗管应垂直安装，压盖安设后均应严实、稳固；

3)取下排水管甩头临时封堵，擦干净管口，在存水弯管承口内周围填匀油灰，下插уп缠上油麻，涂抹铅油，套好锁紧螺母和压盖，连接挂式小便器排出口和排水管甩头口，然后扣好压盖，拧紧锁母。存水弯安装时应理顺方向后找正，不可别管，否则容易造成渗水。中间如用丝扣连接或加长，可用活节固定。接尺寸后断管，套上压盖与锁母分别插入喷水鸭嘴和角式长柄截止阀内。拧紧接口，缠好麻丝，抹上铅油，拧紧锁母至松紧度合适为止。然后在压盖内加油灰按平。

(2)立式小便器安装。

1)立式小便器安装前，检查排水管甩头与给水管甩头应在一条垂直线上，符合要求后，将排水管甩头周围清扫干净，取下临时封堵，用干净布擦净承口内，抹好油灰安上存水弯管；

2)在立式小便器排出孔上用 3mm 厚橡胶圈垫及锁母组合安装好排

水栓，在坐立小便器的地面上铺设好水泥、白灰膏的混合浆（1∶5），将存水弯管的承口内抹匀油灰，便可将排水栓短管插入存水弯承口内，再将挤出来的油灰抹平、找均匀，然后将立式小便器对准上下中心坐稳就位，如图4-33所示。

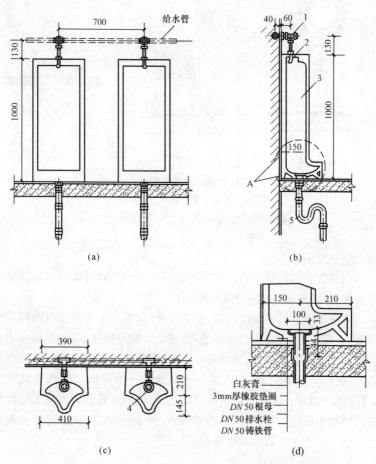

图4-33 立式小便器安装图
(a)立面图；(b)侧面图；(c)平面图；(d)节点A图
1—延时自闭冲洗阀；2—喷水鸭嘴；3—立式小便器；4—排水栓；5—存水弯

安装位置与垂直度经校正,符合要求后,将角式长柄截止阀的丝扣上缠好麻丝抹匀铅油,穿过压盖与给水管甩头连接,用扳子上至松紧适度,压盖内加油灰按实压平并墙面靠严。

3. 工程量计算规则

小便器工程量计算规则见表 4-79。

表 4-79　　　　　　　　　小便器

项目编码	项目名称	项目特征	计量单位	工程量计算规则	工作内容
031004007	小便器	1. 材质 2. 规格、类型 3. 组装形式 4. 附件名称、数量	组	按设计图示数量计算	1. 器具安装 2. 附件安装

4. 项目特征描述

(1)应说明其材质,如陶瓷、玻璃钢、塑料等多种制品。

(2)应说明其规格、类型。常见小便器的形式和规格见表 4-80。

表 4-80　　　　小便器形式和规格　　　　(单位:mm)

形式	主要尺寸		
	宽	深	高
斗式	340	270	490
壁挂式	300	310	615
立式	410	360	850 或 1000

(3)应说明其组装形式。

(4)应说明其附件名称、数量。

5. 工程量计算示例

【例 4-12】　如图 4-34 所示为一立式小便器安装示意图,一共有 4 组,试计算其工程量。

【解】　立式小便器工程量=4 组

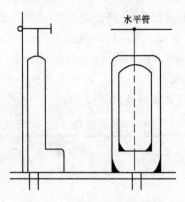

图 4-34 立式小便器安装示意图

工程量清单见表 4-81。

表 4-81 工程量清单

项目编码	项目名称	项目特征描述	计量单位	工程量
031004007001	小便器	立式小便器	组	4

(八) 其他成品卫生器具工程量计算

其他成品卫生器具的工程量计算规则见表 4-82。

表 4-82 其他成品卫生器具

项目编码	项目名称	项目特征	计量单位	工程量计算规则	工作内容
031004008	其他成品卫生器具	1. 材质 2. 规格、类型 3. 组装形式 4. 附件名称、数量	组	按设计图示数量计算	1. 器具安装 2. 附件安装

(九) 烘手器工程量计算

烘手器一般装于宾馆、参观科研机构、医院、公共娱乐场所的卫生间,用于干手。其型号、规格应根据实际选用。

烘手器工程量计算规则见表 4-83。

表 4-83　　　　　　　　烘 手 器

项目编码	项目名称	项目特征	计量单位	工程量计算规则	工作内容
031004009	烘手器	1. 材质 2. 型号、规格	个	按设计图示数量计算	安装

(十)淋浴器工程量计算

淋浴器适用于工厂、学校、机关、部队与单位的公共浴室,也可安装在卫生间的浴盆上,作为配合浴盆一起使用的洗浴设备。淋浴器有成品件,但大多数情况下是用由镀锌管($DN15$)、管件、截止阀($DN15$)、莲蓬头($DN15$)等在现场组配而成。现场组配的沐浴器由于管件较多、布置紧凑、配管尺寸要求严格准确,安装时应注意整齐、美观。

1. 淋浴器安装简介

淋浴器的安装如图 4-35 所示。

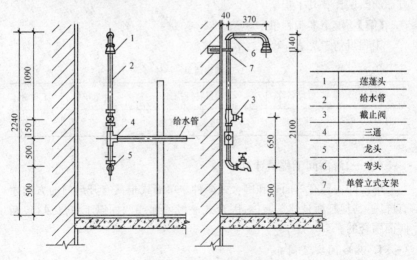

图 4-35　淋浴器安装示意图

2. 工程量计算规则

淋浴器工程量计算规则见表 4-84。

表 4-84　　　　　　　　　　淋浴器

项目编码	项目名称	项目特征	计量单位	工程量计算规则	工作内容
031004010	淋浴器	1. 材质、规格 2. 组装形式 3. 附件名称、数量	套	按设计图示数量计算	1. 器具安装 2. 附件安装

3. 项目特征描述

(1)应说明其材质、规格,如金属、亚克力、复合材料。
(2)应说明其组装形式。
(3)应说明其附件名称、数量。

4. 工程量计算示例

【例 4-13】 某宾馆进行淋浴器的安装,淋浴器为冷热水式淋浴器,共有 20 套,试计算其工程量。

【解】 淋浴器工程量＝20 套

工程量清单见表 4-85。

表 4-85　　　　　　　　　　工程量清单

项目编码	项目名称	项目特征描述	计量单位	工程量
031004010001	淋浴器	冷热水式淋浴器	套	20

(十一)淋浴间工程量计算

淋浴间主要有单面式和围合式两种。单面式指只有开启门的方向才有屏风,其他三面是建筑墙体;围合式一般两面或两面以上有屏风,包括四面围合的。

1. 淋浴间安装简介

如图 4-36 所示为单柄沐浴龙头圆角沐浴房安装示意图。

第四章 水暖工程工程量计算

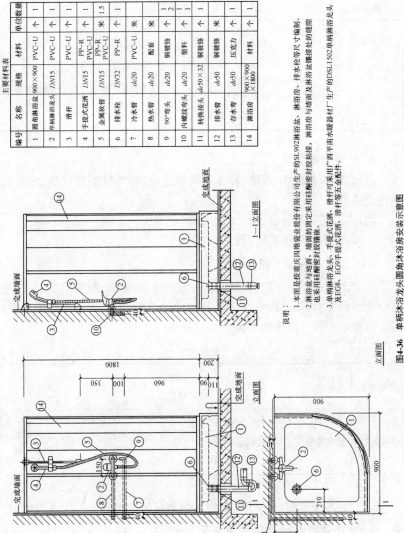

图4-36 单柄沐浴龙头圆角沐浴房安装示意图

2. 工程量计算规则

淋浴间工程量计算规则见表 4-86。

表 4-86　　　　　　　　　　淋浴间

项目编码	项目名称	项目特征	计量单位	工程量计算规则	工作内容
031004011	淋浴间	1. 材质、规格 2. 组装形式 3. 附件名称、数量	套	按设计图示数量计算	1. 器具安装 2. 附件安装

3. 项目特征描述

(1)应说明其材质、规格,如全透明钢化玻璃、喷砂钢化玻璃、水波纹钢化玻璃等。

(2)应说明其组装形式。

(3)应说明其附件名称、数量。

(十二)桑拿浴房工程量计算

桑拿浴房适用于医院、宾馆、饭店、娱乐场所、家庭,根据其功能、用途可分为多种类型,如远红外线桑拿浴房、芬兰桑拿浴房、光波桑拿浴房等。桑拿浴房工程量计算规则见表 4-87。

表 4-87　　　　　　　　　　桑拿浴房

项目编码	项目名称	项目特征	计量单位	工程量计算规则	工作内容
031004012	桑拿浴房	1. 材质、规格 2. 组装形式 3. 附件名称、数量	套	按设计图示数量计算	1. 器具安装 2. 附件安装

(十三)大小便槽自动冲洗水箱工程量计算

1. 大小便槽自动冲洗水箱安装简介

图 4-37 所示为小便槽自动冲洗水箱安装构造示意图;图 4-38 所示为大便槽自动冲洗水箱安装构造示意图。

第四章 水暖工程工程量计算

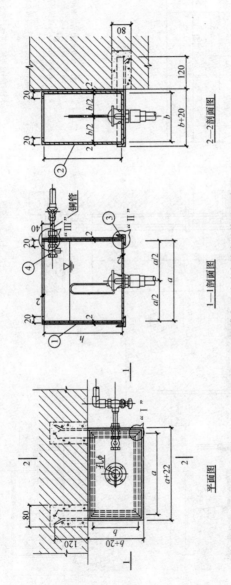

图4-37 小便槽自动冲洗水箱安装构造示意图
1—水箱侧壁；2—水箱前后壁及底；3—水箱支架；4—自洛水进水阀

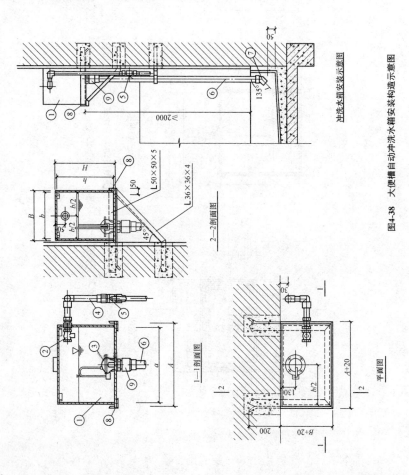

图4-38 大便槽自动冲洗水箱安装构造示意图

2. 工程量计算规则

大小便槽自动冲洗水箱工程量计算规则见表4-88。

表4-88　　　　　　　　大小便槽自动冲洗水箱

项目编码	项目名称	项目特征	计量单位	工程量计算规则	工作内容
031004013	大小便槽自动冲洗水箱	1. 材质、类型 2. 规格 3. 水箱配件 4. 支架形式及做法 5. 器具及支架除锈、刷油设计要求	套	按设计图示数量计算	1. 制作 2. 安装 3. 支架制作、安装 4. 防锈、刷油

3. 项目特征描述

(1)应说明其材质,如陶瓷、碳钢、玻璃钢。
(2)应说明其类型,如方形或圆形钢板水箱,小(大)便槽冲洗水箱等。
(3)应说明其规格。表4-89为小便槽自动冲洗水箱规格。

表4-89　　　　　　　　小便槽自动冲洗水箱规格

编号	小便槽长度(m)	水箱有效容积(L)	自动冲洗阀公称通径(mm)	水箱尺寸(mm)		
				长	宽	高
Ⅰ	1.00	3.8	20	150	150	250
Ⅱ	1.10~2.00	7.6	20	200	200	250
Ⅲ	2.10~3.50	11.4	25	240	200	300
Ⅳ	3.60~5.00	15.20	25	310	200	300
Ⅴ	5.10~6.00	19.00	32	320	200	350

(4)应说明其水箱配件。
(5)应说明其支架形式及做法。
(6)应说明其器具及支架除锈、刷油设计要求。

(十四)给、排水附(配)件工程量计算

给、排水附(配)件包括独立安装的排水栓、水龙头(水嘴)、地漏、地面

扫除口等。

1. 给、排水附(配)件安装简介

(1)排水栓。排水栓是指卫生洁具如洗脸盆、浴盆底部起到堵水或放水的下水口。排水栓与卫生器具的安装有以下两种情况:

1)排水栓与混凝土制成的盥洗池、槽之间的连接。其安装方式,宜当盥洗槽的土建部分完毕后,将排水栓与管道连接起来。连接排水栓时,注意保证排水口标高,待排水栓与排水管安装连接妥当后,再采用二次灌浆的方法,将排水栓与盥洗槽浇筑在一起;

2)排水栓与成品卫生器具之间的连接。即将排水栓安装到卫生器具的排水口上,安装固定主要靠上下压盖和锁紧螺母将排水栓固定安装在排出口上,安装时,上下压盖与器具壁接触面间垫上软橡胶板垫,锁紧螺母时,注意保持排水栓垂直于器壁表面。排水栓与排水管之间的连接,属于管道安装中的碰头连接,中间需采用碰头连接件如活接头或长丝根母等。在排水栓与下水管的连接中,因浴盆有两个排水溢流口和一个排水口,所以应用两个排水栓,借助两个活接头通过两组短管连接到下水管道上。

(2)水龙头(水嘴)。水龙头的种类很多,按用途不同可分为配水龙头、盥洗龙头、混合龙头和小嘴龙头。

1)配水龙头。配水龙头按结构形式分主要有以下两种:

①旋压式(图 4-39)。这是一种最常见的普通水龙头,装在洗涤盆、盥洗槽、拖布盆上和集中供水点,专供放水用。一般用铜或可锻铸铁制成,也有塑料和尼龙制品,规格有 $DN15$、$DN20$、$DN25$ 等。其工作压力不超过 6×10^5 Pa,水温低于 $50℃$。

②旋塞式(图 4-40)。用于开水炉、沸水器、热水桶上或用于压力不大的较小的给水系统中。用铜制成,规格有 $DN15$、$DN20$ 等。

2)盥洗龙头。是装在洗脸盆上专供盥洗用冷水或热水的水龙头,样式很多,图 4-41 是一种装在瓷质洗脸盆上的角式水龙头。材质多为铜制或镀镍表面,有光泽,不生锈;

3)混合龙头。是装在洗脸盆、浴盆上作为调节混合冷热水之用的水龙头。其种类很多,图 4-42 是浴盆上用的一种混合龙头。此外,还有肘式、脚踏式开关混合龙头,适用于医院、化验室等;

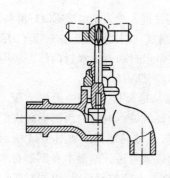
图 4-39　旋压式配水龙头

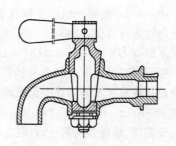
图 4-40　旋塞式配水龙头

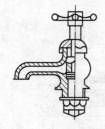
图 4-41　角式水龙头

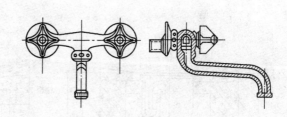
图 4-42　混合龙头

4) 小嘴龙头。它是专供接胶皮管用的小嘴水龙头，因此又称接管龙头或皮带水嘴，适用于实验室或化验室泄水盆，规格有 $DN15$、$DN20$、$DN25$ 等，如图 4-43 所示。

水龙头的安装应符合下列规定：

①上下平行安装，热水管应在冷水管上方。

②垂直安装时，热水管应在冷水管的左侧。

③在卫生器具上安装冷热水龙头，热水龙头应安装在左侧。

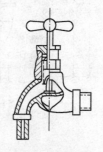
图 4-43　小嘴龙头

④支架位置应正确，木楔不得凸出墙面；木楔孔洞不宜过大，特别是在装有瓷砖或其他饰面的墙壁上打洞，更应小心轻敲，尽可能避免破坏饰面。

⑤支管口在同一方向开出的配水点管头，应在同一轴线上，以保证配水管件安装美观、整齐。

⑥支管安装后，应最后检查所有的支架和管头，清除残丝及污物，并应

随即用堵头或管帽将各管口堵好,以防污物进入并为充水试压做好准备。

(3)地漏。地漏一般用生铁或塑料制成,在排水口处盖有箅子,用以阻止杂物落入管道。地漏的构造形式有带水封和不带水封两种。常用的地漏规格有 $DN50$、$DN75$、$DN100$、$DN125$、$DN150$ 等。

厕所、盥洗室、卫生间及其他房间需从地面排水时,应设置地漏。地漏应设置在易溅水的器具附近及地面的最低处。地漏的顶面标高应低于地面 5~10mm,地面应有不小于 1% 的坡度坡向地漏。如图 4-44 所示为地漏安装图,地漏盖有箅子,以阻止杂物进入管道。地漏本身不带有水封时,排水支管应设置水封。当地漏装在排水支管的起点时,可同时兼做清扫口用。

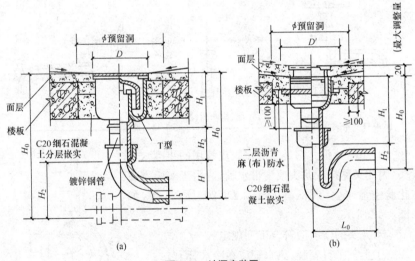

图 4-44 地漏安装图
(a)有水封地漏;(b)无水封地漏

(4)地面扫除口。地面扫除口是一种铜或铅制品,用于清扫排水管,一般设在管道上,上口与地面齐平。对于直径小于 100mm 的排水管道上设清扫口时,宜采用与管道直径相同的清扫口,等于或大于 100mm 的排水管道上设清扫口时,应采用 100mm 的清扫口。

横管始端的清扫口与管道相垂直的墙面距离不得小于 0.15m。

采用管堵代替清扫口时,与墙面的净距不得小于 0.4m,这样便于拆装和清通操作。在水流转角小于135°的污水横管上应设清扫口或检查口。直线管段较长的污水横管,在一定长度内亦应设置清扫口或检查口,其最大间距见表 4-90。

表 4-90　　污水横管的直线管段上检查或清扫口之间的最大间距

管径 (mm)	生产废水	生活污水以及和生活污水 成分接近的生产污水	含有大量悬浮物和沉 淀物的生产污水	清扫设备 的种类
		距离(m)		
50～75	15 10	12 8	10 6	检查口 检查口
100～150	20 15	15 10	12 8	检查口 检查口
200	25	20	15	检查口

2. 工程量计算规则

给、排水附(配)件工程量计算规则见表 4-91。

表 4-91　　　　　　　　给、排水附(配)件

项目编码	项目名称	项目特征	计量 单位	工程量计算规则	工作内容
031004014	给、排水 附(配)件	1. 材质 2. 型号、规格 3. 安装形式	个 (组)	按设计图示 数量计算	安装

3. 项目特征描述

(1)应说明其材质。
(2)应说明其型号、规格。
(3)应说明其安装方式。

4. 工程量计算示例

【例 4-14】　图 4-45 所示为某大学食堂给水系统图,给水管道采用镀锌钢管,试计算水龙头工程量。

【解】　水龙头工程量=7 个

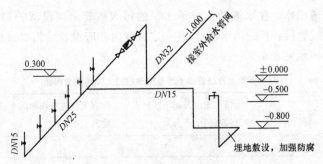

图 4-45 某大学食堂给水系统图

工程量清单见表 4-92。

表 4-92　　　　　　　　工程量清单

项目编码	项目名称	项目特征描述	计量单位	工程量
031004014001	给、排水附(配)件	镀锌管水龙头	个	7

【例 4-15】 图 4-46 所示为某学校一层女卫生间排水管道系统布置系统图,共有四层,试计算地漏工程量。

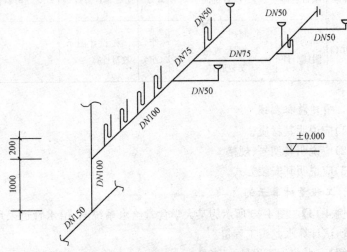

图 4-46　卫生间排水管道布置系统图

【解】 地漏工程量＝4×4＝16 个

工程量清单见表 4-93。

表 4-93　　　　　　　　　工程量清单

项目编码	项目名称	项目特征描述	计量单位	工程量
031004014001	给、排水附属（配）件	DN50 地漏	个	16

(十五) 小便槽冲洗管工程量计算

1. 小便槽冲洗管安装简介

小便槽可用普通阀门控制多孔冲洗管进行洗涤，应尽量采用自动冲洗水箱冲洗。多孔冲洗管安装于距地面 1.1m 高度处。多孔冲洗管管径≥15mm，管壁上开有 2mm 小孔，孔间距为 30mm，安装时应注意使一排小孔与墙面成 45°角。小便槽冲洗管的安装如图 4-47 所示。

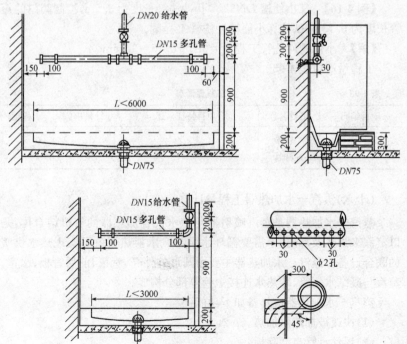

图 4-47　小便槽冲洗管安装示意图

2. 工程量计算规则

小便槽冲洗管工程量计算规则见表4-94。

表4-94 小便槽冲洗管

项目编码	项目名称	项目特征	计量单位	工程量计算规则	工作内容
031004015	小便槽冲洗管	1. 材质 2. 规格	m	按设计图示数量计算	1. 制作 2. 安装

3. 项目特征描述

(1)应说明其材质,如塑料、铸铁、钢管等。
(2)应说明其规格,如 $DN15$、$DN20$ 等。

4. 工程量计算示例

【例4-16】 某小便槽 $DN32$ 多孔冲洗管长度为3.5m,控制阀门的短管长度为0.15m,试计算小便槽冲洗管工程量。

【解】 小便槽冲洗管工程量=3.5+0.15=3.65m

工程量清单表4-95。

表4-95 工程量清单

项目编码	项目名称	项目特征描述	计量单位	工程量
031004015001	小便槽冲洗管	多孔冲洗管,$DN32$	m	3.65

(十六)蒸汽-水加热器工程量计算

蒸汽-水加热器是蒸汽喷射器与汽水混合加热器的有机结合体,是以蒸汽来加热及加压,不需要循环水泵与汽水换热器就可实现热水供暖的联合设备。蒸汽-水加热器主要由圆形的外壳、管束、前后管板、水室、蒸汽与凝结水短管、冷热水连接短管等部分构成。

蒸汽-水加热器应具备如下功能:
(1)快速被加热水加热。
(2)浮动盘管自动除垢。
(3)在预测管、积分预热器、热媒调节阀控制下的热水出水温度不得超出设定温度±3℃。

(4)凝结水自动冷却。

1. 工程量计算规则

蒸汽—水加热器工程量计算规则见表4-96。

表4-96　　　　　蒸汽—水加热器

项目编码	项目名称	项目特征	计量单位	工程量计算规则	工作内容
031004016	蒸汽—水加热器	1. 类型 2. 型号、规格 3. 安装形式	套	按设计图示数量计算	1. 制作 2. 安装

2. 项目特征描述

(1)应说明其类型、型号、规格。

(2)应说明其安装方式。

(十七)冷热水混合器工程量计算

冷热水混合器又叫混合式水加热器,是冷、热流体直接接触互相混合而进行换热的设备。在热水箱内设多孔管和汽—水喷射器,用蒸汽直接加热水,就是常用的混合式水加热器。

1. 冷热水混合器简介

(1)类型与构造参数。

1)蒸汽喷射淋浴器。其主要部件为热水器。热水器有蒸汽和冷水进口。蒸汽由喷嘴喷出与冷水混合,加热后的水再经管道引至用水设备。热水器主要靠膨胀盒的灵敏胀缩,带动下方实心铜锥体上下移动,控制蒸汽喷嘴的出汽量,以保证所供热水温度。阀瓣可在阀座上口和轴向控制的位置内上下移动,起止回阀作用。其主要性能为:

①试验压力 0.5MPa。

②蒸汽最高工作压力 0.3MPa。

③蒸汽最低工作压力 0.5MPa。

④冷水压力＞0.05MPa。

⑤最高出水温度 80℃。

⑥最大热水供应量 600kg/h。

⑦蒸汽耗量 40kg/h（$P=0.2$MPa）。

2）挡板三通汽水混合器。用铜铸挡板三通制成。使用时，每个淋浴器上装一个。

要求蒸汽压力不高于冷水压力，一般蒸汽压力应小于 0.2MPa。从挡板三通到用水器具的出口管段长度不能太短，一般应大于 1m，以便于汽水混合。

(2) 蒸汽直接加热开水供应系统。图 4-48 所示为蒸汽直接加热开水供应系统示意图。其用蒸汽做热媒，通过设在开水箱底部的多孔管将蒸汽喷入水中，直接与水混合加热煮沸。要求蒸汽与水混合后，水质必须符合生活饮用水水质标准。该系统的特点是，设备简单，维修管理方便，热效率较高，投资少，但蒸汽凝结水不能回收，噪音较大。其适用于有蒸汽来源的工业车间、旅馆、学校、办公楼等分散或集中的开水供应场所。

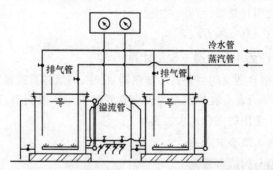

图 4-48　蒸汽直接加热开水供应系统示意图

(3) 蒸汽间接加热开水供应系统。蒸汽开水器应设水位计、温度计，上部应设通气管（管口装防虫网 $DN\geqslant32$mm）、溢流管（$DN\geqslant25$mm），下部应设泄水管（$DN\geqslant15$mm）。为防止水质污染，溢流与泄水管不能直接与排水管相通。蒸汽进入开水器下部的蛇形管内将水加热煮沸，凝结水可回收，水质不受蒸汽影响，噪音小。其适用于旅馆，办公楼等公共建筑的开水供应。

2. 工程量计算规则

冷热水混合器工程量计算规则见表 4-97。

表 4-97　　　　　　　　冷热水混合器

项目编码	项目名称	项目特征	计量单位	工程量计算规则	工作内容
031004017	冷热水混合器	1. 类型 2. 型号、规格 3. 安装形式	套	按设计图示数量计算	1. 制作 2. 安装

3. 项目特征描述

(1)应说明其类型、型号、规格。
(2)应说明其安装方式。

(十八)饮水器工程量计算

饮水器工程量计算规则见表 4-98。

表 4-98　　　　　　　　饮　水　器

项目编码	项目名称	项目特征	计量单位	工程量计算规则	工作内容
031004018	饮水器	1. 类型 2. 型号、规格 3. 安装形式	套	按设计图示数量计算	安装

(十九)隔油器工程量计算

隔油器，就是将含油废水中的杂质、油、水分离的一种专用设备。隔油器广泛应用于大型综合商场、办公写字楼、学校、军队、各类宾馆、饭店、高级招待所及作为营业性餐厅所属厨房排水管隔油清污之用，是厨房必备的隔油设备，以及车库排水管隔油的理想设备。除此之外，工业涂装废水等含油废水也有运用。

1. 隔油器的组成与分类

隔油器主要由流入口、杂物箱、隔板、箱板、盖板、流出口及排水口罩等结构组成，大致可分为截流分离区和净化排水区两大功能区。截流分离区主要是将含油污水中的固体杂物(菜渣等)截流除去，并利用重力分离法将油、污泥和水逐步分离；净化排水区则将处理后的中水进一步沉淀分离，最后经排水口罩过滤排出，从而实现对含油污水的高度净化。

隔油器按材质可分为不锈钢隔油器、碳钢防腐隔油器、碳钢喷塑隔油器；按安装方式可分为地上式隔油器、地埋式隔油器、吊装式隔油器；按进水方式可分为明沟式隔油器、管道式隔油器；按有无动力可分为普通隔油器、自动隔油器；按排油方式可分为刮油隔油器、液压隔油器。

隔油器由三个槽组成。当厨房排水流入第一槽时，杂物框将其中的固体杂物（菜叶等）截流除去；进入第二槽后，利用密度差使油水分离，废水沿斜管向下流动；进入第三槽后从溢流堰流出，再经出水管排出。水中的油珠则沿斜管的上表面集聚向上流动，浮在隔油池的槽内，然后用集油管汇集排除或人工排除。

2. 工程量计算规则

隔油器工程量计算规则见表4-99。

表4-99　　　　　　　　　隔油器

项目编码	项目名称	项目特征	计量单位	工程量计算规则	工作内容
031004019	隔油器	1. 类型 2. 型号、规格 3. 安装形式	套	按设计图示数量计算	安装

3. 项目特征描述

(1) 应说明其类型，如地上式隔油器、地埋式隔油器、吊装式隔油器等。

(2) 应说明其型号、规格。

(3) 应说明其安装部位。

三、卫生器具安装工程量计算注意事项

(1) 成品卫生器具项目中的附件安装，主要指给水附件，包括水嘴、阀门、喷头等；排水配件包括存水弯、排水栓、下水口以及配备的连接管等。

(2) 浴缸支座和浴缸周边的砌砖、瓷砖粘贴，应按国家现行标准《房屋建筑与装饰工程工程量计算规范》(GB 50854—2013)相关项目编码列项；功能性浴缸不含电机接线和调试，应按《通用安装工程工程量计算规范》

(GB 50856—2013)附录 D 电气设备安装工程相关项目编码列项。

(3)洗脸盆适用于洗脸盆、洗发盆、洗手盆安装。

(4)器具安装中若采用混凝土或砖基础,应按国家现行标准《房屋建筑与装饰工程工程量计算规范》(GB 50854—2013)相关项目编码列项。

(5)给、排水附(配)件是指独立安装的水嘴、地漏、地面扫出口等。

第五节 供暖器具

一、散热器简介

1. 散热器的类别与规格

(1)柱型散热器(暖气片)。每片有几个中空的立柱相连通,故称柱型散热器。常用的有五柱、四柱和二柱 M132 型。规格用高度表示,如四柱 813 型,即表示该四柱散热器高度为 813mm;分带足与不带足两种片型,带足的用于落地安装,不带足的用于挂墙安装。二柱 M132 型散热器的规格用宽度表示,M132 即表示宽度 132mm,两边为柱管形,中间有波浪形的纵向肋片。每组 8~24 片,采用挂墙安装。

柱型暖气片可以单片拆装,安装和使用都很灵活,多用于民用建筑及公共场所。其规格见表 4-100。

表 4-100　　　　　柱型暖气片规格表

名 称	高度 H(mm)		上下孔中心距(mm)	每片厚度(mm)	每片宽度(mm)	每片容量(L)	每片放热面积(m^2)	每片质量(kg)	每片实际放热量(W)	最大工作压力(MPa)	接口直径 DN (mm)
	带腿片	中间片									
四柱 760	760	696	614	51	166	0.80	0.235	8(7.3)	207	4	32
四柱 813	813	732	642	57	164	1.37	0.28	7.99 (7.55)	—	4	32
五柱 700	700	626	544	50	215	1.22	0.28	1.01 (9.2)	208	4	32
五柱 800	800	766	644	50	215	1.34	0.33	11.6 (10.2)	251.2	4	32

续表

名称	高度 H(mm) 带腿片	高度 H(mm) 中间片	上下孔中心距 (mm)	每片厚度 (mm)	每片宽度 (mm)	每片容量 (L)	每片放热面积 (m²)	每片质量 (kg)	每片实际放热量 (W)	最大工作压力 (MPa)	接口直径 DN (mm)
二柱波利扎 3	—	590	500	80	184	2.8	0.24	7.5	202.4	4	40
二柱洛尔 150	—	390	300	60	150	—	0.13	4.92	—	4	40
二柱波利扎 6	—	1090	1000	80	184	4.9	0.46	15	329.13	4	40
二柱莫斯科 150	—	583	500	82	150	1.25	0.25	7.5	211.67	4	40
二柱莫斯科 132	—	583	500	82	132	1.1	0.25	7	198.87	4	40
二柱伽马—1	—	585	500	80	185	—	0.25	10	—	4	40
二柱伽马—3	—	1185	1100	80	185	—	0.49	19.8	—	4	40

注：括号内数字为无足暖气片质量。

(2)翼型散热器(暖气片)。这种散热器较重，采用法兰连接，一般多用于无大量灰尘的工业厂房和库房中。翼型散热器包括长翼型和圆翼型两种。

1)长翼型散热器。长翼型散热器也称大 60 和小 60，是以"组"为组装单位，用 $\phi 10$ 螺纹左右丝拧紧组对，使用不够灵活，也容易黏附灰土。其规格见表 4-101；

表 4-101　　　　　　　长翼型散热器规格表

名称	高度 H(mm)	上下孔中心距 h(mm)	宽度 B(mm)	翼数	长度 (mm)	每片放热面积 (m²)	每片容量 (L)
60 大	600	505	115	14	280	1.175	3
60 小	600	505	115	10	200	0.860	5.4
46 大	460	365	115	12	240	—	4.9
46 小	460	365	115	9	180	—	3.8
38 大	380	285	115	15	300	1.000	4.9
38 小	380	285	115	12	240	0.750	3.8

2)圆翼型散热器。圆翼型暖气片是以"根"为组装单位，耐高压，可以

水平或垂直安装,也可以将两根连接而成。

2. 散热器安装简介

(1)散热器的布置。散热器的布置原则是尽量使房间内温度分布均匀,同时,也要考虑到缩短管路长度和房间布置协调、美观等方面的要求。

根据对流的原理,散热器布置在外墙窗口下最合理。经散热器加热的空气沿外窗上升,能阻止渗入的冷空气沿外窗下降,从而防止了冷空气直接进入室内工作地区。在某些民用建筑中,为了缩短系统管路的长度,散热器也可以沿内墙布置。

一般情况下,散热器在房间内都是敞露装置的,即明装,这样散热效果好,易于清扫和检修。当在建筑方面要求美观或由于热媒温度高,以防烫伤或碰伤时,就需要将散热器用格栅、挡板、罩等加以围挡,即暗装。

楼梯间或净空高的房间内散热器应尽量布置在下部。因为散热器所加热的空气能自行上升,从而补偿了上部的热损失。在散热器数量多的楼梯间,其散热器的布置参照表 4-102。为了防止冻裂,在双层门的外室以及门斗中不宜设置散热器。

表 4-102　　　　　　　楼梯间散热器分配百分数

楼房层数	各层散热器分配百分数					
	I	II	III	IV	V	VI
2	65	35	—	—	—	—
3	50	30	20	—	—	—
4	50	30	20	—	—	—
5	50	25	15	10	—	—
6	50	20	15	15	—	—
7	45	20	15	10	10	—
8	40	20	15	10	10	5

(2)散热器的安装形式。散热器的安装形式有敞开式装置、上面加盖装置、壁龛内装置、外加围罩装置、外加网格罩装置、加挡板装置等。不同的安装方式,其散热效果也不相同。散热器与支管的连接方式有同侧上进下出、下进下出、下进上出,异侧下进上出等。不同的支管连接方式,其

散热效果也不相同。

(3)支、托架的安装。托架安装时,可用脱钩支撑散热器组质量,也可在散热器组底部设脱钩、中上部设卡件以固定散热器组。安装散热器前,应先在墙上画线,确定支、托架的位置,再进行支、托架的安装。常见散热器支、托架安装如图4-49及图4-50所示。安装好的支、托架应位置正确、平整牢固。

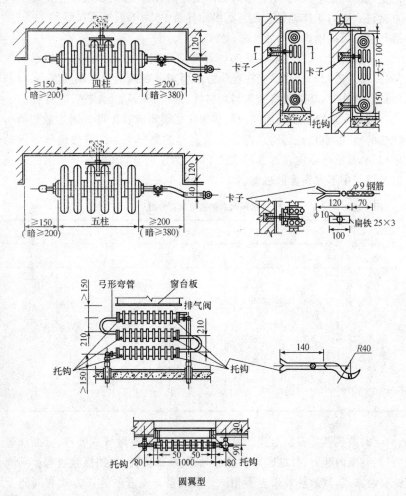

图4-49 铸铁散热器支、托架安装图

第四章 水暖工程工程量计算

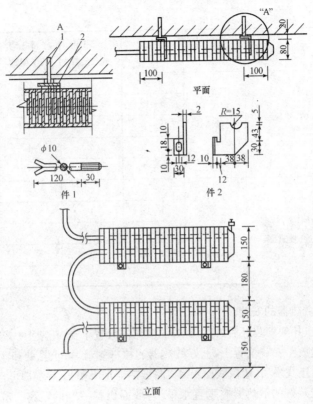

图 4-50 钢串片支、托架安装图
1—支架；2—托钩

散热器支、托架数量应符合表 4-103 的规定。

表 4-103   散热器支、托架数量

序号	散热器形式	安装方式	每组片数	上部托钩或卡架数	下部托钩或卡架数	合计
1	长翼型	挂墙	2—4	1	2	3
			5	2	2	4
			6	2	3	5
			7	2	4	6

续表

序号	散热器形式	安装方式	每组片数	上部托钩或卡架数	下部托钩或卡架数	合计
2	M132、柱型、柱翼型	挂墙	3—8	1	2	3
			9—12	1	3	4
			13—16	2	4	6
			17—20	2	5	7
			21—25	2	6	8
3	M132、柱型、柱翼型	带足落地	3—8	1	—	1
			8—12	1	—	1
			13—16	2	—	2
			17—20	2	—	2
			21—25	2	—	2

(4)散热器的安装。

1)支、托架安装好后,将组对好的散热器放置于支、托架上。将带足的散热器组放于安装位置上,上好散热器的拉杆螺母,防止晃动和倾倒。当散热器放正找平后,用白铁皮或铅皮将散热器足下塞实、垫稳即可;

2)安装好的散热器应垂直水平,与墙面保持一定的距离。散热器背面与墙表面安装距离见表 4-104;

表 4-104　　　　散热器背面与墙表面距离

散热器形式	闭式串片、板式、偏管式	M132、柱型、柱翼型、长翼型
散热器背面与墙表面距离(mm)	30	40

3)靠窗口安装的散热器,其垂直中心线应与窗口垂直中心线相重合。在同一房间内同时有几组散热器时,应安装在同一条水平线上,高低一致;

4)散热器、暖风机、太阳能热水器等设备的安装应位置正确、整齐、美观;

5)安装时,一般用控制散热器中心与墙表面距离的方法,进行散热器支撑件的施工及散热器挂装位置的检测;

第四章 水暖工程工程量计算

6)散热器的安装必须牢固平稳。为此,散热器的支撑件(托钩、卡件、支座等)必须有足够的数量和强度,且以支撑件安装位置确保散热器安装位置的准确。

7)圆翼型散热器安装时,应每根设两个脱钩支撑。当圆翼型散热器水平安装热媒为热水时,两端应使用偏心法兰连接;热媒为蒸汽时,进气管用正心法兰,凝结水管用偏心法兰偏下连接;

8)安装串片式散热器时,应保证每片散热肋片完好,其中松动肋片片数不得超过总片数的3%;

9)散热器安装在钢筋混凝土墙上时,应先在钢筋混凝土墙上预埋铁件,然后将托钩和卡件焊在预埋件上;

10)散热器底部离地面距离,一般不小于150mm;当散热器底部有管道通过时,其底部离地面净距一般不小于250mm;当地面标高一致时,散热器的安装高度也应该一致,尤其是同一房间内的散热器;

11)除圆翼型散热器应水平安装外,一般散热器应垂直安装。安装钢串片式散热器时,应尽可能平放,减少竖放。

(5)散热器支管安装。

连接散热器支管的坡度:当支管全长不大于500mm时为5mm;当支管全长大于500mm时为10mm;当一根立管在同一节点上接有两根支管时,任意一根长度超过500mm时,两根均按10mm进行安装。

散热器支管长度超过1.5m时,该支管中间应设托钩。墙间距应和立管一致,直管段不许有弯,接头要严密,不漏水。

散热器支管过墙时,除应加设套管外,还应注意支管不准在墙内有接头。支管上安装阀门时,在靠近散热器一侧应与可拆卸件连接。散热器支管安装,应在散热器与立管安装完毕之后进行,也可与立管同时进行安装。安装时一定要把钢管调整合适后再进行碰头,以免弄歪支、立管。

(6)散热器冷风门安装。

1)按设计要求,将需要打冷风门眼的炉堵放在台钻上打 $\phi 8.4$ 的孔,在台虎钳上用 $1/8''$ 丝锥攻丝;

2)将炉堵抹好铅油,加好石棉橡胶垫,在散热器上用管钳子上紧。在冷风门丝扣上抹铅油,缠少许麻丝,拧在炉堵上,用扳子上到松紧适度,放风孔向外斜45°(宜在综合试压前安装);

3)钢制串片式散热器、扁管板式散热器按设计要求统计需打冷风门的散热器数量,在加工订货时提出要求,由厂家负责做好;

4)钢板板式散热器的放风门采用专用放风门水口堵头,订货时提出要求;

5)圆翼型散热器放风门的安装,按设计要求在法兰上打冷风门眼,做法同炉堵上装冷风门。

二、供暖器具工程量计算

(一)铸铁散热器工程量计算

铸铁散热器是用铸铁浇筑而成,主要材料为生铁、焦炭及造型砂。铸铁散热器根据形状可分为柱型和翼型两种。铸铁散热器的主要优点是结构较简单、制造容易、耐腐蚀、使用寿命长、价格较低;其缺点是耗金属量大、承压能力低、翼型易积灰、不美观。铸铁散热器承受压力一般不宜超过 0.4MPa,其质量大,组对时劳动强度大,适用于工作压力小于 0.4MPa 的采暖系统,或不超过 40m 高的建筑物内。

1. 铸铁散热器简介

图 4-51 所示为常见铸铁散热器的构造尺寸,其性能参数见表 4-105。

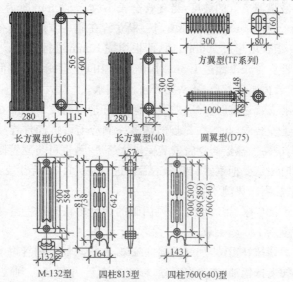

图 4-51 铸铁散热器构造尺寸(一)

第四章 水暖工程工程量计算

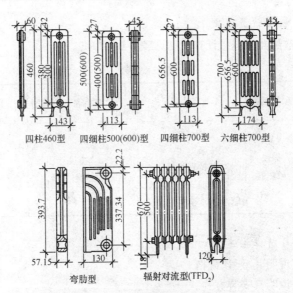

图 4-51 铸铁散热器构造尺寸(二)

表 4-105 铸铁散热器性能参数

序号	类型	散热面积 (m²/片)	水容量 (L/片)	质量 (kg/片)	工作压力 (MPa)	散热量 (W/片)	计算式
1	长方翼型(大60)	1.16	8	26	0.4~0.6	480	$Q=5.307\Delta T^{1.345}$(3 片)
2	长方翼型(40)	0.88	5.7	16	0.4	376	$Q=5.333\Delta T^{1.285}$(3 片)
3	方翼型(TF 系列)	0.56	0.78	7	0.6	196	$Q=3.233\Delta T^{1.249}$(3 片)
4	圆翼型(D75)	1.592	4.42	30	0.5	582	$Q=6.161\Delta T^{1.258}$(2 片)
5	M132 型	0.24	1.32	7	0.5~0.8	139	$Q=6.538\Delta T^{1.286}$(10 片)
6	四柱 813 型	0.28	1.4	8	0.5~0.8	159	$Q=6.887\Delta T^{1.306}$(10 片)
7	四柱 760 型	0.237	1.16	6.6	0.5~0.8	139	$Q=6.495\Delta T^{1.287}$(10 片)
8	四柱 640 型	0.205	1.03	5.7	0.5~0.8	123	$Q=5.006\Delta T^{1.321}$(10 片)
9	四柱 460 型	0.128	0.72	3.5	0.5~0.8	81	$Q=4.562\Delta T^{1.244}$(10 片)
10	四细柱 500 型	0.126	0.4	3.08	0.5~0.8	79	$Q=3.922\Delta T^{1.272}$(10 片)
11	四细柱 600 型	0.155	0.48	3.62	0.5~0.8	92	$Q=4.744\Delta T^{1.265}$(10 片)
12	四细柱 700 型	0.183	0.57	4.37	0.5~0.8	109	$Q=5.304\Delta T^{1.279}$(10 片)
13	六细柱 700 型	0.273	0.8	6.53	0.5~0.8	153	$Q=6.750\Delta T^{1.302}$(10 片)
14	弯肋型	0.24	0.64	6.0	0.5~0.8	91	$Q=6.254\Delta T^{1.196}$(10 片)
15	辐射对流型(TFD₂)	0.34	0.75	6.5	0.5~0.8	162	$Q=7.902\Delta T^{1.277}$(10 片)

2. 工程量计算规则

铸铁散热器工程量计算规则见表 4-106。

表 4-106　　　　　铸铁散热器

项目编码	项目名称	项目特征	计量单位	工程量计算规则	工作内容
031005001	铸铁散热器	1. 型号、规格 2. 安装方式 3. 托架形式 4. 器具、托架除锈、刷油设计要求	片（组）	按设计图示数量计算	1. 组对、安装 2. 水压试验 3. 托架制作、安装 4. 除锈、刷油

3. 项目特征描述

(1) 应说明其型号、规格。
(2) 应说明其安装方式。
(3) 应说明其托架形式。
(4) 应说明其器具、托架除锈、刷油设计要求。

4. 工作量计算示例

【例 4-17】 图 4-52 所示为某采暖系统布置示意图，其所采用的散热

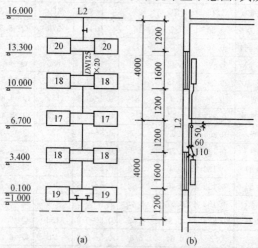

图 4-52　某采暖系统布置示意图

器为铸铁四细柱 500 型散热器,沿窗户中间布置,试计算铸铁散热器工程量。

【解】 铸铁散热器工程量=20×2+18×4+17×2+19×2=184 片
工程量清单见表 4-107。

表 4-107　　　　　　　　工程量清单

项目编码	项目名称	项目特征描述	计量单位	工程量
031005001001	铸铁散热器	铸铁四细柱 500 型散热器	片	184

(二)钢制散热器工程量计算

钢制散热器是将每个串片两端折边 90°形成封闭形,所以又称折边对流散热器。钢制散热器耐压能力强,安装维修方便,而且钢制散热器中许多封闭的垂直空气通道形成了"烟囱"效应,增加了放热能力,热效率较高。

1. 钢制散热器的类型与规格

常用的钢制散热器包括钢制闭式散热器、钢制板式散热器、钢制柱式散热器等结构形式。

(1)钢制闭式散热器。钢制闭式散热器结构如图 4-53 所示。其中闭式钢串片由钢管、封头及串片等组成,钢串片断面尺寸有 300mm×80mm、240mm×100mm、150mm×80mm 等几种规格。其中 150mm×80mm 和 240mm×100mm 可单排安装或双排安装。

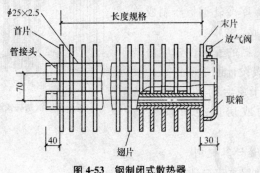

图 4-53　钢制闭式散热器

(2)钢制板式散热器。钢制板式散热器由面板、背板、对流片和水管接头及支架等部件组成,其构造如图 4-54 所示。钢制板式散热器与铸铁散热器相比,具有金属耗量少、耐压强度高、外形美观、整洁、体积小、占地少、易于布置等优点,但易腐蚀,使用寿命短,多用于高层建筑和高温水采暖系统中,不能用于蒸汽采暖系统中,也不宜用于湿度较大的采暖房间内。

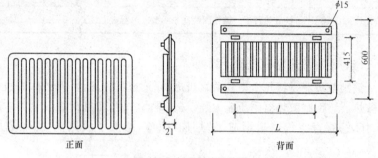

图 4-54 钢制板式散热器

钢制板式散热器高度有 480mm、600mm、1600mm 等几种,长度由 400mm 开始进位至 1800mm 共 8 种规格。这种散热器结构简单,占用空间小,传热效率高,安装方便。

(3)钢制柱式散热器。钢制柱式散热器构造与铸铁散热器相似,每片也有几个中空的立柱(图 4-55),用 1.25~1.5mm 厚冷轧钢板压制成单片,经焊接而成。

钢制散热器的安装位置应由具体工程的采暖设计图纸确定。一般多沿外墙装于窗台的下面,对于特殊的建筑物或房间也可设在内墙下。

图 4-55 钢制柱式散热器

2. 工程量计算规则

钢制散热器工程量计算规则见表 4-108。

表 4-108 钢制散热器

项目编码	项目名称	项目特征	计量单位	工程量计算规则	工作内容
031005002	钢制散热器	1. 结构形式 2. 型号、规格 3. 安装形式 4. 托架刷油设计要求	组（片）	按设计图示数量计算	1. 安装 2. 托架安装 3. 托架刷油

3. 项目特征描述

(1)应说明其结构形式。

(2)应说明其型号、规格。应注明散热器的外形尺寸、进出口中心距、热媒种类、工作压力、安装方式等特征，对相同规格的柱型散热器还应区分带脚和不带脚分别列项。钢制闭式散热器的规格是以"高×宽"表示的，散热器的长度应按设计要求注明。

(3)应说明其安装方式。

(4)应说明其托架刷油设计要求。

4. 工程量计算示例

【例 4-18】 图 4-56 所示为某小区居民住宅钢制节能板式散热器，共 30 组，试计算其工程量。

【解】 钢制散热器工程量＝30 组

工程量清单见表 4-109。

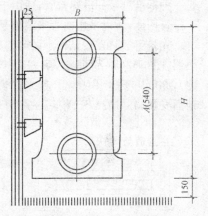

图 4-56 钢制节能板式散热器

表 4-109 工程量清单

项目编码	项目名称	项目特征描述	计量单位	工程量
031005002001	钢制散热器	钢制节能板式散热器	组	30

(三)其他成品散热器工程量计算

其他成品散热器工程量计算规则见表 4-110。

表 4-110　　　　　　　　其他成品散热器

项目编码	项目名称	项目特征	计量单位	工程量计算规则	工作内容
031005003	其他成品散热器	1. 材质、类型 2. 型号、规格 3. 托架刷油设计要求	组（片）	按设计图示数量计算	1. 安装 2. 托架安装 3. 托架刷油

(四)光排管散热器工程量计算

1. 光排管散热器简介

光排管散热器采用优质焊接钢管或无缝钢管焊接成型，根据不同结构可以分为蒸汽光排管散热器和热水光排管散热器两种。蒸汽散热排管是一种标准型号的散热排管，适用于蒸汽加热系统，因其进出水接头分置于排管两侧，所以采用曲管来消除受热膨胀及其他原因所造成的应力。

光排管散热器按结构不同可划分为 A 型和 B 型两种。A 型光排管散热器[图 4-57(a)]无地腿，可安装于墙壁，一般用于蒸汽取暖（视压力而定），亦可用于热水取暖；B 型光排管散热器[图 4-57(b)]有地腿，可立于地面安装，亦可安装于墙壁，一般用于热水取暖。

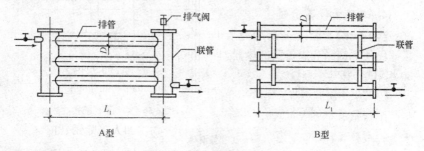

图 4-57　光排管散热器

2. 工程量计算规则

光排管散热器工程量计算规则见表 4-111。

表 4-111　　　　　　　　　　光排管散热器

项目编码	项目名称	项目特征	计量单位	工程量计算规则	工作内容
031005004	光排管散热器	1. 材质、类型 2. 型号、规格 3. 托架形式及做法 4. 器具、托架除锈、刷油设计要求	m	按设计图示排管长度计算	1. 制作、安装 2. 水压试验 3. 除锈、刷油

3. 项目特征描述

(1)应说明其材质、类型。

(2)应说明其型号、规格。

1)常见光排管散热器的外形尺寸见表 4-112。

表 4-112　　　　常见光排管散热器的外形尺寸　　　　（单位：mm）

形式	管径 排数	$D76\times3.5$		$D89\times3.5$		$D108\times4$		$D133\times4$	
		三排	四排	三排	四排	三排	四排	三排	四排
D	A 型	452	578	498	637	556	714	625	809
	B 型	328	454	367	506	424	582	499	682

注：光排管散热器的长度 L 分别为 2000、2500、3500、4000、4500、5000、5500、6000mm。

2)规格描述应注明散热器的管径、排数及长度，如 $D89\times3.5\text{-}6\text{-}4$、$D108\times4\text{-}5\text{-}3$。

(3)应说明其托架形式及做法。

(4)应说明其器具、托架除锈、刷油设计要求。如人工除锈、红丹防锈漆两遍、调和漆两遍。

4. 工程量计算示例

【例 4-19】 图 4-58 所示为某居民住宅楼供暖 A 型光排管散热器示意图，共 10 组，试计算其工程量。

【解】 光排管散热器工程量＝$0.45\times3\times10=13.5\text{m}$

工程量清单见表 4-113。

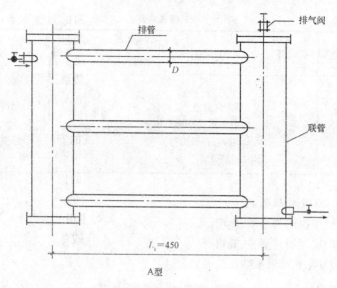

图 4-58 A 型光排管散热器示意图

表 4-113 工程量清单

项目编码	项目名称	项目特征描述	计量单位	工程量
031005004001	光排管散热器	A 型光排管散热器	m	13.5

(五)暖风机工程量计算

暖风机是由通风机、发电机及空气加热器组合而成的联合机组。在风机的作用下,空气由吸风口进入机组,经空气加热器加热后,从送风口送至室内,以维持室内要求的温度。暖风机的特点是凭借强行对流式暖风迅速提高室温。此外,同电暖器相比,暖风机普遍具有体积小、质量轻的优点,尤其适宜面积较小的居室取暖。

1. 暖风机安装简介

暖风机有台式、立式、壁挂式之分。台式暖风机小巧玲珑;立式暖风机线条流畅;壁挂式暖风机节省空间。通常,暖风机的功率在 1kW 左右,一般家庭使用暖风机时,电能表宜在 5A 以上,而功率更大的(如 20kW)暖风机,需考虑电路负荷限制的因素。

(1)小型暖风机的安装高度(指其出风口离地面的高度),当出口风速小于或等于 5m/s 时,宜安装在 3~3.5m;当出口风速大于 5m/s 时,宜安装在 4~5.5m,这样可保证生产厂房工作区的风速不大于 0.3m/s。暖风机的送风温度,宜为 35~50℃。送风温度过高,热射流呈自然上升的趋势,会使房间下部加热不好;送风温度过低,易使人有吹冷风的不舒适感。

(2)当采用大型暖风机集中送风供暖时,暖风机的安装高度应根据房间的高度和回流区的分布位置等因素确定,不宜低于 3.5m,但不得高于 7.0m,房间的生活地带或作业地带应处于集中送风的回流区。生活地带或作业地带的风速,一般不宜大于 0.3m/s,送风口的出口风速,一般为 5~15m/s。集中送风的送风温度,宜为 30~50℃,不得高于 70℃,以免热气流上升而无法向房间工作地带供暖,当房间高度或集中送风温度较高时,送风口处宜设置向下倾。

2. 工程量计算规则

暖风机工程量计算规则见表 4-114。

表 4-114　　　　　　　　　　暖风机

项目编码	项目名称	项目特征	计量单位	工程量计算规则	工作内容
031005005	暖风机	1. 质量 2. 型号、规格 3. 安装方式	台	按设计图示数量计算	安装

3. 项目特征描述

(1)应说明暖风机质量,若未说明,由投标人自行计算报价。

(2)应说明其型号、规格。

(3)应说明其安装方式。

4. 工程量计算示例

【例 4-20】 图 4-59 所示为

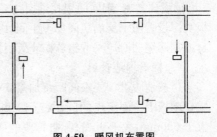

图 4-59　暖风机布置图

某展厅暖风机进行采暖布置示意图,暖风机型号为 TCTM-70,试计算其工程量。

【解】 暖风机工程量=6 台

工程量清单见表 4-115。

表 4-115　　　　　　　　　工程量清单

项目编码	项目名称	项目特征描述	计量单位	工程量
031005005001	暖风机	TCTM-70 暖风机	台	6

(六)地板辐射采暖工程量计算

地板辐射采暖是以温度不高于 60℃ 的热水作为热源,在埋置于地板下的盘管系统内循环流动,加热整个地板,通过地面均匀地向室内辐射散热的一种供暖方式。地板辐射采暖相比传统采暖有无可比拟的优势,具有舒适、节能、环保等优点。

1. 地板辐射采暖施工安装简介

(1)固定分集水器。

1)地暖施工前,楼地面找平层应检验完毕;

2)分集水器用 4 个膨胀螺栓水平固定在墙面上,安装要牢固。

(2)铺设保温层和地暖反射膜。

1)用乳胶将 10mm 边角保温板沿墙粘贴,要求粘贴平整,搭接严密;

2)在找平层上铺设保温层(如 2cm 厚聚苯保温板、保温卷材或进口保温膜等),板缝处用胶粘贴牢固,在地暖保温层上铺设铝箔纸或粘一层带坐标分格线的复合镀铝聚酯膜,保温层要铺设平整;

3)在铝箔纸上铺设一层 $\phi 2$ 钢丝网,间距 100mm×100mm,规格 2m×1m,铺设要整密,钢网间用扎带捆扎,不平或翘曲的部位用钢钉固定在楼板上。设置防水层的房间如卫生间、厨房等固定钢丝网时不允许打钉,管材或钢网翘曲时应采取措施防止管材露出混凝土表面。

(3)铺设埋地管材。

1)按地暖设计要求间距将加热管(PEX-A 管)用塑料管卡将管子固定在苯板上。固定点的间距:弯头处间距不大于 300mm,直线段间距不大于 600mm,大于 90°的弯曲管段的两端和中点均应固定。管子弯曲半径不宜小于管外径的 8 倍。安装过程中要防止管道被污染,每个回路加

热管铺设完毕,要及时封堵管口;

2)检查地暖铺设的加热管有无损伤、管间距是否符合设计要求后,进行水压试验,从注水排气阀注入清水进行水压试验,试验压力为工作压力的1.5~2倍,但不小于0.6MPa,稳压1小时内压力降不大于0.05MPa,且不渗不漏即为合格。

(4)设置过门伸缩缝。当地暖辐射供暖地板的边长超过8m或面积超过40m^{2}时,要设置伸缩缝,缝宽为5~8mm,高度同细石混凝土垫层。塑料管穿越伸缩缝时,应设置长度不小于400mm的柔性套管。在分水器及加热管道密集处,管外用不短于1000mm的波纹管保护,以降低混凝土热膨胀。在缝中应填充弹性膨胀膏或进口弹性密封胶。

(5)中间验收(一次水压试验)。地辐射供暖系统应根据工程施工特点进行中间验收。中间验收从加热管道敷设和热媒分集水器装置安装完毕进行试压起,至混凝土填充层养护期满再次进行试压止,由施工单位会同监理单位进行。

(6)回填细石混凝土层。加热管验收合格后,回填细石混凝土,加热管保持不小于0.4MPa的压力。垫层应用人工抹压密实,不得用机械振捣,不允许踩压已铺设好的管道。细石混凝土接近初凝时,应在表面进行二次拍实、压抹,以防止顺管轴线出现塑性沉缩裂缝。表面压抹后应保湿养护14天以上,垫层达到养护期后,管道系统方允许泄压。

浇捣混凝土填充层之前和混凝土填充层养护期满之后,应分别进行系统水压试验。水压试验应符合下列要求:

1)水压试验之前,应对试压管道和构件采取安全有效地固定和养护措施;

2)试验压力应为不小于系统静压加0.3MPa,但不得低于0.6MPa;

3)冬季进行水压试验时,应采取可靠的防冻措施。

(7)完工验收(二次水压试验)。供热支管后的分配器竣工验收后,应对整个供水环路水温及压力进行调试。在向地暖系统供水时,应选用预热方式,供热水温不得骤然升高,初始供水温度应为20~25℃,保持3天,然后以最高设计温度保持4天,并以不大于50℃的水温正常运行。

2. 工程量计算规则

地板辐射采暖工程量计算规则见表4-116。

表 4-116　　　　　　　　　地板辐射采暖

项目编码	项目名称	项目特征	计量单位	工程量计算规则	工作内容
031005006	地板辐射采暖	1. 保温层材质、厚度 2. 钢丝网设计要求 3. 管道材质、规格 4. 压力试验及吹扫设计要求	1. m² 2. m	1. 以平方米计量，按设计图示采暖房间净面积计算。 2. 以米计量，按设计图示管道长度计算	1. 保温层及钢丝网铺设 2. 管道排布、绑扎、固定 3. 与分集水器连接 4. 水压试验、冲洗 5. 配合地面浇筑

3. 项目特征描述

(1)应说明其保温层材质、厚度。
(2)应说明其钢丝网设计要求。
(3)应说明其管道材质、规格。
(4)应说明其压力试验及吹扫设计要求。

(七)热媒集配装置工程量计算

热媒集配装置由分水器和集水器构成，有一个进口(或出口)和多个进口(或出口)的筒形承压装置，使装置内横断面的水流速限制在一定范围内，可有效调节局部系统水力，并配置有排气装置和各通水环路的独立阀门，以控制系统流量及均衡分配各通水环路的水力和流量。

1. 热媒集配装置简介

(1)热媒集配装置一般应符合下列要求：
1)每一集配装置的分支环路不宜超过 8 个；每户住宅至少应设置一套集配装置；
2)集配装置主体的直径，应大于总供、回水管的管径；
3)集配装置应高于地板加热管，并配置排气阀；
4)总供回水管和每一供水分支口，均应配置截止阀或球阀；
5)总供水管上阀门的内侧，应设置过滤装置；

6)建筑设计应为集配装置的合理设置提供适当的条件。

(2)热媒集配装置应加以固定。

(3)当水平安装时,一般宜将分水器安装在上,集水器安装在下,中心距宜为200mm,集水器中心距地面应不小于300mm。

(4)当垂直安装时,分集水器下端距地面应不小于150mm。

(5)加热管始、末端出地面至集配装置分支连接口的管段应设置在硬质套管内。套管外皮不宜超出集配装置外皮的投影面。加热管与集配装置分支口阀门的连接,应采用专用插接式连接件。

(6)加热管始、末端引出和引入集配装置的管道集中处或其他管道敷设密度较大处,当管间距不大于100mm时,应设置柔性套管等保温措施。

(7)加热管与热媒集配装置牢固连接后,或在填充层养护期后,应对加热管每一通水环路逐一进行冲洗,至出水变清为止。

2. 工程量计算规则

热媒集配装置工程量计算规则见表4-117。

表4-117　　　　　热媒集配装置

项目编码	项目名称	项目特征	计量单位	工程量计算规则	工作内容
031005007	热媒集配装置	1. 材质 2. 规格 3. 附件名称、规格、数量	台	按设计图示数量计算	1. 制作 2. 安装 3. 附件安装

3. 项目特征描述

(1)应说明其材质。

(2)应说明其规格。

(3)应说明其附件名称、规格、数量。

(八)集气罐工程量计算

集气罐主要用于热力供暖管道的最高点,与排气阀相连,起到汇气稳定效果。集气罐工程量计算规则见表4-118。

表 4-118　　　　　　　　　　集气罐

项目编码	项目名称	项目特征	计量单位	工程量计算规则	工作内容
031005008	集气罐	1. 材质 2. 规格	个	按设计图示数量计算	1. 制作 2. 安装

三、供暖器具工程量计算注意事项

(1)铸铁散热器,包括拉条制作安装。
(2)光排管散热器,包括联管制作安装。
(3)地板辐射采暖,包括与分集水器连接和配合地面浇筑用工。

第六节　采暖、给排水设备

一、采暖、给排水设备工程量计算

(一)变频给水设备工程量计算

变频给水设备通过微机控制变频调速来实现恒压供水。先设定用水点工作压力,并监测市政管网压力,压力低时自动调节水泵转速提高压力,并控制水泵以一恒定转速运行进行恒压供水。当用水量增加时转速提高;当用水量减少时转速降低,时刻保证用户的用水压力恒定。

1. 变频给水设备工作原理

当供水设备投入使用后,自来水管网的水进入供水罐,罐内空气从真空消除器排除,待水充满后,真空消除器自动关闭。当自来水管网压力能够满足用水要求时,系统由旁通止回阀向用水管网直接供水;当自来水管网压力不能满足用水需求时,系统压力信号由远传压力表反馈给变频控制器,水泵运行,并根据用水量的大小自动调节转速恒压供水。水泵供水时,若自来水管网的水量大于水泵流量,系统保持正常供水。用水高峰时,若自来水管网的水量小于水泵流量,供水罐内的水作为补充水源仍能正常供水,此时,空气由真空消除器进入供水罐,罐内真空遭到破坏,确保了自来水管网不产生负压,用水高峰过后,系统又恢复到正常供水状态。

当自来水管网停水,造成供水罐液位不断下降,液位探测器将信号反馈给变频控制器,水泵自动停机,以保护水泵机组,供水罐可以储存并释放能量,避免了水泵频繁启动。

2. 工程量计算规则

变频给水设备工程量计算规则见表 4-119。

表 4-119　　　　　　　　变频给水设备

项目编码	项目名称	项目特征	计量单位	工程量计算规则	工作内容
031006001	变频给水设备	1. 设备名称 2. 型号、规格 3. 水泵主要技术参数 4. 附件名称、规格、数量 5. 减震装置形式	套	按设计图示数量计算	1. 设备安装 2. 附件安装 3. 调试 4. 减震装置制作、安装

3. 项目特征描述

(1)应说明其设备名称。

(2)应说明其型号、规格,如 WWG150-80-3。

(3)应说明其水泵主要技术参数,如水泵流量为 $30m^3/h$,扬程为 62m,功率为 7.5kW,泵组进出口管径为 $DN100$。

(4)应说明其附件名称、规格、数量,如仪器仪表、接头等。

(5)应说明其减震装置形式。

(二)稳压给水设备工程量计算

稳压给水设备一般用于消防给水系统,其作用是维持消防系统压力,并在火情发生时,能自动开启消防泵,保持最不利点所需的消防流量和压力。消防稳压给水设备采用水泵与自来水管网直接相连,用压力调节罐作为水泵进水储水装置,采用真空消除器消除管网内所产生的负压,在充分利用自来水管网的原有压力的基础上实现了供水的二次增压,既实现了增加的目的(且丝毫不会影响管网其他用户水),又节省了建水池、水箱的投资,在保证管网水质的同时(无二次污染),又可充分利用管网的原有水压,其节能效果极其显著。消防稳压给水设备采用全自动智能控制,具有多种保护和控制功能,可实现真正无人值守。

1. 消防增压稳压给水设备简介

消防增压稳压给水设备由气压水罐、水泵、控制柜、控制仪表、管道附件等组成,其泵身由电机和泵两部分组成。泵结构包括泵体、叶轮、泵盖、机械密封等部件。

消防增压稳压给水设备按其使用的消防给水系统可分为消火栓给水系统消防增压稳压给水设备、自动喷水灭火系统消防增压稳压给水设备、消火栓和自动喷水灭火系统结合使用消防增压稳压给水设备等;按其安装位置可分为上置式消防增压稳压给水设备、下置式消防增压稳压给水设备;按气压罐设置可分为立式罐消防增压稳压给水设备、卧式罐消防增压稳压给水设备、补气式消防增压稳压给水设备、胶囊式消防增压稳压给水设备。

(1)消防增压稳压给水设备选型时应注意以下事项:

1)气压水罐的制造单位应持有压力容器制造许可证或注册书,并具备健全的质量管理体系和制度;

2)设备的外购配套件须有产品合格证并经入场检验合格后方可使用。设备的气压水罐、水泵机组、电气元件等构成部件,应在检验合格后方可组装使用。使用现场组装的设备,可在现场检验整机性能;

3)应持有相关部门签发的生产许可证;

4)设备整体结构、水管路、气管路及电气线路的布置应合理,应留有安装维修空间便于操作;

5)设备配套使用的外购件及材料等均应选用符合国家标准(行业标准)的产品;

6)水泵机组的结构要求如下:

①稳压泵应设置备用泵,其工作能力应与工作泵相同。

②每台稳压泵应设独立的吸水管。

③水泵引水方式应采用自灌式。

7)消火栓给水系统的气压罐储水容积不小于300L;自动喷水灭火系统的气压罐储水容积不小于150L;消火栓及自动喷水灭火系统合用的气压罐储水容积不小于450L;

8)常用消防增压稳压给水设备的选型参数见表4-120。

表 4-120　　消防增压稳压给水设备的选型参数

| 序号 | 增压稳压设备型号 | 消防压力 P_1 (MPa) | 立式隔膜式气压罐 | | | | 配用水泵型号 | 稳压水容积 (L) |
| | | | 型号规格 | 工作压力比 | 消防储水容积 (L) | | | |
					标定容积	实际容积		
1	ZW(L)-1-X-7	0.10	XQG800×0.6	0.60	300	319	25LG3-10×4 $N=1.5$kW	54
2	ZW(L)-1-Z-10	0.16	XQG800×0.6	0.80	150	159	25LG3-10×4 $N=1.5$kW	70
3	ZW(L)-1-X-10	0.16	XQG800×0.6	0.60	300	319	25LG3-10×5 $N=1.5$kW	52
4	ZW(L)-1-X-13	0.22	XQG1000×0.6	0.76	300	329	25LG3-10×4 $N=1.5$kW	97
5	ZW(L)-1-XZ-10	0.16	XQG1000×0.6	0.65	450	480	25LG3-10×4 $N=1.5$kW	86
6	ZW(L)-Ⅰ-XZ-13	0.22	XQG1000×0.6	0.67	450	452	25LG3-10×5 $N=1.5$kW	80
7	ZW(L)-Ⅱ-Z-	A 0.22~0.38	XQG800×0.6	0.80	150	159	25LG3-10×6 $N=2.2$kW	61
8		B 0.38~0.50	XQG800×1.0	0.80	150	159	25LG3-10×8 $N=2.2$kW	51
9		C 0.50~0.65	XQG1000×1.0	0.85	150	206	25LG3-10×9 $N=2.2$kW	59
10		D 0.65~0.85	XQG1000×1.6	0.85	150	206	25LG3-10×11 $N=3.0$kW	57
11		E 0.85~1.0	XQG1000×1.6	0.85	150	206	25LG3-10×13 $N=4.0$kW	50
12	ZW(L)-Ⅱ-X-	A 0.22~0.38	XQG800×0.6	0.78	300	302	25LG3-10×6 $N=2.2$kW	72

(2)消防增压稳压给水设备施工安装应注意以下事项：

1)消防增压稳压给水设备的气压罐,其容积、气压、水位及工作压力应符合设计要求;

2)消防增压稳压给水设备上的安全阀、压力表等的安装应符合产品使用说明书的要求;

3)消防增压稳压给水设备安装位置、进水管及出水管方向应符合设计要求。安装时其四周应设检修通道,其宽度不应小于0.7m,消防气压给水设备顶部至楼板或梁底的距离不得小于1.0m;

4)设备到现场须拆箱清点。安装就位须找平、灌浆。管路连接与电气控制接线须对照图纸,核对无误;

5)设备安装完后,须对设备调试与试运转,包括水泵的启停控制,各个阀门的开关,以及设备清洗、充水后的试运转。

2. 工程量计算规则

稳压给水设备工程量计算规则见表4-121。

表4-121　　　　　稳压给水设备

项目编码	项目名称	项目特征	计量单位	工程量计算规则	工作内容
031006002	稳压给水设备	1. 设备名称 2. 型号、规格 3. 水泵主要技术参数 4. 附件名称、规格、数量 5. 减震装置形式	套	按设计图示数量计算	1. 设备安装 2. 附件安装 3. 调试 4. 减震装置制作、安装

3. 项目特征描述

(1)应说明其设备名称。

(2)应说明其型号、规格,如 ZW(L)-1-X-13。

(3)应说明其水泵主要技术参数,如水泵流量为 $30m^3/h$,扬程为62m,功率为7.5kW,泵组进出口管径为 DN100。

(4)应说明其附件名称、规格、数量,如仪器仪表、接头等。

(5)应说明其减震装置形式。

(三)无负压给水设备工程量计算

无负压给水设备是直接利用自来水管网压力的一种叠压式供水方式,其具有卫生、节能、综合投资小等优点。无负压给水设备安装调试后,自来水管网的水首先进入稳流补偿器,并通过真空抑制器将罐内的空气自动排除。当安装在设备出口的压力传感器检测到自来水管网压力满足供水要求时,系统不经过加压泵直接供给;当自来水管网压力不能满足供水要求时,检测压力差额,由加压泵补充差额;当自来水管网水量不足时,空气由真空抑制器进入稳流补偿器破坏罐内真空,即可自动抽取稳流补偿器内的水供给,并且管网内不产生负压。

1. 无负压给水设备简介

(1)无负压给水设备应具有质量技术监督部门的检测报告、设备生产许可证及卫生行政部门颁发的卫生许可批件。

(2)无负压给水设备及组件,包括管材、水泵、阀门等与水直接接触的过流部件应符合相关技术质量标准和卫生防疫要求,不能对水质造成污染。

(3)无负压给水设备启动时,泵吸水口压力下降值不得超过 0.02MPa。

(4)无负压给水设备必须具有可靠的防负压、防空气污染水质的功能。

(5)无负压给水设备应具有由泵吸入口压力控制的自动开停功能。吸入口压力低于 0.20MPa 时自动停泵,吸入口压力达到 0.22MPa 时自动恢复运行。

(6)无负压给水设备应具有自动随户内用水状态而变换的休眠和唤醒功能。

(7)使用无负压给水设备时,水泵进水口前必须安装符合相关标准要求的倒流防止器。

2. 工程量计算规则

无负压给水设备工程量计算规则见表 4-122。

表 4-122　　　　　　　　无负压给水设备

项目编码	项目名称	项目特征	计量单位	工程量计算规则	工作内容
031006003	无负压给水设备	1. 设备名称 2. 型号、规格 3. 水泵主要技术参数 4. 附件名称、规格、数量 5. 减震装置形式	套	按设计图示数量计算	1. 设备安装 2. 附件安装 3. 调试 4. 减震装置制作、安装

3. 项目特征描述

(1)应说明其设备名称。

(2)应说明其型号、规格。

(3)应说明其水泵主要技术参数，如水泵流量为 $30m^3/h$，扬程为 62m，功率为 7.5kW，泵组进出口管径为 $DN100$。

(4)应说明其附件名称、规格、数量，如仪器仪表、接头等。

(5)应说明其减震装置形式。

(四)气压罐工程量计算

气压罐是一种压力调节元件，通常使用在变频供水、恒压供水和无负压供水设备上，从结构上分为隔膜式和气囊式两种。

1. 气压罐组成与工作原理

气压罐主要由气门盖、充气口、气囊、碳钢罐体、法兰盘组成，当其连接到水系统上时，主要起蓄能器的作用。当系统水压力大于膨胀罐碳钢罐体与气囊之间的氮气压力时，系统水会在系统压力的作用下挤入膨胀罐气囊内，这样，一是会压缩罐体与气囊之间的氮气，使其体积减小，压力增大；二是会增加系统整个水的容纳空间，使系统压力减小，直到系统水的压力和罐体与气囊之间的氮气压力达到新的平衡才停止进水。当系统水压力小于膨胀罐内气体压力时，气囊内的水会在罐体与气囊之间的氮气的压力作用下挤出，补回到系统，系统水容积减小压力上升，罐体与气囊之间的氮气体积增大压力下降，直到两者达到新的平衡，水停止从气囊挤压回系统，压力罐起到调节系统压力波动的作用。

2. 气压罐安装与维护简介

气压罐是水泵可以进入睡眠的前提条件,利用水的压缩性极小的性质,用外力将水储存在罐内,气体受到压缩压力升高,当外力消失压缩气体膨胀可将水排除。由于水的压缩比远远小于气体,当管网有小流量的泄漏造成压力大幅度的下降时,可使水泵频繁启动。如工频泵直接向用户供水,就必须配备气压罐,缓解水泵频繁启动。

(1)气压罐安装。

1)供暖系统气压罐一般安装在系统的回水端,小容量的气压罐一般直接连到系统管道上。35L 及以上的气压罐考虑到工作时进水和自重对系统管道可能产生的影响,设计有三脚支架,可直接放置在地面。使用时用金属软管把气压罐连接到系统,气压罐支脚用埋地螺钉固定,保证使用过程中的平稳;

2)气压罐附近尽可能安装安全阀,避免在系统膨胀异常时损坏气压罐和系统其他部件;

3)供水系统中的气压罐应安装在水泵的出水口,缓冲泵在启、停时的水锤,保护系统管道;

4)气压罐的安装位置应便于检修。

(2)气压罐维护。

1)气压罐出厂时已预充膨胀,用户可根据实际需要进行充、放气,实现膨胀调节;

2)测试气压罐气囊时建议直接用水测试,避免使用锐利的器件碰触气囊;

3)气压罐的工作介质一般为水、水和防冻液的混合物(混合液浓度不得高于 50%),其他介质需咨询生产厂家;

4)气压罐预充膨胀每年一检,发现膨胀下降应及时充气;

5)气压罐罐体注明有工作温度和最大工作膨胀,应遵照使用;

6)应根据实际选用所需气压罐的大小,气压罐过小会引起安全阀的频繁起跳和自动补水阀的频繁补水;

7)气压罐的最大工作膨胀与其罐体上标注的预充膨胀对应,如果因使用需要改变了其预充膨胀,最大工作膨胀也应随之改变。一般遵循以下规律进行调整:预充膨胀减小,其最大工作膨胀随之减小,具体减少多少需要经过计算;预充膨胀增大,其最大工作膨胀不变。

3. 工程量计算规则

气压罐工程量计算规则见表 4-123。

表 4-123　　　　　　　　气 压 罐

项目编码	项目名称	项目特征	计量单位	工程量计算规则	工作内容
031006004	气压罐	1. 型号、规格 2. 安装方式	台	按设计图示数量计算	1. 安装 2. 调试

4. 项目特征描述

(1)应说明其型号与规格。常见气压罐的型号与规格见表 4-124。

表 4-124　　　　　　常见气压罐的型号与规格

型号	容积(L)	直径(mm)	高度(mm)	接口	最大工作压力(bar)
VAV35	35	365	570	DN25	10
VAV50	50	365	656	DN25	10
VAV60	60	365	761	DN25	10
VAV80	80	410	790	DN25	10
VAV100	100	495	774	DN25	10
VAV150	150	550	927	DN25	10
VAV200	200	600	1020	DN32	10
VAV300	300	650	1243	DN32	10
VAV500	500	750	1493	DN32	10
VAV750	750	800	1820	DN50	10
VAV1000	1000	800	2250	DN50	10
VAV1500	1500	960	2400	DN50	10
VAV2000	2000	1100	2500	DN50	10
VAV3000	3000	1200	2750	DN65	10
VAV4000	4000	1450	3220	DN80	10
VAV5000	5000	1450	3620	DN80	10

(2)应说明其安装方式。

(五)太阳能集热装置工程量计算

太阳能集热装置是指吸收太阳辐射并将产生的热能传递到传热介质的装置。在太阳能的热利用中,关键是如何将太阳的辐射能转换为热能,但由于太阳能比较分散,因而必须设法把太阳能集中起来,这就需要太阳能集热装置。由此可见,虽然太阳能集热装置不是直接面向消费者的终端产品,但是太阳能集热器是组成各种太阳能热利用系统的关键部件。由于用途不同,太阳能集热装置及其匹配的系统类型分为许多种,名称也不同,如用于炊事的太阳灶、用于产生热水的太阳能热水器、用于干燥物品的太阳能干燥器、用于熔炼金属的太阳能熔炉,以及太阳房、太阳能热电站、太阳能海水淡化器等。

1. 太阳能集热器简介

太阳能集热器一般可分为平板集热器、聚光集热器和平面反射镜等。平板集热器一般用于太阳能热水器等;聚光集热器可使阳光聚焦获得高温,焦点可以是点状或线状,用于太阳能电站、房屋的采暖(暖气)和空调(冷气)、太阳炉等;平面反射镜用于太阳能塔式发电,有跟踪设备,一般和抛物面镜联合使用。平面镜把阳光集中反射在抛物面镜上,抛物面镜使其聚焦。

平板型太阳能集热器主要由吸热板、透明盖板、隔热层和外壳等几部分组成。用平板型太阳能集热器组成的热水器即平板太阳能热水器。当平板型太阳能集热器工作时,太阳辐射穿过透明盖板后,投射在吸热板上,被吸热板吸收并转化成热能,然后传递给吸热板内的传热工质,使传热工质的温度升高,作为集热器的有用能量输出;与此同时,温度升高后的吸热板不可避免地要通过传导、对流和辐射等方式向四周散热,成为集热器的热量损失。平板型太阳能集热器是太阳能集热器中一种最基本的类型,其结构简单、运行可靠、成本适宜,还具有承压能力强、吸热面积大等特点,是太阳能与建筑结合最佳选择的集热器类型之一。

2. 工程量计算规则

太阳能集热装置工程量计算规则见表4-125。

表 4-125　　　　　　　　太阳能集热装置

项目编码	项目名称	项目特征	计量单位	工程量计算规则	工作内容
031006005	太阳能集热装置	1. 型号、规格 2. 安装方式 3. 附近名称、规格、数量	套	按设计图示数量计算	1. 安装 2. 附件安装

3. 项目特征描述

(1)应说明其型号、规格。

(2)应说明其安装方式。

(3)应说明其附件名称、规格、数量。

(六)地源(水源、气源)热泵机组工程量计算

热泵机组是一种能从自然界的空气、水或土壤中获取低品位热能,经过电力做功,提供可被人们所用的高品位热能的装置。正如自然界的现象,水由高处流向低处,热量也总是从高温流向低温。但人们可以创造机器,采用热泵把热量从低温抽吸到高温,所以热泵实质上是一种热量提升装置,它本身消耗一部分能量,把环境介质中贮存的能量加以挖掘,提高温位进行利用,而整个热泵装置所消耗的功仅为供热量的 1/3 或更低。

1. 地源(水源、气源)热泵机组简介

(1)地源热泵机组是一种利用浅层地热能源(也称地能,包括地下水、土壤或地表水等的能量)既可供热又可制冷的高效节能系统。一般在空调系统中,地能分别在冬季作为热泵供热的热源和夏季制冷的冷源,即在冬季,把地能中的热量取出来,提高温度后,供给室内采暖;在夏季,把室内的热量取出来,释放到地能中去。通常地源热泵消耗 1kW・h 的能量,用户可以得到 4kW・h 以上的热量或冷量。

地源热泵系统按其循环形式可分为闭式循环系统、开式循环系统和混合循环系统。对于闭式循环系统,大部分地下换热器是封闭循环,所用管道为高密度聚乙烯管;对于开式循环系统,其管道中的水来自湖泊、河流或者竖井之中的水源,在以与闭式循环相同的方式与建筑物交换热量之后,水流回到原来的地方或者排放到其他的合适地点;对于混合循环系

统,地下换热器一般按热负荷来计算,夏天所需的额外冷负荷由常规的冷却塔来提供。

(2)水源热泵机组是以水或添加防冻剂的水溶液为低温热源的热泵,通常有水—水热泵、水—空气热泵等形式。水源热泵机组利用地球水体所储藏的太阳能资源作为冷热源进行能量转换。其中可以利用的水体,包括地下水或河流、地表的部分河流和湖泊以及海洋。地表土壤和水体不仅是一个巨大的太阳能集热器(地下的水体是通过土壤间接的接受太阳辐射能量),而且是一个巨大的动态能量平衡系统,地表的土壤和水体自然地保持能量接受和发散的相对均衡。这使得利用储存于其中的近乎无限的太阳能或地能成为可能。所以说,水源热泵利用的是清洁的可再生能源的一种技术。

(3)气源热泵机组是一种可以替代锅炉不受资源限制的节能环保热水供应装置,其采用绿色无污染的冷煤,吸取空气中的热量,通过压缩机的做功,生产出50℃以上的生活热水。气源热泵机组适用于室内泳池、宾馆、别墅、发廊、沐浴足疗、工厂及农场等需要热水热源的场所。气源热泵机组的工作原理为:压缩机将回流的低压冷媒压缩后,变成高温高压的气体排出,高温高压的冷媒气体流经缠绕在水箱外面的铜管,热量经铜管传导到水箱内,冷却下来的冷媒在压力的持续作用下变成液态,经膨胀阀后进入蒸发器,由于蒸发器的压力骤然降低,因此液态的冷媒在此迅速蒸发变成气态,并吸收大量的热量。同时,在风扇的作用下,大量的空气流过蒸发器外表面,空气中的能量被蒸发器吸收,空气温度迅速降低,变成冷气排进厨房。随后吸收了一定能量的冷媒回流到压缩机,进入下一个循环。

2. 工程量计算规则

地源(水源、气源)热泵机组工程量计算规则见表4-126。

表4-126 地源(水源、气源)热泵机组

项目编码	项目名称	项目特征	计量单位	工程量计算规则	工作内容
031006006	地源(水源、气源)热泵机组	1. 型号、规格 2. 安装方式 3. 减震装置形式	组	按设计图示数量计算	1. 安装 2. 减震装置制作、安装

3. 项目特征描述

(1)应说明其型号、规格。

(2)应说明其安装方式。

(3)应说明其减压装置形式。

(七)除砂器工程量计算

除砂器是从汽水或废水水流中分离出杂粒的装置。杂粒包括砂粒、石子、煤渣或其他一些重的固体构成的渣滓,其沉降速度和密度远大于水中易于腐烂的有机物。设置除砂器还可保护机械设备免遭磨损,减少重物在管线、沟槽内沉积,并减少由于杂粒大量积累所需的清理次数。

1. 除砂器简介

除砂器包括旋流除砂器和Y型除砂器等种类。

(1)旋流除砂器是根据离心沉降和密度差的原理,当水流在一定的压力下从除砂进水口以切向进入设备后,产生强烈的旋转运动,由于砂和水密度不同,在离心力、向心力、浮力和流体曳力的共同作用下,使密度低的水上升,由出水口排出,密度大的砂粒由设备底部的排污口排出,从而达到除砂的目的。旋流除砂器集旋流与过滤为一体,在水处理领域实现除砂、降浊、固液分离等效果显著。

旋流除砂器选型须考虑处理水量,外部接管管径,管道工作压力,原水品质以及处理后水质要求等因素。一般情况下,选用旋流除砂器时,在满足流量的前提下,优先选用大的型号设备,并推荐在系统中用几台设备并联替代大设备,以便取得更佳的固液分离效果。旋流除砂器安装应注意以下事项:

1)旋流除砂器应安装在供水管网的主管道上并固定在基座上,进水和出水管之间需加旁通;

2)为保证进水水流平稳,在设备进水口前应安装一段与进水口等径的直通管,长度相当于进水口直径的10~15倍;

3)安装时设备四周应预留有足够的维护空间;

4)正常工作时,需开启进、出水阀门,关闭排污阀和旁通阀;

5)根据源水含砂量的多少定期排砂除污,排污时打开排污阀,直到流出清水即可,排污过程不影响系统正常用水。排污结束后,关闭排污阀;

6)如排砂压力不足,应关闭出水口处的阀门。

(2) Y 型除砂器也称 Y 型过滤器，其工作原理是滤网上有分布数量不等的小孔，当杂质的粒径大于小孔的孔径时，这些杂质就会被截留下来，然后定期清理滤网即可。Y 型除砂器的类型一般根据进水口的口径进行划分，包括 $DN15$、$DN20$、$DN25$、$DN32$、$DN40$、$DN50$、$DN65$、$DN80$、$DN100$ 等。其连接一般采用法兰连接和螺纹连接。

2. 工程量计算规则

除砂器工程量计算规则见表 4-127。

表 4-127　　　　　　除砂器

项目编码	项目名称	项目特征	计量单位	工程量计算规则	工作内容
031006007	除砂器	1. 型号、规格 2. 安装方式	台	按设计图示数量计算	安装

3. 项目特征描述

(1) 应说明其型号、规格。
(2) 应说明其安装方式。

(八) 水处理器工程量计算

1. 水处理器简介

(1) 全程综合水处理器。全程综合水处理器由优质碳钢筒体、特殊结构的不锈钢网、高频电磁场发生器、电晕场发生器及排污装置等组成。其通过活性铁质滤膜，全自动机械过滤器变径孔阻挡及电晕效应场三位一体的综合过滤体，吸附、浓缩在实际运行工况下各种水系形成的硬度物质及复合垢，降低其浓度，达到控制污垢及大部分硬度垢的目的，并通过换能器将特定频率能量转换给被处理的介质——水，形成电磁极化水，使其成垢离子间的排列顺序发生扭曲变形。当水温升高到一定程度时，处理的水需经过一段时间方能恢复到原来的状态。在此阶段，成垢的概率很低，因而达到控制形成硬度垢的目的。同时，器壁金属离子受到抑制，对无垢系统具有防腐蚀作用。此外，电磁极化水还可有效地杀灭水中的菌类、藻类等，有效地抑制水中微生物的繁殖。所以，全程综合水处理器在系统正常运行状态下，可以完成防结垢、防腐、杀菌、灭藻、超净过滤、控制水质的综合功能。全程综合水处理器可分为全自动全程综合水处理器、智能型全程综合水处理器、物化全程综合水处理器和直通型全程综合水处理器等种类。

（2）电子水处理器。电子水处理器采用高频电子水处理技术，是由主机产生高频电磁场对水质进行处理，使原有的大缔合状态水的结合键被深度打断离解成活性很强的单分子或小缔合状态的水，从而改变了水的物理结构与特性，增强了水分子极性，增大了水分子的极矩，提高了水分子对钙、镁离子、碳酸根离子等成垢组分的水合能力，起到了阻止水垢形成的作用，并使原有的水垢晶体变得松软、脱落、溶解，经排污过滤器排出，达到除垢的目的。电子水处理具有防垢除垢、杀菌灭藻、活化水质等功能，可广泛应用于中央空调系统、工业冷却系统、热力管网、热交换系统、热水锅炉、农业灌溉及其他各种用水设备系统。

（3）软化水处理器。软化水处理器即为降低水硬度的设备，主要除去水中的钙、镁离子。软化水设备在软化水的过程中，不降低水中的总含盐量。软化水处理器广泛应用于蒸汽锅炉、热水锅炉、交换器、蒸发冷凝器、空调、直燃机等系统的补给水的软化，还可用于宾馆、饭店、写字楼、公寓、家居等生活用水的处理及食品、饮料、酿酒、洗衣、印染、化工、医药等行业的软化水处理。软化水处理器一般采用阳离子交换树脂（软水器），将水中的钙、镁离子（形成水垢的主要成分）置换出来，随着树脂内钙、镁离子的增加，树脂去除钙、镁离子的效能会逐渐降低。当树脂吸收一定量的钙、镁离子之后，就必须进行再生。再生过程就是用盐箱中的食盐水冲洗树脂层，把树脂上的硬度离子再置换出来，随再生废液排出罐外，树脂就又恢复了软化交换功能。

（4）磁水处理器。磁水处理器是水以一定的流速切割磁力线，使其各种分子、离子都获得一定的磁能而发生形变，破坏了其结垢能力，经过磁化的水作为冷却用水能使水管中结垢的钙、镁离子变成松渣随水流失，以达到防止水垢产生和去除水垢的作用。

（5）旁流水处理器。旁流水处理器是利用特殊材料制成的金属电极，在适当的外加电压作用下，使流经的水产生微电解，使水中溶解的氯离子、氧分子及水分子产生二氧化氯、活性氧、双氧水、分子氯、次氯酸等氧化性物质。这些氧化性物质通过水的流动，扩散到所有水经过的地方，杀灭水系统中的细菌、藻类细胞。流经水处理器的水中细菌、藻类细胞,因在电流作用下被直接杀死,活性氧在管道上生成氧化膜,保护设备不被进一步腐蚀,各种微生物腐蚀、沉积腐蚀被抑制。水经过处理后,水分子聚合度降低,结构发生变化,水的偶极距增大,极性增加,所有这些变化,都增加了水的水合能力和溶垢能力。对于已结垢的系统,活性氧将破坏分子间的电子结合力,改变其晶体结构,使坚硬老垢软化变得疏松,积垢逐渐溶解或成碎屑脱落。水中所含的盐类离子(钙、镁等)因受到微电流的作用,分别趋向于不同的电极并被重新排列,难以趋向器壁积聚,从而防止水垢生成。

2. 工程量计算规则

水处理器工程量计算规则见表 4-128。

表 4-128 　　　　　　　水处理器

项目编码	项目名称	项目特征	计量单位	工程量计算规则	工作内容
031006008	水处理器	1. 类型 2. 型号、规格	台	按设计图示数量计算	安装

3. 项目特征描述

(1)应说明其类型。

(2)应说明其型号、规格。

(九)超声波灭藻设备工程量计算

1. 超声波灭藻设备简介

超声波灭藻设备的工作原理是利用特定频率的超声波所产生的震荡波,作用于水藻的外壁并使之破裂、死亡,以达到消灭水藻、平衡水环境生态的目的。超声波是指频率在 16kHz～10MHz 的声波,它由一系列疏密相间的纵波构成。超声波作用机理与其在水中产生的空化效应和自由基反应有关。

超声波的抑藻杀藻机理为破坏细胞壁、破坏气胞、破坏活性酶。高强度的超声波能破坏生物细胞壁,使细胞内物质流出。藻类细胞的特殊构造是一个占细胞体积 50% 的气泡,气泡控制藻类细胞的升降运动。超声波引起的冲击波、射流、辐射压等可能破坏气泡，在适当的频率下，气泡甚至能成为空化泡而破裂。同时，空化产生的高温高压和大量自由基，可以破坏藻细胞内活性酶和活性物质，从而影响细胞的生理生化活性。此外，超声波引发的化学效应也能分解藻毒素等藻细胞分泌物和代谢产物。

2. 工程量计算规则

超声波灭藻设备工程量计算规则见表 4-129。

表 4-129　　　　　超声波灭藻设备

项目编码	项目名称	项目特征	计量单位	工程量计算规则	工作内容
031006009	超声波灭藻设备	1. 类型 2. 型号、规格	台	按设计图示数量计算	安装

3. 项目特征描述

(1)应说明其类型。
(2)应说明其型号、规格。

(十)水质净化器工程量计算

水质净化器简称净水器，是集混合、反应、沉淀、过滤于一体的一元化设备，具有结构紧凑、体积小、操作管理简便和性能稳定等优点。水质净化器工程量计算规则见表 4-130。

表 4-130　　　　　水质净化器

项目编码	项目名称	项目特征	计量单位	工程量计算规则	工作内容
031006010	水质净化器	1. 类型 2. 型号、规格	台	按设计图示数量计算	安装

(十一)紫外线杀菌设备工程量计算

1. 紫外线杀菌设备简介

紫外线是一种肉眼看不见的光波，存在于光谱紫射线端的外侧，故称紫外线。紫外线是来自太阳辐射的电磁波之一，是物质运行的一种特殊形式,是一粒粒不连接的粒子流。每一粒波长 253.7nm 的紫外线光子具有 4.9eV 的能量。当紫外线照射到微生物时,便发生能量的传递和积累,积累结果造成微生物的灭活,从而达到消毒的目的。当细菌、病毒吸收超过 $3600\sim65000uW/cm^2$ 的剂量时,对细菌、病毒的去氧核糖核酸(DNA)及核糖核酸(RNA)具有强大破坏力,能使细菌、病毒丧失生存力及繁殖力进而消灭细菌、病毒,达到消毒灭菌的效果。紫外线一方面可使核酸突变,阻碍其复制、转录封锁及蛋白质的合成;另一方面产生自由基可引起光电离,从而导致细胞的死亡。

紫外线杀菌设备的杀菌原理是利用紫外线灯管辐照强度,即紫外线杀菌灯所发出的辐照强度,与被照消毒物的距离成反比。当辐照强度一定时,被照消毒物停留时间愈久,离杀菌灯管愈近,其杀菌效果愈好;反之愈差。

紫外线杀菌设备施工安装应注意下列事项:

(1)不宜将紫外线发生器安装在紧靠水泵的出水管上,防止停泵水锤损坏石英玻管和灯管。

(2)紫外线发生器应严格按照进出水方向安装。

(3)紫外线发生器应有高出建筑地面的基础,基础高出地面不应小于 100mm。

(4)紫外线发生器及其连接管道和阀门应稳固固定,不得使紫外线发生器承担管道及附件的质量。

(5)紫外线发生器的安装应便于拆卸检修和维护,所有管道连接处不得使用影响水质卫生的材料。

2. 工程量计算规则

紫外线杀菌设备工程量计算规则见表 4-131。

表 4-131　　　　　　　紫外线杀菌设备

项目编码	项目名称	项目特征	计量单位	工程量计算规则	工作内容
031006011	紫外线杀菌设备	1. 名称 2. 规格	台	按设计图示数量计算	安装

3. 项目特征描述

(1)应说明其名称。

(2)应说明其规格。

(十二)热水器、开水炉工程量计算

热水器是指通过各种物理原理,在一定时间内使冷水温度升高变成热水的一种装置。按照原理不同可分为电热水器、燃气热水器、太阳能热水器、空气能热水器等种类。

开水炉是为了适应各类人群饮水需求而设计开发的烧制开水的装置。开水炉按加热源分为电开水炉、燃油开水锅炉、燃气开水锅炉、燃煤开水炉及蒸汽加热式开水炉;按构造可分为容积式开水炉和直热式开水炉。

热水器、开水炉工程量计算规则见表4-132。

表4-132 热水器、开水炉

项目编码	项目名称	项目特征	计量单位	工程量计算规则	工作内容
031006012	热水器、开水炉	1. 能源种类 2. 型号、容积 3. 安装方式	台	按设计图示数量计算	1. 安装 2. 附件安装

(十三)消毒器、消毒锅工程量计算

消毒器、消毒锅工程量计算规则见表4-133。

表4-133 消毒器、消毒锅

项目编码	项目名称	项目特征	计量单位	工程量计算规则	工作内容
031006013	消毒器、消毒锅	1. 类型 2. 型号、规格	台	按设计图示数量计算	安装

(十四)直饮水设备工程量计算

直饮水是指通过设备对源水进行深度净化,达到人体能直接饮用要求的水。直饮水主要通过反渗透系统进行过滤。直饮水设备适用于办公楼、写字楼、酒店、宾馆、公寓、别墅、学校、医院、水厂、工厂等场所。直饮水系统一般由原水箱、增压单元、预处理单元、膜主机单元、循环供水单元、消毒单元、自动控制单元、专用管网、专用水表、各式饮水终端等组成。

1. 直饮水设备安装简介

(1)安装位置的选择。家用直饮水设备一般安装在厨房、客厅、便于取水的饮水点。安装位置的选择以原有自来水管道为准,同时考虑饮水是否方便、排污是否方便、用电是否方便、维护是否方便、冷天是否冻裂,以及与整体空间是否协调美观等因素。

(2)安装工具的准备。安装直饮水设备,一般需要冲击钻打孔或开孔,以便将直饮机或水龙头固定。除此以外,还应准备生胶带、螺丝刀、测电笔、扳手、剪刀、小刀、管钳等工具。

(3)直饮水设备安装注意事项。

1)在选定的位置打孔或固定直饮水设备。孔要圆滑,深度及孔距要准确,孔周围不能有裂痕或缺口、毛边;

2)与自来水管连接前,应先关闭自来水总阀,再连接直饮水设备。连接时,接口要缠生胶带,不能漏水;

3)纯水机可将排污管直接放入排污管道,但端口要留一定空间,以避免污水倒流入直饮水设备,防止排污口"虹吸"现象产生;如将直饮水设备排污管直接放入排污管道,应在排污管端装一球阀,不定时打开可起到排污作用;也可将排污管直接与原先自来水龙头相连。排污管与直饮水设备的排污口一定要接好,不能漏水;

4)安装水龙头。如果要将水龙头装在水槽上,不锈钢水槽可用开孔器开孔;如果要将水龙头固定在墙面,可用直角龙头挂片将水龙头固定在墙面;

5)打开总进水球阀,对直饮水设备进行调试,观察接头是否漏水,观察最少2小时,可在直饮水设备下放一块干净的干毛巾,检查是否有渗水现象。

2. 工程量计算规则

直饮水设备工程量计算规则见表4-134。

表 4-134　　　　　　　　直饮水设备

项目编码	项目名称	项目特征	计量单位	工程量计算规则	工作内容
031006014	直饮水设备	1. 名称 2. 规格	套	按设计图示数量计算	安装

3. 项目特征描述

(1)应说明其名称。

(2)应说明其规格。

(十五)水箱工程量计算

水箱按照材质可分为不锈钢水箱、搪瓷钢板水箱、玻璃钢水箱、PE 水箱等。其中,玻璃钢水箱是选用优质树脂为制作原料,加上优良的模压生产工艺制作而成,具有质量轻、无锈蚀、不渗漏、水质好、使用范围广、使用寿命长、保温性能好、外形美观、安装方便、清洗维修简便、适应性强等特点。

1. 水箱附件简介

(1)进水管。水箱进水管一般从侧壁接入,也可以从底部或顶部接入。当水箱利用管网压力进水时,其进水管出口处应设浮球阀或液压阀,浮球阀一般不少于2个。浮球阀直径应与进水管直径相同,每个浮球阀前均应装有检修阀门。

(2)出水管。水箱出水管可从侧壁或底部接出。从侧壁接出时的出水管内底或从底部接出时的出水管管口顶面,应高出水箱底 50mm。出水管口应设置阀门。

(3)溢流管。水箱溢流管可从侧壁或底部接出,其管径按水箱最大入流量确定,并宜比进水管大 1~2 号。溢流管上不得安装阀门,不得与排水系统直接连接,且必须采用间接排水。溢流管上应有防止尘土、昆虫、蚊蝇等进入的措施,如设置水封、滤网等。

(4)泄水管。水箱泄水管应自水箱底部最低处接出。泄水管可与溢流管相接,但不得与排水系统直接连接。泄水管管径在无特殊要求下,一般采用 DN50。

(5)通气管。供生活饮用水的水箱应设有密封箱盖,箱盖上应设有检修人孔和通气管。通气管可伸至室内或室外,但不得伸到有害气体的地方,管口应有防止灰尘、昆虫和蚊蝇进入的滤网,一般应将管口朝下设置,上不得装设阀门、水封等妨碍通气的装置,不得与排水系统和通风道连接。

(6)液位计。一般应在水箱侧壁上安装玻璃液位计,用于指示水位。在一个液位计长度不够时,可上下安装 2 个或多个液位计。相邻两个液位计的重叠部分,不宜少于 70mm。若水箱未安装液位信号计,则可设信号管给出溢水信号。信号管一般自水箱侧壁接出,其设置高度应使其管内底与溢流管底或喇叭口溢流水面平齐。信号管可接至经常有人值班房间内的洗脸盆、洗涤盆等处。若水箱液位与水泵连锁,则在水箱侧壁或顶盖上安装液位继电器或信号器。常用的液位继电器或信号器有浮球式、杆式、电容式与浮平式等。

2. 工程量计算规则

水箱工程量计算规则见表 4-135。

表 4-135　　　　　水　箱

项目编码	项目名称	项目特征	计量单位	工程量计算规则	工作内容
031006015	水箱	1. 材质、类型 2. 型号、规格	台	按设计图示数量计算	1. 制作 2. 安装

3. 项目特征描述

(1)应说明其材质、类型。

(2)应说明其型号、规格。

二、采暖、给排水设备工程量计算注意事项

(1)变频给水设备、稳压给水设备、无负压给水设备的安装说明。

1)压力容器,包括气压罐、稳压罐、无负压罐;

2)水泵,包括主泵及备用泵,应注明数量;

3)附件,包括给水装置中配备的阀门、仪表、软接头,应标明其数量,含设备、附件之间管路连接;

4)泵组底座安装,不包括基础砌(浇)筑,应按国家现行标准《房屋建

筑与装饰工程工程量计算规范》(GB 50854—2013)相关项目编码列项；

5)控制柜安装及电气接线、调试应按《通用安装工程工程量计算规范》(GB 50856—2013)附录D电气设备安装工程相关项目编码列项。

(2)地源热泵机组，接管及接管上的阀门、软接头、减震装置和基础另行计算，应按相关项目编码列项。

第七节　燃气器具及其他

一、燃气器具及其他工程量计算

(一)燃气开水炉工程量计算

燃气开水炉也称燃气开水锅炉、燃气茶炉等，是生活锅炉的一种，属于常压民用锅炉的范畴。燃气开水炉以燃气为燃料，通过燃气燃烧器喷火对水进行加热，当水温达到设定水温上限后，燃烧器停止工作，锅炉进入自动保温状态，用户可从开水口接出开水。若与保温水箱相连，可以满足像医院、学校等集中供水型单位的开水需求。

1. 燃气开水炉简介

燃气开水炉的主要部件有锅炉控制器、燃气燃烧器、电磁阀及配电箱等。燃气开水炉按适用的燃气种类可分为液化气开水炉、天然气开水炉、城市煤气开水炉、沼气开水炉和焦炉煤气开水炉等；按结构形式分为常压燃气开水炉和承压燃气开水炉。平常所说的燃气开水炉通常是指常压燃气开水炉。

燃气开水炉安装应符合下列要求：

(1)燃气开水炉必须安装在空气流通的地方，烟囱处接驳排烟管道高度不超过2m，且无异物覆盖，开水器上方安装排气扇。

(2)开水炉的水源必须有100Pa压力的自来水。

(3)开水炉安装在水平的台面上，远离易燃、易爆、腐蚀性的危险物品。烟囱处温度比较高，距离其他物品必须有50cm以上才能确保安全。

燃气开水炉使用专用高位不锈钢燃烧器，特制管道吸热方式，其热利用率高、产开水量大、全不锈钢制作、干净卫生。

2. 工程量计算规则

燃气开水炉工程量计算规则见表 4-136。

表 4-136　　　　　　燃气开水炉

项目编码	项目名称	项目特征	计量单位	工程量计算规则	工作内容
031007001	燃气开水炉	1. 型号、容量 2. 安装方式 3. 附件型号、规格	台	按设计图示数量计算	1. 安装 2. 附件安装

3. 项目特征描述

(1) 应说明其型号、容量。常见燃气开水炉的性能参数见表 4-137。

表 4-137　　　　常见燃气开水炉的性能参数

型号	开水量 (kg/h)	水容积 (m^3)	电源 (V)	开水口 (mm)	进水口 (mm)	通大气口 (mm)	清污口 (mm)	烟囱口径 (mm)	外形尺寸(mm)		
									长	宽	高
KS-200Q	240	0.12	220	DN20	DN15	DN40	DN80	108	736	690	1150
KS-300Q	360	0.19	220	DN20	DN15	DN40	DN80	108	780	690	1155
KS-500Q	500	0.23	220	DN40	DN20	DN40	DN80	140	940	720	1500
KS-700Q	700	0.26	220	DN40	DN20	DN50	DN80	140	1035	815	1500
KS-1000Q	1000	0.35	220	DN40	DN25	DN50	DN80	165	1218	900	1870
KS-1500Q	1500	0.50	220	DN40	DN25	DN65	DN80	165	1380	1065	1870
KS-2000Q	2000	0.65	220	DN50	DN40	DN65	DN80	200	1530	1145	2115
KS-3000Q	3000	0.80	220	DN50	DN40	DN80	DN80	200	1765	1525	2135
KS-4000Q	4000	0.85	380	DN65	DN40	DN80	DN80	260	1770	1525	2200
KS-6000Q	6000	1.2	380	DN65	DN40	DN80	DN80	260	1770	1525	2610

(2) 应说明其安装方式。
(3) 应说明附件型号、规格。

4. 工程量计算示例

【例 4-21】 图 4-60 所示为某宾馆的燃气开水炉示意图,其型号为 KS-700Q,燃气连接采用焊接法兰连接,试计算燃气开水炉工程量。

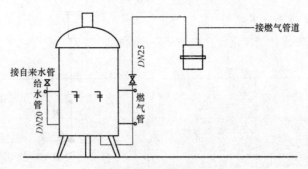

图 4-60　燃气开水炉示意图

【解】　燃气开水炉工程量=1 台

工程量清单见表 4-138。

表 4-138　　　　　　　　工程量清单

项目编码	项目名称	项目特征描述	计量单位	工程量
031007001001	燃气开水炉	KS-700Q 燃气开水炉，燃气连接采用焊接法兰连接	台	1

(二)燃气采暖炉工程量计算

燃气采暖炉是指通过消耗燃气使其转化为热能而用来采暖的一种设备。

1. 燃气采暖系统简介

燃气采暖系统通过燃气管、水管、排气管等连接向用户供暖,用户可随时根据自己的需要选择供暖时间、温度。图 4-61 所示为燃气炉户式采暖系统;图 4-62 所示为燃气炉户式采暖单管系统;图 4-63 所示为燃气炉地板热水采暖系统。

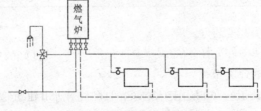

图 4-61　燃气炉户式采暖系统

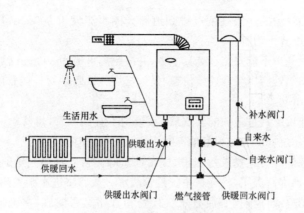

图 4-62 燃气炉户式采暖单管系统

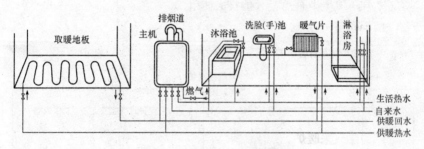

图 4-63 燃气炉地板热水采暖系统

2. 燃气采暖炉类别及安装要求

户式燃气采暖炉按排气方式分为两大类:一类为烟道式自然排气方式,即燃烧产生的烟气由烟筒排出,燃烧所需的新鲜空气取自室内,安装房间应通风换气;另一类为强制平衡式,即利用风机和专用烟筒将燃烧产生的烟气排出室外,并从室外吸入燃烧所需的新鲜空气,可安装在封闭的房间内。

燃气采暖炉安装应符合下列要求:

(1)燃气采暖炉一定要分室安装,并应装在通风良好的房间内,如与室外相通的厨房阳台等。

(2)烟道式燃气炉必须安装烟道,且烟道应伸出建筑物一定的高度(1.5~2.0m)。

(3)燃气炉的安装高度以排烟道离天棚距离大于600mm,且观火孔与人眼高度齐平为宜。

(4)燃气炉不能安装在灶具上方,并应距离可燃物300mm以上。

(5)燃气管应用粗管连接(特别是人工煤气采暖炉),连接管内径应不小于12mm。

(6)连接燃气采暖炉的燃气管、水管均不宜用软管,燃气炉的排气管长度不应超过3m,且应很好地支撑固定,以避免扭曲、弯折。

(7)装好后一定要进行水密、气密性试验。首先将燃气炉通水,水流正常后将出水阀关闭,检查水系统是否漏水。然后将进水阀关闭,打开燃气阀,用肥皂液仔细检查所有燃气接头和管路是否漏气,在确保不漏气后,方可试点火系统,按照说明书指示正确操作点火后,将进水阀打开,使燃气炉运行,待一切正常后才能投入使用。

3. 工程量计算规则

燃气采暖炉工程量计算规则见表4-139。

表4-139　　　　　　燃气采暖炉

项目编码	项目名称	项目特征	计量单位	工程量计算规则	工作内容
031007002	燃气采暖炉	1. 型号、容量 2. 安装方式 3. 附件型号、规格	台	按设计图示数量计算	1. 安装 2. 附件安装

4. 项目特征描述

(1)应说明其型号、容量。如DSJ8-B、TWGN-30。

(2)应说明其安装方式。

(3)应说明附件型号、规格。

(三)燃气沸水器工程量计算

燃气沸水器是一种利用煤气、液化气为热源,能连续不断提供热水或沸水的设备,由壳体和壳体内的预热器、贮水管、燃烧器、点火器等构成。冷水经预热器预热进入螺旋形的贮水管,得到燃烧器直接而又充分的燃烧,水温逐渐上升到沸点。燃气沸水器具有加热速度快、热效率高、节能、可调温等特点。

1. 燃气沸水器简介

(1)燃气沸水器的总体结构应符合下列要求：

1)沸水器及其配件的结构应考虑到使用安全、操作方便和经久耐用，整体结构应稳定坚固，在正常运行时不得泄漏和有影响使用的变形；

2)壁挂式沸水器应能方便地悬挂或固定在墙上；

3)沸水器的各部件应易于清扫和维修，手可能触及部位的表面应光滑，在维修、保养时必须拆卸的部件应能使用通用工具装卸；

4)沸水器零部件之间连接用的螺钉、螺母、铆钉等应使用标准件，连接应牢固可靠，使用中不应松动；

5)燃烧器、点火燃烧器、点火装置和熄火保护装置等的相互位置应准确、固定，在正常使用状态下，各部件不应松动或脱落；

6)沸水器应设置观火孔、溢流管；

7)沸水器炉体结构应便于清除炉垢，在最低水位处应装设排污阀；

8)沸水阀高度应能避免水垢放出；

9)沸水器应预留温度计(温度传感器)和水位计(水位传感器)接口；

10)沸水器最高处应开孔，并确保直通大气。

(2)燃气沸水器的燃气管路系统应符合下列要求：

1)燃气管不应安装在易受腐蚀或过热的地方，在不可避免的情况下应采取可靠的防护措施；

2)燃气管路电磁阀前应加手动快速切断阀；

3)燃气进口接头距离地面高度应大于200mm，宜设在沸水器外部或设在从外部容易看到、便于安装和维修的位置；

4)燃气喷嘴与燃烧器的相互位置应准确固定，便于装卸。

(3)燃气沸水器的燃烧装置应符合下列要求：

1)燃烧器的结构应坚固，易于装卸、清扫和维修；

2)燃烧器不应出现影响燃烧的缺陷或变形；

3)由两个以上头部组成的燃烧器，其相互间的位置在使用中不应有移动；

4)燃烧器头部与引射器采用装配结构时，其接合处应严密不漏气；

5)燃烧器的火焰不应使其他部件过热或损坏；

6)调风装置应坚固耐用,操作方便,调节灵活,在使用中不应有自行滑动及脱落现象;

7)调风旋钮或手柄应设在易操作的位置,并应标出"开"、"关"的调节方向。

(4)燃气沸水器的水路系统应符合下列要求:

1)水路系统的管道、阀门、配件连接处均应严密不漏水;

2)进水口应设在便于安装的位置;

3)沸水阀与冷水阀均应操作灵活、准确。

(5)燃气沸水器的温度控制及信号装置应符合下列要求:

1)温度控制装置的动作应灵活、可靠、操作方便;

2)手动控制式沸水器应设保温燃烧器和沸水信号装置;

3)用试验指检验外壳开孔时,试验指不应触及转动部件和带电部件。

2. 工程量计算规则

燃气沸水器工程量计算规则见表 4-140。

表 4-140 燃气沸水器

项目编码	项目名称	项目特征	计量单位	工程量计算规则	工作内容
031007003	燃气沸水器	1. 类型 2. 型号、容量 3. 安装方式 4. 附件型号、规格	台	按设计图示数量计算	1. 安装 2. 附件安装

3. 项目特征描述

(1)应说明其类型。燃气沸水器按燃气种类分类可分为人工煤气沸水器、天然气沸水器、液化石油气沸水器;按排气方式分类可分为直接排气式沸水器(运行时燃烧所需的空气取自室内,烟气也排至室内,其额定热流量应小于 12kW)、烟道排气式沸水器(运行时燃烧所需的空气取自室内,烟气通过排气筒排至室外,也可自然排出或机械强制排出)和平衡式沸水器(运行时燃烧所需的空气取自室外,烟气通过排气筒排至室外,也可自然排出或机械强制排出,整个燃烧系统与室内隔开);按控制方式可分为手动控制式沸水器和自动控制式沸水器；按结构形式可分为容积式沸水器和连续式沸水器。

(2)应说明其型号、容量。燃气沸水器的型号编制方法如下：

| 沸水器代号 | 燃气种类代号 | 结构形式 | 沸水器容积或每小时供应的沸水量 | 改型序号 |

1)沸水器代号用汉语拼音字母 FQ 表示；

2)燃气种类代号用汉语拼音字母表示(R——人工煤气；T——天然气；Y——液化石油气)；

3)结构形式代号用汉语拼音字母表示(R——容积式；L——连续式)；

4)沸水器容积或每小时供应的沸水量用阿拉伯数字表示,单位为 L；

5)沸水器产品改型序号用汉语拼音字母表示(A——第一次改型；B——第二次改型；C——第三次改型；依此类推。原型设计无改型序号)。

型号编制举例：

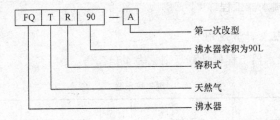

表示使用燃气为天然气、容积式、容积为 90L、第一次改型的常压沸水器。

(3)应说明其安装方式。

(4)应说明附件型号、规格。

(四)燃气热水器工程量计算

燃气热水器又称燃气热水炉,是指以燃气作为燃料,通过燃烧加热方式将热量传递到流经热交换器的冷水中以达到制备热水目的的一种燃气用具。

1. 燃气热水器简介

燃气热水器的基本工作原理是冷水进入热水器,流经水气联动阀体,在流动水的一定压力差值作用下,推动水气联动阀门,并同时推动直流电源微动开关将电源接通,启动脉冲点火器,与此同时打开燃气输气电磁阀门,通过脉冲点火器自动点火,直到点火成功进入正常工作状态为止。当燃气热水器在工作过程或点火过程中出现缺水或水压不足、缺电、缺燃气、热水温度过高、意外吹熄火等故障现象时,脉冲点火器将通过检测感应针反馈的信号,自动切断电源,燃气输气电磁阀门在缺电的情况下立刻回复原来的常闭状态,即切断了燃气通路,燃气热水器关闭。

燃气热水器从点火状态到进入正常工作状态的整个过程均为全自动控制,无须人为调整或附加设置,只要打开冷水开关或接通冷水水源,通过水量调节装置和气量调节装置调节就可得到合适的水量与水温。燃气热水器能在较短的时间内(5~10s)进入正常工作状态,产出热水,一旦出现意外故障,燃气热水器将会在10s内自动停止工作,并立刻切断燃气通路,防止燃气继续流出,且不能自动重新开启,除非人为排除故障后再重新启动燃气热水器,方能恢复正常工作状态。

燃气热水器一般包括外壳、给排气装置、燃烧器、热交换器(俗称水箱)、气控装置、水控装置、水气联动装置和电子控制系统等。

2. 工程量计算规则

燃气热水器工程量计算规则见表 4-141。

表 4-141　　　　　　　　燃气热水器

项目编码	项目名称	项目特征	计量单位	工程量计算规则	工作内容
031007004	燃气热水器	1. 类型 2. 型号、容量 3. 安装方式 4. 附件型号、规格	台	按设计图示数量计算	1. 安装 2. 附件安装

3. 项目特征描述

(1)应说明其类型。燃气热水器可根据燃气种类、安装位置及给排气方式、用途、供暖热水系统结构形式进行分类。

1)按使用燃气的种类可分为人工煤气热水器、天然气热水器和液化石油气热水器。各种燃气的分类代号和额定供气压力见表 4-142;

表 4-142　　　　　　　　　　　按燃气分类

燃气种类	代号	燃气额定供气压力(Pa)
人工煤气	5R、6R、7R	1000
天然气	4T、6T	1000
	10T、12T、13T	2000
液化石油气	19Y、20Y、22Y	2800

2)按安装位置及给排气方式分类见表 4-143。

表 4-143　　　　　　　按安装位置及给排气方式分类

名称		分类内容	简称	代号
室内型	自然排气式	燃烧时所需空气取自室内,用排气管在自然抽力作用下将烟气排至室外	烟道式	D
	强制排气式	燃烧时所需空气取自室内,用排气管在风机作用下强制将烟气排至室外	强排式	Q
	自然给排气式	将给排气管接至室外,利用自然抽力进行给排气	平衡式	P
	强制给排气式	将给排气管接至室外,利用风机强制进行给排气	强制平衡式	G
室外型		只可以安装在室外的热水器	室外型	W

3)按用途分类见表 4-144。

表 4-144　　　　　　　　　按用途分类

类别	用途	代号
供热水型	仅用于供热水	JS
供暖型	仅用于供暖	JN
两用型	供热水和供暖两用	JL

4)按供暖热水系统结构形式分类见表 4-145。

表 4-145 按供暖热水系统结构形式分类

循环方式	分 类 内 容	代号
开放式	热水器供暖循环通路与大气相通	K
密闭式	热水器供暖循环通路与大气隔绝	B

(2)应说明其型号、容量。燃气热水器型号的编制方法如下：

| 代 号 | 安装位置及给排气方式 | 主参数 | 特征序号 |

1)代号。

JS——用于供热水的热水器；

JN——用于供暖的热水器；

JL——用于供热水和供暖的热水器。

2)安装位置及给排气方式。

D——自然排气式；

Q——强制排气式；

P——自然给排气式；

G——强制给排气式；

W——室外型。

3)主参数。主参数采用额定热负荷(kW)取整后的阿拉伯数字表示。两用型热水器若采用两套独立燃烧系统并可同时运行，额定热负荷用两套系统热负荷相加值表示；若不可同时运行，则采用最大热负荷表示。

4)特征序号。特征序号由制造厂自行编制，位数不限。

型号编制举例：

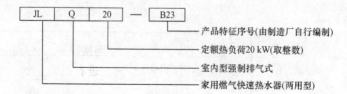

(3)应说明其安装方式。

(4)应说明附件型号、规格。

(五)燃气表工程量计算

燃气表是进行燃气能源计量的器具,其依靠燃气的压力对外做功,推动滚轮计数器计数。

1. 燃气表安装简介

(1)燃气表箱安装。

1)燃气表箱的安装应横平竖直(倾斜偏差不得大于 20mm),固定牢固,整栋楼房的安装高度应一致,整体上使人感到美观;

2)表箱内外管采用生胶带连接,内部连接管成型后应用 0.1MPa 的压力进行试验,稳压 1h,用肥皂水检查不漏为合格;

3)燃气表箱的玻璃窗口应与燃气表的读数窗口相对应;

4)表箱前立管与邻近表箱一侧的间距应不小于 0.1m;

5)表后管材为铝塑管,用铜管件连接。管子应准确下料,切割用铝塑管专用剪刀,要求切口端面与管子轴线垂直,切割后用撑圆器撑圆,用橡胶锤调直。

6)出表箱的铝塑管应统一、整齐的放进保护管里。表箱与保护管之间的铝塑管应集中放入能防紫外线的软管里或用其他方法进行保护;

7)与表箱连接的出地坪燃气管最少应加 1~2 个固定卡。

(2)用户燃气表安装。

1)燃气表在接入管道前应先吹扫管道内铁渣、污垢、积水等杂物,并确保管道无泄漏;

2)燃气表在接入管路时,施加在燃气表管接头上的力矩不得超过 80N·m;

3)燃气表前必须安装一个能关闭气路的球阀;

4)燃气表安装后要求横平竖直,不得倾斜,表的垂直偏差不大于 10mm;

5)燃气表的进出口管应采用钢管件和铝塑管,连接严密;

6)使用双管燃气表时,要注意方向标志,分清左进右出或左出右进方能安装;

7)燃气表在搬运、存放过程中应保持直立,切勿卧放、倒置及碰撞。

2. 工程量计算规则

燃气表工程量计算规则见表 4-146。

表 4-146　　　　　　　　燃 气 表

项目编码	项目名称	项目特征	计量单位	工程量计算规则	工作内容
031007005	燃气表	1. 类型 2. 型号、规格 3. 连接方式 4. 托架设计要求	块 (台)	按设计图示数量计算	1. 安装 2. 托架制作、安装

3. 项目特征描述

(1)应说明其类型。常用的燃气计量表有膜式计量表、回转式计量表、湿式计量表、涡轮计量表等形式。

1)膜式计量表。膜式计量表属容积式流量计,是依据流过流量计的气体体积来测定其流量的;

2)回转式计量表。回转式计量表不仅可以测量气体,也可以测量液体。测量气体的流量计通常称为腰轮计量表,测量液态液化石油气的回转式计量表通常称为椭圆齿轮计量表。

①腰轮计量表。气体腰轮计量表具有体积小、流量大、工作稳定、重复性好、结构可靠、安装维修方便、使用寿命长等优点,但加工精度要求较高,适用于中低压力和较大流量的燃气计量;

②椭圆齿轮计量表。椭圆齿轮计量表应用椭圆齿轮测量的基本原理与腰轮传动相同,只是运动部件(测量元件)的形状略有不同,椭圆齿轮表面有锯齿,具有防爆性能的椭圆齿轮流量计适用于计量液态液化石油气;

3)湿式计量表。湿式计量表的结构简单、精度高、使用压力低、流量较小。

4)涡轮计量表。涡轮计量表由表体和电子校正仪两部分组成,燃气流动时,表体中的叶轮与流过气体的流速成正比,并通过一套机械传动机构及磁耦合连接件传送至 8 位字轮式计数器,得到累积的工作状况下的气体体积。

(2)应说明其型号、规格。

(3)应说明其连接方式,如螺纹连接。

(4)应说明其托架设计要求。

(六)燃气灶具工程量计算

燃气灶具是指以液化石油气、人工煤气、天然气等气体燃料进行直火加热的厨房用具,包括燃气灶、燃气烤箱、燃气烘烤器、燃气烤箱灶、燃气烘烤灶、燃气饭锅、气电两用灶具等。

1. 燃气灶具简介

(1)灶具的零部件应安全耐用,在正常操作中不发生破坏和影响使用的变形。

(2)灶具在正常使用过程中应有足够的稳定性,不产生滑动和倾倒现象。

(3)灶具整体结构向任何方向倾斜15°时不翻倒,零部件不脱落。

(4)灶具的燃烧器应设置不少于两道独立的燃气阀门。

(5)电点火装置出现故障时,应不影响安全;熄火保护装置动作后,需经手动复位,方可使用。

(6)燃烧器的燃烧状态应便于观察。

(7)在使用和清扫时,手有可能触及的零部件端部应光滑。

(8)灶具零部件的连接应使用标准紧固件,连接应牢固可靠,便于检修。

(9)零部件清扫、检修时,使用常用工具应能方便地拆装。

(10)燃气导管应符合下列要求:

1)燃气导管(包括点火燃烧器燃气导管)应设在不过热和不受腐蚀的位置;

2)点火燃烧器的燃气导管内径应不小于2mm;

3)燃气导管用焊接、法兰、螺纹等方式连接时,其结构应保证其密封性能;

4)灶具的硬管连接接头应使用管螺纹,管螺纹应符合相关标准的规定;

5)管道燃气宜使用硬管(或金属软管)连接。当使用非金属软管连接时,燃气导管不得因装拆软管而松动和漏气。软管和软管接头应设在易于观察和检修的位置;

6)软管和软管接头的连接应使用安全紧固措施。

(11)灶具的结构及包装应能承受储存运输中的堆码、振动和跌落。

(12)所有类型的灶具每一个燃烧器均应设有熄火保护装置。

(13)旋钮的结构在正常使用中被抓握时,应使操作者的手不可能触及那些温升过高的零件。

(14)石棉不应用于灶具的结构之中。

2. 工程量计算规则

燃气灶具工程量计算规则见表 4-147。

表 4-147　　　　　　　　燃气灶具

项目编码	项目名称	项目特征	计量单位	工程量计算规则	工作内容
031007006	燃气灶具	1. 用途 2. 类型 3. 型号、规格 4. 安装方式 5. 附件型号、规格	台	按设计图示数量计算	1. 安装 2. 附件安装

3. 项目特征描述

(1)应说明其用途。使用对象应说明是民用还是公用。

(2)应说明其类型。

1)按燃气类别可分为人工燃气灶具、天然气灶具、液化石油气灶具；

2)按灶眼数可分为单眼灶、双眼灶、多眼灶；

3)按功能可分为灶、烤箱灶、烘烤灶、烤箱、烘烤器、饭锅、气电两用灶具；

4)按结构形式可分为台式、嵌入式、落地式、组合式、其他形式；

5)按加热方式可分为直接式、半直接式、间接式。

(3)应说明其型号、规格。应注明燃气灶具的结构形式、灶眼数量等。

1)燃气灶具型号。燃气灶具的型号按功能不同用大写汉语拼音字母表示为：

JZ——燃气灶；

JKZ——烤箱灶；

JHZ——烘烤灶；

JH——烘烤器；

JK——烤箱；

JF——饭锅。

2)气电两用灶具的型号由燃气灶具类型代号和带电能加热的灶具代号组成，表示为：

3)灶具的型号由灶具的类型代号、燃气类别代号和企业自编号组成,表示为:

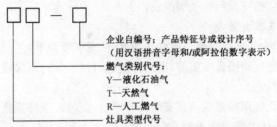

(4)应说明其安装方式。灶具的安装比较简单,首先检查气种是否合适,对嵌入式灶具要严格按说明书给的开孔尺寸挖孔,用配套的夹子固定好。需要注意的是进气管一定要用管箍固定,长度要适宜,过长会增加进气管阻力造成压降,降低了灶具的热流量;过短会造成拉拽现象,胶管易脱落。胶管规格要与接头配套,松则密封不严造成漏气,过紧(如用热水泡才能套上)就会加速胶管的老化。

(5)应说明其附件型号、规格。

(七)气嘴工程量计算

气嘴工程量计算规则见表 4-148。

表 4-148　　　　　　　气　　嘴

项目编码	项目名称	项目特征	计量单位	工程量计算规则	工作内容
031007007	气嘴	1. 单嘴、双嘴 2. 材质 3. 型号、规格 4. 连接形式	个	按设计图示数量计算	安装

(八)调压器工程量计算

调压器俗称减压阀,是通过自动改变经调节阀的燃气流量而使出口燃气保持规定压力的设备,是液化石油气安全燃烧的一个重要部件,连通在钢瓶和炉具之间。调压器既能够将上游压力减低到一个稳定的下游压力,又要求当调压器发生故障时应能够限制下游压力在安全范围内。调压器通常分为直接作用式和间接作用式两种。直接作用式调压器由测量元件(薄膜)、传动部件(阀杆)和调节机构(阀门)组成;间接作用式调压器由主调压器、指挥器和排气阀组成。

1. 调压器安装简介

调压器安装需要谨慎正确操作,具体注意事项如下:

(1)天然气调压器安装前,需对管道进行试压、吹扫,保证管道的密封性与干净清洁。

(2)液化气调压器应垂直安装在管道上,安装时应注意使管路中介质的流向与阀体上所示箭头的方向一致。

(3)天然气调压器两侧应安装控制球阀,并安装旁通管以备检修。

(4)天然气调压器的高、低压管道上都应设置压力表,以便于调节,并可在运行中观察阀前和阀后的压力变化。

(5)管道上应设置安全放散阀,以保证天然气调压器运行的可靠性和安全性。

(6)室内燃气管道应在室内设置燃气泄漏报警器装置,以保证燃气泄漏危险时,能及时报警并排除险情。

(7)为了确保安全使用,在安装好天然气调压器后,一定要测密封性,可在所有管道接口处使用检漏仪检测或刷肥皂水、洗洁精水进行检查,观察有无漏气。如在减压阀前后安装了压力表,可关闭气源后,观察指针是否有变化。

2. 工程量计算规则

调压器工程量计算规则见表 4-149。

表 4-149   调 压 器

项目编码	项目名称	项目特征	计量单位	工程量计算规则	工作内容
031007008	调压器	1. 类型 2. 型号、规格 3. 安装方式	台	按设计图示数量计算	安装

3. 项目特征描述

(1)应说明其类型。调压器按用途或使用对象可分为用于场、站调压装置的调压器,用于网路调压装置的调压器,用于专用调压的调压器及用于用户的调压器;按结构可分为浮筒式及薄膜式调压器;按进出口压力可分为高高压、高中压、高低压、中中压、中低压及低低压调压器。

(2)应说明其型号、规格。

(3)应说明其安装方式。

(九)燃气抽水缸工程量计算

燃气抽水缸是为了排除燃气管道中的冷凝水和天然气管道中的轻质油而设置的燃气管道附属设备,按制造集水器材料的不同可分为铸铁抽水缸、碳钢抽水缸。

1. 燃气抽水缸安装简介

(1)钢制抽水缸在安装前,应按设计要求对外表面进行防腐。

(2)安装完毕后,抽水缸的抽液管应按同管道的防腐等级进行防腐。

(3)抽水缸必须按现场实际情况,安装在所在管段的最低处。

(4)抽水缸盖应安装在抽水缸井的中央位置,出水口阀门的安装位置应合理,并应有足够的操作和检修空间。

2. 工程量计算规则

燃气抽水缸工程量计算规则见表4-150。

表4-150　　　　　燃气抽水缸

项目编码	项目名称	项目特征	计量单位	工程量计算规则	工作内容
031007009	燃气抽水缸	1. 材质 2. 规格 3. 连接形式	个	按设计图示数量计算	安装

3. 项目特征描述

(1)应说明其材质,如碳钢等。

(2)应说明其规格。

(3)应说明其连接形式,如法兰连接、焊接连接等。

(十)燃气管道调长器工程量计算

燃气管道调长器属于燃气管道的一种补偿元件,其利用工作主体的有效伸缩变形,吸收管线、容器等由热胀冷缩等原因而产生的尺寸变化,或补偿管线、容器等的轴向、横向和角向位移,也可用于降噪减振。燃气管道调长器工程量计算规则见表 4-151。

表 4-151　　　　　　　　燃气管道调长器

项目编码	项目名称	项目特征	计量单位	工程量计算规则	工作内容
031007010	燃气管道调长器	1. 规格 2. 压力等级 3. 连接形式	个	按设计图示数量计算	安装

(十一)调压箱、调压装置工程量计算

燃气调压箱是燃气输配系统中的重要组成部分,是指放置调压装置的专用箱体。其设置于建筑物附近,承担用气压力的调节。燃气调压箱内的基本配置有进、出口阀门、过滤器、调压器及相应的测量仪表,也可加装波纹补偿器、超压放散阀、超压切断阀等附属安全设备。燃气调压箱因结构紧凑、占地面积小、节省投资、安装使用方便等优势得到广泛的推广应用。

1. 燃气调压箱安装简介

(1)调压箱安装过程中注意轻拿轻放,避免磕碰。调压箱不可倾斜或倒置。

(2)调压箱一般安装在 300~500mm 高的水泥平台上,并用地脚螺栓固定。安装后调压箱门应能开关自如。

(3)调压箱与建筑物的距离应按照调压箱的安装设计规范的有关规定及设计图纸来确定。

(4)调压箱箱体外表应挂有明显的防火标志。调压箱必须远离火源安装,并应配备灭火器。

(5)必须按照调压箱内箭头指示的气流方向安装进、出口管道,其管径应不小于调压箱内进、出口管道的通径。

(6)必须进行气密性试验以保证连接进、出口管道接口的严密性。试压的高低可按当地燃气部门的有关规定进行。

(7)外部管道试压时,切勿拆除调压器两端的盲板,以避免损坏调压器。

(8)放散管的高度及顶部形式可按当地燃气部门的有关规定加以修改。

2. 工程量计算规则

调压箱、调压装置工程量计算规则见表 4-152。

表 4-152　　　　　调压箱、调压装置

项目编码	项目名称	项目特征	计量单位	工程量计算规则	工作内容
031007011	调压箱、调压装置	1. 类型 2. 型号、规格 3. 安装部位	台	按设计图示数量计算	安装

3. 项目特征描述

(1)应说明其类型。根据不同的分类标准,燃气调压箱、调压装置可分为以下类型:

1)按用途分。

①区域调压站:作为区域用气调压之用;

②专用调压站:为工业用户、公用事业用户专用的调压站;

③箱式调压装置:指少量居民用户、小型工业、小型公用事业用户所用的调压装置,其体型小、流量低,以箱式挂在用户的墙壁上,不占用地,在天然气管网供气系统中运用最广。

2)按设置方式分。

①地上调压站:其特点是便于操作、检修和维护管理,同时比较安全;

②地下调压站:调压器设在地下,主要是为了不影响城市美观和在一些地上安全防火距离不能满足要求的情况下才考虑的。由于该方式除了不便操作和维护管理外,一旦出现事故还会危及地上较大范围的建筑和人身安全,现在一般已不采用该方式。

3) 按调压级别分。

①高、中压调压站:通常用在门站、三级系统的高、中压管网及某些工业用户;

②高、低压调压站:用在城市的高、低压管网,作为区域调压站;

③中、低压调压站:用在城市的中、低压管网,作为区域调压站。

(2) 应说明其型号、规格。调压箱的型号用下列方法表示为:

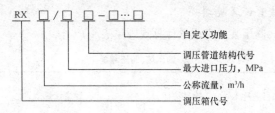

1) 调压箱代号为 RX;

2) 公称流量,单位为 m³/h。其值为设计流量的前两位流量值,多余数字舍去,如果不足原数字位数的,则用零补足。对于有多路总出口的调压箱,公称流量采用将各路总出口的公称流量以"+"连接来表示。如调压装置的设计流量为 1.65m³/h,则型号标识的公称流量为 1.6m³/h;如调压装置的设计流量为 4567m³/h,则型号标识的公称流量为 4500m³/h;

3) 最大进口压力以其数值表示,优先选用 0.01MPa、0.2MPa、0.4MPa、0.8MPa、1.6MPa、2.5MPa、4.0MPa 这 7 个规格;

4) 调压管道结构代号见表 4-153;

5) 自定义功能,生产商根据实际情况自定义的功能,用大写字母表示,不限位数。

表 4-153　　　　　　　调压管道结构代号

调压管道结构代号	A	B	C	D	E
调压管道结构	1+0	1+1	2+0	2+1	其他

注:调压管道结构中,"+"前一位数为调压路数,"+"后一位数为调压旁通数。

(3) 应说明其安装部位。

(十二) 引入口砌筑工程量计算

引入口砌筑工程量计算规则见表 4-154。

表 4-154　　　　　　　　　引入口砌筑

项目编码	项目名称	项目特征	计量单位	工程量计算规则	工作内容
031007012	引入口砌筑	1. 砌筑形式、材质 2. 保温、保护材料设计要求	处	按设计图示数量计算	1. 保温（保护）台砌筑 2. 填充保温（保护）材料

二、燃气器具及其他工程量计算注意事项

(1)沸水器、消毒器适用于容积式沸水器、自动沸水器、燃气消毒器等。

(2)燃气灶具适用于人工煤气灶具、液化石油气灶具、天然气燃气灶具等，用途应描述民用或公用，类型应描述所采用气源。

(3)调压箱、调压装置安装部位应区分室内、室外。

(4)引入口砌筑形式，应注明地上、地下。

第八节　医疗气体设备及附件

一、医疗气体设备及附件工程量计算

(一)制氧机工程量计算

医用制氧机是以变压吸附(PSA)技术为基础，从空气中提取氧气的设备。其利用分子筛物理吸附和解吸技术在制氧机内装填分子筛，在加压时可将空气中的氮气吸附，剩余未被吸收的氧气应被收集起来，经过净化处理后即成为高纯度的氧气。具体工作过程为压缩空气经空气纯化干燥机净化后，通过切换阀进入吸附塔，在吸附塔内氮气被分子筛吸附，氧气在吸附塔顶部被聚积后进入氧气储罐，再经除异味、除尘过滤器和除菌过滤器过滤即获得合格的医用氧气。

制氧机工程量计算规则见表 4-155。

表 4-155 制 氧 机

项目编码	项目名称	项目特征	计量单位	工程量计算规则	工作内容
031008001	制氧机	1. 型号、规格 2. 安装方式	台	按设计图示数量计算	1. 安装 2. 调试

(二)液氧罐工程量计算

液氧罐是用于储存液态氧的容器。液氧罐按比例分为立式和卧式两种。液氧罐工程量计算规则见表 4-156。

表 4-156 液 氧 罐

项目编码	项目名称	项目特征	计量单位	工程量计算规则	工作内容
031008002	液氧罐	1. 型号、规格 2. 安装方式	台	按设计图示数量计算	1. 安装 2. 调试

(三)二级稳压箱工程量计算

二级稳压箱是串接在气体管路上的一个设备,主要起到稳定气体压力的作用。二级稳压箱工程量计算规则见表 4-157。

表 4-157 二级稳压箱

项目编码	项目名称	项目特征	计量单位	工程量计算规则	工作内容
031008003	二级稳压箱	1. 型号、规格 2. 安装方式	台	按设计图示数量计算	1. 安装 2. 调试

(四)气体汇流排工程量计算

气体汇流排是将多个盛装气体的容器(如高压钢瓶等)集合起来实现集中供气的装置。其原理是将瓶装气体通过卡具及软管输入至汇流排主管道,经减压、调节,再通过管道输送至使用点。

气体汇流排工程量计算规则见表 4-158。

表 4-158　　　　　　　　　气体汇流排

项目编码	项目名称	项目特征	计量单位	工程量计算规则	工作内容
031008004	气体汇流排	1. 型号、规格 2. 安装方式	组	按设计图示数量计算	1. 安装 2. 调试

(五)集污罐工程量计算

集污罐工程量计算规则见表 4-159。

表 4-159　　　　　　　　　集污罐

项目编码	项目名称	项目特征	计量单位	工程量计算规则	工作内容
031008005	集污罐	1. 型号、规格 2. 安装方式	个	按设计图示数量计算	安装

(六)刷手池工程量计算

刷手池工程量计算规则见表 4-160。

表 4-160　　　　　　　　　刷手池

项目编码	项目名称	项目特征	计量单位	工程量计算规则	工作内容
031008006	刷手池	1. 材质、规格 2. 附件材质、规格	组	按设计图示数量计算	1. 器具安装 2. 附件安装

(七)医用真空罐工程量计算

医用真空罐是医院中心吸引系统中形成负压源的重要组成设备之一。医用真空罐工程量计算规则见表 4-161。

表 4-161　　　　　　　　医用真空罐

项目编码	项目名称	项目特征	计量单位	工程量计算规则	工作内容
031008007	医用真空罐	1. 型号、规格 2. 安装方式 3. 附件材质、规格	台	按设计图示数量计算	1. 本体安装 2. 附件安装 3. 调试

(八)气水分离器工程量计算

气水分离器是用于含液系统中将气体和液体分离的设备。气水分离器工程量计算规则见表 4-162。

表 4-162　　　　　　　　气水分离器

项目编码	项目名称	项目特征	计量单位	工程量计算规则	工作内容
031008008	气水分离器	1. 规格 2. 型号	台	按设计图示数量计算	安装

(九)干燥机工程量计算

干燥机是一种利用热能降低物料水分的机械设备。干燥机通过加热使物料中的湿分(一般指水分或其他可挥发性液体成分)汽化逸出,以获得规定湿含量的固体物料。干燥的目的是为了满足物料使用或进一步加工的需要。干燥机工程量计算规则见表 4-163。

表 4-163　　　　　　　　干燥机

项目编码	项目名称	项目特征	计量单位	工程量计算规则	工作内容
031008009	干燥机	1. 规格 2. 安装方式	台	按设计图示数量计算	1. 安装 2. 调试

(十)储气罐工程量计算

储气罐是指专门用来储存气体的设备,同时,起稳定系统压力的作用。根据储气罐的承受压力不同可分为高压储气罐、低压储气罐、常压储气罐。储气罐工程量计算规则见表4-164。

表4-164　　　　　　　　　储气罐

项目编码	项目名称	项目特征	计量单位	工程量计算规则	工作内容
031008010	储气罐	1. 规格 2. 安装方式	台	按设计图示数量计算	1. 安装 2. 调试

(十一)空气过滤器工程量计算

空气过滤器是指过滤空气的装置,其工程量计算规则见表4-165。

表4-165　　　　　　　　　空气过滤器

项目编码	项目名称	项目特征	计量单位	工程量计算规则	工作内容
031008011	空气过滤器	1. 规格 2. 安装方式	个	按设计图示数量计算	1. 安装 2. 调试

(十二)集水器工程量计算

集水器是将多路进水通过一个容器一路输出的设备。其管理着若干的支路管道,分别包括回水支路和供水支路。集水器一方面将主干管的水按需进行流量分配,保证各区域分支环路的流量满足负荷需要,同时还要将各分支回路的水流汇集,并且输入回主干管中,实现循环运行。从功能和结构上来看,集水器分为基本型、标准型和功能型三种类型。

集水器工程量计算规则见表4-166。

表4-166　　　　　　　　　集水器

项目编码	项目名称	项目特征	计量单位	工程量计算规则	工作内容
031008012	集水器	1. 规格 2. 安装方式	台	按设计图示数量计算	1. 安装 2. 调试

(十三)医疗设备带工程量计算

医疗设备带又称气体设备带,主要用于医院病房内,可以装载气体终端、电源开关和插座等设备。它是中心供氧以及中心吸引系统必不可少的气体终端控制装置。医疗设备带工程量计算规则见表4-167。

表4-167　　　　　　　　医疗设备带

项目编码	项目名称	项目特征	计量单位	工程量计算规则	工作内容
031008013	医疗设备带	1. 材质 2. 规格	m	按设计图示长度计算	1. 安装 2. 调试

(十四)气体终端工程量计算

医用气体终端一般是采用插拔式自封接头的形式,它由一个气体自封插座和一个气体插头组成。使用时,将空心的气体插头插进气体插座,顶开其中的活门,使管道中的气体能从插座和插头的内腔通过。一旦拔出气体插头,阀座中的弹性元件就将关闭活门,禁止气体通行。气体终端工程量计算规则见表4-168。

表4-168　　　　　　　　气体终端

项目编码	项目名称	项目特征	计量单位	工程量计算规则	工作内容
031008014	气体终端	1. 名称 2. 气体种类	个	按设计图示数量计算	1. 安装 2. 调试

二、医疗气体设备及附件工程量计算注意事项

(1)气体汇流排适用于氧气、二氧化碳、氮气、笑气、氩气、压缩空气等医用气体汇流排安装。

(2)空气过滤器适用于医用气体预过滤器、精过滤器、超精过滤器等安装。

第九节 采暖、空调水工程系统调试

一、采暖工程系统调试

室内采暖系统包括采暖管道、散热设备和附属器具。室内采暖系统安装除了要保证系统工作的可靠性外,还要注意美观方面的要求,因此,在施工中特别要做好与土建施工及其他管道施工的配合。

1. 系统试压简介

室内采暖管道用试验压力 P_s 做强度试验,以系统工作压力 P 做严密性试验,其试验压力要符合表 4-169 的规定。系统工作压力按循环水泵扬程确定,试验压力由设计确定,以不超过散热器承压能力为原则。

表 4-169　　室内采暖系统水压试验的试验压力　　(单位:MPa)

管道类别	工作压力 P	试验压力 P_s	
		P_s	同时要求
低压蒸汽管道		顶点工作压力的 2 倍	底部压力不小于 0.25
低温水及高压蒸汽管道	小于 0.43	顶点工作压力+0.1	顶部压力不小于 0.3
高温水管道	小于 0.43	$2P$	
	0.43~0.71	$1.3P+0.3$	

(1)水压试验管路连接。根据水源的位置和工程系统情况,制定出试压程序和技术措施,再测量出各连接管的尺寸,标注在连接图上。断管、套丝、上管件及阀件,准备连接管路。一般选择在系统进户入口供水管的甩头处,连接至加压泵的管路。在试压管路的加压泵端和系统的末端安装压力表及表弯管。

(2)灌水前的检查。

1)检查全系统管路、设备、阀件、固定支架、套管等,必须保证安装无误。各类连接处均无遗漏;

2)根据全系统试压或分系统试压的实际情况,检查系统上各类阀门

的开、关状态,不得漏检。试压管道阀门全打开,试验管段与非试验管段连接处应予以隔断;

3)检查试压用压力表的灵敏度。

(3)水压试验。

1)打开水压试验管路中的阀门,开始向供暖系统注水;

2)开启系统上各高处的排气阀,排尽管道及供暖设备里的空气。待水灌满后,关闭排气阀和进水阀,停止向系统注水;

3)打开连接加压泵的阀门,用电动打压泵或手动打压泵通过管路向系统加压,同时拧开压力表上的旋塞阀,观察压力逐渐升高的情况,一般分2~3次升至试验压力。在此过程中,每加压至一定数值时,应停下来对管道进行全面检查,无异常现象方可继续加压;

4)工作压力不大于0.07MPa(表压力)的蒸汽采暖系统,应以系统顶点工作压力的2倍做水压试验,在系统的低点,不得小于0.25MPa(表压力)。热水供暖或工作压力超过0.07MPa的蒸汽供暖系统,应以系统顶点工作压力加上0.1MPa做水压试验。同时,在系统顶点的试验压力不得小于0.3MPa(表压力);

5)高层建筑其系统低点如果大于散热器所能承受的最大试验压力,则应分层进行水压试验;

6)试压过程中,用试验压力对管道进行预先试压,其延续时间应不少于10min。然后将压力降至工作压力,进行全面外观检查,在检查中,对漏水或渗水的接口做上记号,便于返修。在5min内压力下降不大于0.02MPa为合格;

7)系统试压达到合格验收标准后,放掉管道内的全部存水。不合格时应待补修后,再按前述方法进行二次试压;

8)拆除试压连接管路,将入口处供水管用盲板临时封堵严实。

2. 管道冲洗

(1)准备工作。

1)对照图纸,根据管道系统情况,确定管道分段吹洗方案,对暂不吹洗管段,通过分支管线阀门将其关闭;

2)不允许吹扫的附件,如孔板、调节阀、过滤器等,应暂时拆下以短管代替;对减压阀、疏水器等,应关闭进水阀,打开旁通阀,使其不参与清洗,以防止污物堵塞；

3) 不允许吹扫的设备和管道，应暂时用盲板隔开；

4) 吹出口的设置。气体吹扫时，吹出口一般设置在阀门前，以保证污物不进入关闭的阀体内。水清洗时，清洗口设于系统各低点泄水阀处。

(2) 管道清洗。管道清洗一般按总管→干管→立管→支管的顺序依次进行。当支管数量较多时，可视具体情况，关断某些支管逐根进行清洗，也可数根支管同时清洗。

确定管道清洗方案时，应考虑所有需清洗的管道都能清洗到，不留死角。清洗介质应具有足够的流量和压力，以保证冲洗速度；管道固定应牢固；排放应安全可靠。为增加清洗效果，可用小锤敲击管子，特别是焊口和转角处。

清（吹）洗合格后，应及时填写清洗记录，封闭排放口，并将拆卸的仪表及阀件复位。

管道清洗可采用水清洗和蒸汽吹洗，见表 4-170。

表 4-170　　　　　　　　　管道清洗方法

序号	清洗方法	内　容　说　明
1	水清洗	(1) 采暖系统在使用前，应用水进行冲洗。 (2) 冲洗水选用饮用水或工业用水。 (3) 冲洗前，应将管道系统内的流量孔板、温度计、压力表、调节阀芯、止回阀芯等拆除，待清洗后重新装上。 (4) 冲洗时，以系统可能达到的最大压力和流量进行，并保证冲洗水的流速不小于 1.5m/s。冲洗应连续进行，直到排出口处水的色度和透明度与入口处相同且无粒状物为合格
2	蒸汽吹洗	(1) 蒸汽吹洗应先进行管道预热。预热时应开小阀门用小量蒸汽缓慢预热管道，同时，检查管道的固定支架是否牢固，管道伸缩是否自如，待管道末端与首端温度相等或接近时，预热结束，即可开大阀门增大蒸汽流量进行吹洗。 (2) 蒸汽吹洗应从总汽阀开始，沿蒸汽管道中蒸汽的流向逐段进行。一般每一吹洗管段只设一个排汽口。排汽口附近管道固定应牢固，排气管应接至室外安全的地方，管口朝上倾斜，并设置明显标记，严禁无关人员接近。排气管的截面面积应不小于被吹洗管截面面积的 75%

续表

序号	清洗方法	内　容　说　明
2	蒸汽吹洗	(3)蒸汽管道吹洗时,应关闭减压阀、疏水器的进口阀,打开阀前的排泄阀,以排泄管做排出口,打开旁通管阀门,使蒸汽进入管道系统进行吹洗。用总阀控制吹洗蒸汽流量,用各分支管上的阀门控制各分支管道吹洗流量。蒸汽吹洗压力应尽量控制在管道设计工作压力的75%左右,最低不能低于工作压力的25%。吹洗流量为设计流量的40%～60%。每一排汽口的吹洗次数不应少于2次,每次吹洗15～20min,并按升温→暖管→恒温→吹洗的顺序反复进行。蒸汽阀的开启和关闭都应缓慢,不应过急,以免引起水击而损伤阀件

3. 管道试运行

(1)准备工作。

1)对采暖系统(包括锅炉房或换热站、室外管网、室内采暖系统)进行全面检查,如工程项目是否全部完成,且工程质量是否达到合格;在试运行时各组成部分的设备、管道及其附件、热工测量仪表等是否完整无缺。各组成部分是否处于运行状态(有无敞口处,阀件该关的是否都关闭严密,该开的是否开启,开度是否合适,锅炉的试运行是否正常,热介质是否达到系统运行参数等);

2)系统试运行前,应制定可行性试运行方案,而且要统一指挥,明确分工,并对参与试运行人员进行技术交底;

3)根据试运行方案,做好试运行前的材料、机具和人员的准备工作。保证水源、电源的运行;

4)冬季气温低于-3℃时,系统通暖应采取必要的防冻措施,如封闭门窗及洞口;设置临时性取暖措施,使室温保持在+5℃左右;提高供、回水温度等。通暖一般在冬季进行,对气温突变影响,要有充分的估计,加之系统在不断升压、升温条件下,可能发生的突然事故,均应有可行的应急措施。如室内采暖系统较大(如高层建筑),则通暖过程中,应严密监视阀门、散热器以至管道的通暖运行工况,必要时采取局部辅助升温(如喷灯烘烤)的措施,以严防冻裂事故发生;监视各手动排气装置,一旦满水,应有专人负责关闭;

5)试运行的组织工作。在通暖试运行时,锅炉房内、各用户入口处应有专人负责操作与监控;室内采暖系统应分环路或分片包干负责。在试运行进入正常状态前,工作人员不得擅离岗位,且应不断巡视,发现问题应及时报告并迅速抢修。

为加强联系,便于统一指挥,在高层建筑通暖时,应配置必要的通信设备。

(2)通暖运行。

1)对于系统较大、分支路较多并且管道复杂的采暖系统,应分系统通暖,通暖时应将其他支路的控制阀门关闭,打开放气阀;

2)检查是否打开通暖支路或系统的阀门,如试暖人员少可分立管试暖;

3)打开总入口处的回水管阀门,将外网的回水进入系统,这样便于系统的排气,待排气阀满水后,关闭放气阀,打开总入口的供水管阀门,使热水在系统内形成循环,检查有无漏水处;

4)冬季通暖时,刚开始应将阀门开小些,进水速度慢些,防止管子骤热而产生裂纹,管子预热后再开大阀门;

5)如果散热器接头处漏水,可关闭立管阀门,待通暖后再行修理。

(3)通暖后试调。通暖后试调的主要目的是使每个房间达到设计温度,对系统远近的各个环路应达到阻力平衡,即每个小环冷热度均匀,如最近的环路过热,末端环路不热,可用立管阀门进行调整。对单管顺序式的采暖系统,如顶层过热、底层不热或达不到设计温度,可调整顶层闭合管的阀门;如各支路冷热不均匀,可用控制分支路的回水阀门进行调整,最终达到设计要求温度。在调试过程中,应测试热力入口处热媒的温度及压力是否符合设计要求。

4. 工程量计算规则

采暖工程系统调试工程量计算规则见表 4-171。

表 4-171　　　　采暖工程系统调试

项目编码	项目名称	项目特征	计量单位	工程量计算规则	工作内容
031009001	采暖工程系统调试	1. 系统形式 2. 采暖(空调水)管道工程量	系统	按采暖工程系统计算	系统调试

5. 项目特征描述

(1)应说明其系统形式。采暖系统主要由热源、管道系统、散热设备组成,主要包括热水采暖系统、蒸汽采暖系统、热风采暖系统三类。

(2)应说明采暖管道工程量。

二、空调水工程系统调试

1. 空调水工程系统调试简介

(1)空调水工程系统调试应达到的基本条件。空调水工程系统设计必须合理完善,必须设计出系统调试必备的各支路水力平衡阀及水压、水流量测点,在各支路及风柜等大型末端设备回水管上设置可检测水流量的水力平衡阀。设计图纸中应标明各分支回路及末端设备的水流量,为系统水力平衡调节提供技术参数依据,从而为水系统的准确调试创造条件。

(2)空调水工程系统调试应达到的要求。

1)水系统应清洗干净。由于施工过程中诸方面原因,系统难免会残留焊渣等异物,如不清洗干净,将会阻塞末端设备或损坏设备;

2)系统水流量必须严格按设计要求在许可偏差范围内调整,避免大流量小温差,使各回路达到水力均衡;

3)认真记录整理各回路的调整参数及水泵等设备的运行参数,为今后系统运行、维护、保养和改造提供原始技术参数。

2. 工程量计算规则

空调水工程系统调试工程量计算规则见表 4-172。

表 4-172　　　　　　　空调水工程系统调试

项目编码	项目名称	项目特征	计量单位	工程量计算规则	工作内容
031009002	空调水工程系统调试	1. 系统形式 2. 采暖(空调水)管道工程量	系统	按空调水工程系统计算	系统调试

三、系统调试工程量计算注意事项

(1)由采暖管道、阀门及供暖器具组成采暖工程系统。

(2) 由空调水管道、阀门及冷水机组组成空调水工程系统。

(3) 当采暖工程系统、空调水工程系统中的管道工程量发生变化时,系统调试费用应做相应调整。

第十节　安装工程措施项目

一、专业措施项目

安装工程专业措施项目工程量清单项目设置、工作内容及包含范围,应按表 4-173 的规定执行。

表 4-173　　　　　　　专业措施项目

项目编码	项目名称	工作内容及包含范围
031301001	吊装加固	1. 行车梁加固 2. 桥式起重机加固及负荷试验 3. 整体吊装临时加固件,加固设施的拆除、清理
031301002	金属抱杆安装、拆除、移位	1. 安装、拆除 2. 位移 3. 吊耳制作安装 4. 拖拉坑挖埋
031301003	平台铺设、拆除	1. 场地平整 2. 基础及支墩砌筑 3. 支架型钢搭设 4. 铺设 5. 拆除、清理
031301004	顶升、提升装置	安装、拆除
031301005	大型设备专用机具	
031301006	焊接工艺评定	焊接、试验及结果评价
031301007	胎(模)具制作、安装、拆除	制作、安装、拆除
031301008	防护棚制作安装拆除	防护棚的制作、安装、拆除

续表

项目编码	项目名称	工作内容及包含范围
031301019	特殊地区施工增加	1. 高原、高寒施工防护 2. 地震防护
031301010	安装与生产同时进行施工增加	1. 火灾防护 2. 噪声防护
031301011	在有害身体健康环境中施工增加	1. 有害化合物防护 2. 粉尘防护 3. 有害气体防护 4. 高浓度氧气防护
031301012	工程系统检测、检验	1. 起重机、锅炉、高压容器等特种设备安装质量监督检验检测 2. 由国家或地方检测部门进行的各类检测
031301013	设备、管道施工的安全、防冻和焊接保护	保证工程施工正常进行的防冻和焊接保护
031301014	焦炉烘炉、热态工程	1. 烘炉安装、拆除、外运 2. 热态作业劳保消耗
031301015	管道安拆后的充气保护	充气管道的安装、拆除
031301016	隧道内施工的通风、供水、供气、供电、照明及通信设施	通风、供水、供气、供电、照明及通信设施的安装、拆除
031301017	脚手架搭拆	1. 场内、场外材料搬运 2. 搭、拆脚手架 3. 拆除脚手架后材料的堆放
031301018	其他措施	为保证工程施工正常进行所发生的费用

注：1. 由国家或地方检测部门进行的各类检测，指安装工程不包括的属经营服务性项目，如通电测试、防雷装置检测、安全、消防工程检测、室内空气质量检测等。
  2. 脚手架按《通用安装工程工程量计算规范》(GB 50856—2013)各附录分别列项。
  3. 其他措施项目必须根据实际措施项目名称确定项目名称，明确描述工作内容及包含范围。

二、安全文明施工及其他措施项目

安装工程安全文明施工及其他措施项目工程量清单项目设置、工作内容及包含范围,应按表 4-174 的规定执行。

表 4-174　　　　　安全文明施工及其他措施项目

项目编码	项目名称	工作内容及包含范围
031302001	安全文明施工	1. 环境保护:现场施工机械设备降低噪声、防扰民措施;水泥和其他易飞扬细颗粒建筑材料密闭存放或采取覆盖措施等;工程防扬尘洒水;土石方、建渣外运车辆防护措施等;现场污染源的控制、生活垃圾清理外运、场地排水排污措施;其他环境保护措施。 2. 文明施工:"五牌一图";现场围挡的墙面美化(包括内外粉刷、刷白、标语等)、压顶装饰;现场厕所便槽刷白、贴面砖,水泥砂浆地面或地砖,建筑物内临时便溺设施;其他施工现场临时设施的装饰装修、美化措施;现场生活卫生设施;符合卫生要求的饮水设备、淋浴、消毒等设施;生活用洁净燃料;防煤气中毒、防蚊虫叮咬等措施;施工现场操作场地的硬化;现场绿化、治安综合治理;现场配备医药保健器材、物品费用和急救人员培训;现场工人的防暑降温、电风扇、空调等设备及用电;其他文明施工措施。 3. 安全施工:安全资料、特殊作业专项方案的编制,安全施工标志的购置及安全宣传;"三宝"(安全帽、安全带、安全网)、"四口"(楼梯口、电梯井口、通道口、预留洞口)、"五临边"(阳台围边、楼板围边、屋面围边、槽坑围边、卸料平台两侧),水平防护架、垂直防护架、外架封闭等防护;施工安全用电,包括配电箱三级配电、两级保护装置要求、外电防护措施;起重机、塔吊等起重设备(含井架、门架)及外用电梯的安全防护措施(含警示标志)及卸料平台的临边防护、层间安全门、防护棚等设施;建筑工地起重机械的检验检测;施工机具防护棚及其围栏的安全保护设施;施工安全防护通道;工人的安全防护用品、用具购置;消防设施与消防器材的配置;电气保护、安全照明设施;其他安全防护措施

续一

项目编码	项目名称	工作内容及包含范围
031302001	安全 文明施工	4. 临时设施：施工现场采用彩色、定型钢板、砖、混凝土砌块等围挡的安砌、维修、拆除；施工现场临时建筑物、构筑物的搭设、维修、拆除，如临时宿舍、办公室、食堂、厨房、厕所、诊疗所、临时文化福利用房、临时仓库、加工场、搅拌台、临时简易水塔、水池等；施工现场临时设施的搭设、维修、拆除，如临时供水管道、临时供电管线、小型临时设施等；施工现场规定范围内临时简易道路铺设，临时排水沟、排水设施安砌、维修、拆除；其他临时设施搭设、维修、拆除
031302002	夜间 施工增加	1. 夜间固定照明灯具和临时可移动照明灯具的设置、拆除。 2. 夜间施工时，施工现场交通标志、安全标牌、警示灯等的设置、移动、拆除。 3. 包括夜间照明设备及照明用电、施工人员夜班补助、夜间施工劳动效率降低等
031302003	非夜间 施工增加	为保证工程施工正常进行，在地下（暗）室、设备及大口径管道内等特殊施工部位施工时所采用的照明设备的安拆、维护及照明用电、通风等；在地下（暗）室等施工引起的人工工效降低以及由人工工效降低引起的机械降效
031302004	二次搬运	由于施工场地条件限制而发生的材料、成品、半成品等一次运输不能到达堆放地点，必须进行的二次或多次搬运
031302005	冬雨季 施工增加	1. 冬雨（风）季施工时增加的临时设施（防寒保温、防雨、防风设施）的搭设、拆除。 2. 冬雨（风）季施工时，对砌体、混凝土等采用的特殊加温、保温和养护措施。 3. 冬雨（风）季施工时，施工现场的防滑处理、对影响施工的雨雪的清除。 4. 包括冬雨（风）季施工时增加的临时设施、施工人员的劳动保护用品、冬雨（风）季施工劳动效率降低等

续二

项目编码	项目名称	工作内容及包含范围
031302006	已完工程及设备保护	对已完工程及设备采取的覆盖、包裹、封闭、隔离等必要保护措施
031302007	高层施工增加	1. 高层施工引起的人工工效降低以及由于人工工效降低引起的机械降效。 2. 通信联络设备使用

注：1. 本表所列项目应根据工程实际情况计算措施项目费用，需分摊的应合理计算摊销费用。
   2. 施工排水是指为保证工程在正常条件下施工而采取的排水措施所发生的费用。
   3. 施工降水是指为保证工程在正常条件下施工而采取的降低地下水位的措施所发生的费用。
   4. 高层施工增加：
   1) 单层建筑物檐口高度超过 20m，多层建筑物超过 6 层时，按《通用安装工程工程量计算规范》(GB 50856—2013)各附录分别列项。
   2) 突出主体建筑物顶的电梯机房、楼梯出口间、水箱间、瞭望塔、排烟机房等不计入檐口高度。计算层数时，地下室不计入层数。

第五章 水暖工程索赔

第一节 概 述

所谓工程索赔,是指在建设合同的履行过程中,合同一方因另一方原因造成本方经济损失,通过一定的程序和方式向对方索取费用的活动。

一、工程索赔的特征与作用

1. 工程索赔的特征

(1)索赔发生在有实际经济损失的前提下。

(2)当事人在合同中或根据法律及惯例,对造成经济损失的责任承担有约定。

(3)经济损失的责任并非由于自己的过错,而是在合同中规定应由合同对方承担责任的情况造成的。

(4)索赔要按照一定程序进行,需通过一定方式解决。

2. 工程索赔的作用

(1)工程索赔是承包商保护自身利益维护自己名誉的措施。索赔是合同和法律赋予正确履行合同者免受意外损失的权利,是当事人一种保护自己、避免损失、增加利润、提高效益的重要手段。

(2)工程索赔是承包商保障自身正当合法权益的手段,也是合同双方风险分担的又一次合理再分配,离开了索赔,合同责任就不能全面体现,合同双方的责、权、利关系就难以平衡。

(3)工程索赔是合同实施的保证。索赔是合同法律效力的具体体现,对合同双方形成约束条件,特别能对违约者起到警诫作用,违约方必须考虑违约后的后果,从而尽量减少其违约行为的发生。

(4)工程索赔有利于提高工程施工企业的管理水平。我国承包商在许多项目上提不出或提不好索赔,与其企业管理松散混乱、计划实施不严、成本控制不力等有着直接关系。没有正确的工程进度网络计划就难以证明延误的发生及天数;没有完整翔实的记录,就缺乏索赔定量要求的基础。

承包商应正确地、辩证地对待索赔问题。在任何工程中,索赔是不可避免的,通过索赔能使损失得到补偿,增加收益。所以承包商要保护自身利益,争取盈利,不能不重视索赔问题。

二、工程索赔发生的原因与事件

1. 施工方索赔发生的原因

(1)发包人违反合同给承包人造成时间、费用的损失。

(2)因工程变更(含设计变更、发包人提出的工程变更、监理工程师提出的工程变更,以及承包人提出并经监理工程师批准的变更)造成的时间、费用的损失。

(3)由于监理工程师对合同文件的歧义解释,技术资料不确切,或由于不可抗力导致施工条件的改变,造成了时间、费用的增加。

(4)发包人提出提前完成项目或者缩短工期而造成承包人的费用增加。

(5)发包人延误支付期限造成承包人的损失。

(6)合同规定以外的项目检验,且检验合格,或因非承包人的原因导致项目缺陷的修复所发生的损失或费用。

(7)因非承包人的原因导致工程暂时停工。

(8)物价上涨,法规变化及其他。

2. 施工方索赔事件

施工方索赔事件包括但不限于以下情形:

(1)发包人未按照约定时间和要求提供原材料、设备、场地、资金(包括预付款、进度款)和技术资料导致开工迟延、工期延长和停工窝工损失。

(2)因发包人原因致使工程中途停建、缓建造成停工、窝工、倒运、机械设备调迁、材料构件积压等损失和实际费用。

(3)发包人没有及时检查隐蔽工程或重新检查导致工期延长和停工窝工损失。

(4)发包人不合理干预施工或其直接指定的分包人违约造成工期延误。

(5)设计变更导致工程量增加、质量标准提高、工程款增加或工期延长。

(6)发包人迟延竣工验收、迟延结算、提前使用工程导致费用增加。

(7)发包人要求赶工造成施工成本增加。

(8)发现地下障碍物、水流或文物等造成工期延误和施工损失。

(9)恶劣自然条件或地质条件下施工导致工期延误。

(10)工程师指令迟延或错误造成承包人费用增加。

(11)因非正常停水、停电和交通中断造成施工延误。

(12)社会事件或不可抗力导致施工中断。

三、工程索赔的分类

工程索赔以不同的角度,按不同的方法和不同的标准,可以有多种分类方法,具体见表5-1。

表 5-1　　　　　　　　　工程索赔的分类

序号	划分标准	类别	说明
1	按索赔的目的分类	工期索赔	由于非承包人责任的原因而导致施工进程延误,要求批准顺延合同工期的索赔,称之为工期索赔。工期索赔形式上是对权利的要求,以避免在原定合同竣工日不能完工时,被发包人追究拖期违约责任。一旦获得批准合同工期顺延后,承包人不仅免除了承担拖期违约赔偿费的严重风险,而且可能提前工期得到奖励,最终仍反映在经济收益上
		费用索赔	费用索赔的目的是要求经济补偿。当施工的客观条件改变导致承包人增加开支,要求对超出计划成本的附加开支给予补偿,以挽回不应由其承担的经济损失

续一

序号	划分标准	类别	说明
2	按索赔当事人分类	承包商与发包人间索赔	承包商与发包人间索赔大都是有关工程量计算、变更、工期、质量和价格方面的争议，也有中断或终止合同等其他违约行为的索赔
		承包商与分包商间索赔	承包商与分包商间索赔内容与前一种大致相似，但大多数是分包商向总包商索要付款和赔偿及承包商向分包商罚款或扣留支付款等
		承包商与供货商间索赔	承包商与供货商间索赔内容多是商贸方面的争议，如货品质量不符合技术要求、数量短缺、交货拖延、运输损坏等
3	按索赔的原因分类	工程延误索赔	因发包人未按合同要求提供施工条件，如未及时交付设计图纸、施工现场、道路等，或因发包人指令工程暂停或不可抗力事件等原因造成工期拖延的，承包商对此提出索赔
		工作范围变更索赔	工作范围的索赔是指发包人和承包商对合同中规定工作理解的不同而引起的索赔。其责任和损失不如延误索赔那么容易确定，如某分项工程所包含的详细工作内容和技术要求、施工要求很难在合同文件中用语言描述清楚，设计图纸也很难对每一个施工细节的要求都说得清清楚楚。另外设计的错误和遗漏，或发包人和设计者主观意志的改变都会导致向承包商发布变更设计的命令
		施工加速索赔	施工加速索赔经常是延期或工作范围索赔的结果，有时也被称为"赶工索赔"。而施工加速索赔与劳动生产率的降低关系极大，因此又可称为劳动生产率损失索赔。 如果发包人要求承包商比合同规定的工期提前，或者因工程前段的承包商的工程拖期，要后一阶段工程的另一位承包商弥补已经损失的工期，使整个工程按期完工，这样承包商可以因施工加速成本超过原计划的成本而提出索赔，其索赔的费用一般应考虑加班工资，雇用额外劳动力，采用额外设备，改变施工方法，提供额外监督管理人员和由于拥挤、干扰、加班引起的疲劳造成的劳动生产率损失等所引起的费用的增加。在国外的许多索赔案例中的劳动生产率损失通常数量很大，但一般不易被发包人接受。这就要求承包商在提交施工加速索赔报告中提供施工加速对劳动生产率的消极影响的证据

续二

序号	划分标准	类别	说明
3	按索赔的原因分类	不利现场条件索赔	不利的现场条件是指合同的图纸和技术规范中所描述的条件与实际情况有实质性的不同或虽合同中未做描述，但也是一个有经验的承包商无法预料的。一般是地下的水文地质条件，但也包括某些隐藏着的不可知的地面条件。 不利的现场条件索赔近似于工作范围索赔，然而又不大像大多数工作范围索赔。不利现场条件索赔应归咎于确实不易预知的某个事实。如现场的水文、地质条件在设计时全部弄得一清二楚几乎是不可能的，只能根据某些地质钻孔和土样试验资料来分析和判断。要对现场进行彻底全面的调查将会耗费大量的成本和时间，一般发包人不会这样做，承包商在短短的投标报价时间内更不可能做这种现场调查工作。这种不利现场条件的风险由发包人来承担是合理的
4	按索赔的合同依据分类	合同内索赔	合同内索赔是以合同条款为依据，在合同中有明文规定的索赔，如工期延误、工程变更、工程师提供的放线数据有误、发包人不按合同规定支付进度款等。这种索赔由于在合同中有明文规定，往往容易成功
		合同外索赔	合同外索赔在合同文件中没有明确的叙述，但可以根据合同文件的某些内容合理推断出可以进行此类索赔，而且此索赔并不违反合同文件的其他任何内容。例如在国际工程承包中，当地货币贬值可能给承包商造成损失，对于合同工期较短的，合同条件中可能没有规定如何处理。当由于发包人原因使工期拖延，而又出现汇率大幅度下跌时，承包商可以提出这方面的补偿要求
		道义索赔 （又称额外支付）	道义索赔是指承包商在合同内或合同外都找不到可以索赔的合同依据或法律根据，因而没有提出索赔的条件和理由，但承包商认为自己有要求补偿的道义基础，而对其遭受的损失提出具有优惠性质的补偿要求，即道义索赔。道义索赔的主动权在发包人手中，发包人在下面四种情况下，可能会同意并接受这种索赔： (1)若另找其他承包商，费用会更大。 (2)为了树立自己的形象。 (3)出于对承包商的同情和信任。 (4)谋求与承包商更理解或更长久的合作

续三

序号	划分标准	类别	说明
5	按索赔处理方式分类	单项索赔	单项索赔是针对某一干扰事件提出的，在影响原合同正常运行的干扰事件发生时或发生后，由合同管理人员立即处理，并在合同规定的索赔有效期内向发包人或监理工程师提交索赔要求和报告。单项索赔通常原因单一，责任单一，分析起来相对容易，由于涉及的金额一般较小，双方容易达成协议，处理起来也比较简单。因此合同双方应尽可能地用此种方式来处理索赔
		综合索赔	综合索赔又称一揽子索赔，一般在工程竣工前和工程移交前，承包商将工程实施过程中因各种原因未能及时解决的单项索赔集中起来进行综合考虑，提出一份综合索赔报告，由合同双方在工程交付前后进行最终谈判，以一揽子方案解决索赔问题。在合同实施过程中，有些单项索赔问题比较复杂，不能立即解决，为不影响工程进度，经双方协商同意后留待以后解决。有的是发包人或监理工程师对索赔采用拖延办法，迟迟不做答复，使索赔谈判旷日持久。还有的是承包商因自身原因，未能及时采用单项索赔方式等，都有可能出现一揽子索赔。由于在一揽子索赔中许多干扰事件交织在一起，影响因素比较复杂而且相互交叉，责任分析和索赔值计算都很困难，索赔涉及的金额往往又很大，双方都不愿或不容易做出让步，使索赔的谈判和处理都很困难。因此综合索赔的成功率比单项索赔要低得多

第二节 工程索赔处理

一、工程索赔工作程序

《建设工程施工合同（示范文本）》（GF—2013—0201）对工程索赔工作的程序及如何对索赔进行处理做出了具体规定。

1. 承包人的索赔

根据合同约定，承包人认为有权得到追加付款和（或）延长工期的，应按以下程序向发包人提出索赔：

(1)承包人应在知道或应当知道索赔事件发生后28天内,向监理人递交索赔意向通知书,并说明发生索赔事件的事由；承包人未在前述28天内发出索赔意向通知书的,丧失要求追加付款和(或)延长工期的权利。

(2)承包人应在发出索赔意向通知书后28天内,向监理人正式递交索赔报告。索赔报告应详细说明索赔理由以及要求追加的付款金额和(或)延长的工期,并附必要的记录和证明材料。

(3)索赔事件具有持续影响的,承包人应按合理时间间隔继续递交延续索赔通知,说明持续影响的实际情况和记录,列出累计的追加付款金额和(或)工期延长天数。

(4)在索赔事件影响结束后28天内,承包人应向监理人递交最终索赔报告,说明最终要求索赔的追加付款金额和(或)延长的工期,并附必要的记录和证明材料。

2. 对承包人索赔的处理

(1)监理人应在收到索赔报告后14天内完成审查并报送发包人。监理人对索赔报告存在异议的,有权要求承包人提交全部原始记录副本。

(2)发包人应在监理人收到索赔报告或有关索赔的进一步证明材料后28天内,由监理人向承包人出具经发包人签认的索赔处理结果。发包人逾期答复的,则视为认可承包人的索赔要求。

(3)承包人接受索赔处理结果的,索赔款项在当期进度款中进行支付；承包人不接受索赔处理结果的,按照约定处理。

3. 发包人的索赔

根据合同约定,发包人认为有权得到赔付金额和(或)延长缺陷责任期的,监理人应向承包人发出通知并附有详细的证明。

发包人应在知道或应当知道索赔事件发生后28天内通过监理人向承包人提出索赔意向通知书,发包人未在前述28天内发出索赔意向通知书的,丧失要求赔付金额和(或)延长缺陷责任期的权利。发包人应在发出索赔意向通知书后28天内,通过监理人向承包人正式递交索赔报告。

4. 对发包人索赔的处理

(1)承包人收到发包人提交的索赔报告后,应及时审查索赔报告的内容,查验发包人证明材料。

(2)承包人应在收到索赔报告或有关索赔的进一步证明材料后28天内,将索赔处理结果答复发包人。如果承包人未在上述期限内做出答复,则视为对发包人索赔要求的认可。

(3)承包人接受索赔处理结果的,发包人可从应支付给承包人的合同价款中扣除赔付的金额或延长缺陷责任期;发包人不接受索赔处理结果的,按合同中争议解决的约定处理。

5. 提出索赔的期限

(1)承包人按约定接收竣工付款证书后,应被视为已无权再提出在工程接收证书颁发前所发生的任何索赔。

(2)承包人提交的最终结清申请单中,只限于提出工程接收证书颁发后发生的索赔。提出索赔的期限自接受最终结清证书时终止。

二、索赔机会的寻找与发现

寻找和发现索赔机会是索赔的第一步。在合同实施过程中经常会发生一些非承包商责任引起的,而且承包商不能影响的干扰事件。它们不符合"合同状态",造成施工工期的拖延和费用的增加,是承包商的索赔机会。承包商必须对索赔机会有敏锐的感觉。

在承包合同的实施中,索赔机会通常表现为如下现象:

(1)发包人或他的代理人、工程师等有明显的违反合同或未正确地履行合同责任的行为。

(2)承包商自己的行为违约,已经或可能不能完成合同责任,但究其原因却在发包人、工程师或其代理人等。由于合同双方的责任是互相联系、互为条件的,如果承包商违约的原因是发包人造成,同样是承包商的索赔机会。

(3)工程环境与"合同状态"的环境不一样,与原标书规定不一样,出现"异常"情况和一些特殊问题。

(4)合同双方对合同条款的理解发生争执,或发现合同缺陷、图纸出错等。

(5)发包人和工程师做出变更指令,双方召开变更会议,双方签署了会谈纪要、备忘录、修正案、附加协议。

(6)在合同监督和跟踪中承包商发现工程实施偏离合同,如月形象进度与计划不符、成本大幅度增加、资金周转困难、工程停滞、质量标准提高、工程量增加、施工计划被打乱、施工现场紊乱、实际的合同实施不符合合同事件表中的内容或存在差异等。

寻找索赔机会是合同管理人员的工作重点之一。一经发现索赔机会就应进行索赔处理,不能有任何拖延。

三、工程索赔的证据

(1)索赔证据的要求。一般有效的索赔证据都具有以下几个特征:

1)及时性:既然干扰事件已发生,又意识到需要索赔,就应在有效时间内提出索赔意向。在规定的时间内报告事件的发展影响情况,提交索赔的详细额外费用计算账单,对发包人或工程师提出的疑问及时补充有关材料。如果拖延太久,将增加索赔工作的难度;

2)真实性:索赔证据必须是在实际过程中产生,完全反映实际情况,能经得住对方的推敲。由于在工程过程中合同双方都在进行合同管理,收集工程资料,所以双方应有相同的证据。使用不实的、虚假的证据是违反商业道德甚至法律的;

3)全面性:所提供的证据应能说明事件的全过程。索赔报告中所涉及的干扰事件、索赔理由、索赔值等都应有相应的证据,不能凌乱和支离破碎,否则发包人将退回索赔报告,要求重新补充证据。这会拖延索赔的解决,损害承包商在索赔中的有利地位;

4)关联性:索赔的证据应当能互相说明,相互具有关联性,不能互相矛盾;

5)法律证明效力:索赔证据必须有法律证明效力,特别对准备递交仲裁的索赔报告更要注意这一点。

①证据必须是当时的书面文件,一切口头承诺、口头协议不算。

②合同变更协议必须由双方签署,或以会谈纪要的形式确定,且为决定性决议。一切商讨性、意向性的意见或建议都不算。

③工程中的重大事件、特殊情况的记录、统计应由工程师签署认可。

(2)索赔证据的种类。

1)招标文件、工程合同、发包人认可的施工组织设计、工程图纸、技术规范等;

2)工程各项有关的设计交底记录、变更图纸、变更施工指令等;

3)工程各项经发包人或合同中约定的发包人现场代表或监理工程师签认的签证;

4)工程各项往来信件、指令、信函、通知、答复等;

5)工程各项会议纪要;

6)施工计划及现场实施情况记录;

7)施工日报及工长工作日志、备忘录;

8)工程送电、送水、道路开通、封闭的日期及数量记录;

9)工程停电、停水和干扰事件影响的日期及恢复施工的日期记录;

10)工程预付款、进度款拨付的数额及日期记录;

11)工程图纸、图纸变更、交底记录的送达份数及日期记录;

12)工程有关施工部位的照片及录像等;

13)工程现场气候记录,如有关天气的温度、风力、雨雪等;

14)工程验收报告及各项技术鉴定报告等;

15)工程材料采购、订货、运输、进场、验收、使用等方面的凭据;

16)国家和省级或行业建设主管部门有关影响工程造价、工期的文件、规定等。

(3)索赔时效的功能。索赔时效是指合同履行过程中,索赔方在索赔事件发生后的约定期限内不行使索赔权即视为放弃索赔权利,其索赔权归于消灭的制度。一方面,索赔时效届满,即视为承包人放弃索赔权利,发包人可以此作为证据的代用,避免举证的困难;另一方面,只有促使承包人及时提出索赔要求,才能警示发包人充分履行合同义务,避免类似索赔事件的再次发生。

四、工程索赔的处理方法

1. 以合同为依据进行处理

参考合同标准,仔细收集资料,对资料的真实性、可信度,必须认定后及时地处理索赔。在具体处理索赔的过程中,一定要仔细分析,什么时候应该给工期索赔,什么时候应该给费用索赔。比如:天气条件极其恶劣,已超出了我们预想的正常雨雪天气,严重阻碍了工程的进展,这个时候,施工单位可以要求,业主也可以批准延长工期,即工期索赔成立,但不应出现费用索赔。再比如,在工程的全面展开时期,部分工程发生变更,施工单位对变更已完部分及等待图纸时该部分的施工人员及机械要求索赔,此时,对于已完部分的索赔,应该全部给付,其中包括成本和利润,但对于停滞的人员和机械,由于正值施工旺季,完全可以先把此部分人员、机械调到别处使用,所应赔付的应该只是更换工作地点及工种的工效降低费。

2. 分清责任,严格审核费用

对实际发生的索赔事件,往往是合同双方均负有责任,对此要查明原因,分清责任,并根据合同规定的计价方式进行审核,以确定合同双方应承担的费用。

3. 在工作中加强主动控制,减少工程索赔

要求业主在工程管理过程中,应当尽量将工作做在前面,减少索赔事件的发生。这样能够使工程更顺利地进行,降低工程投资,减少施工工期。

索赔的预防和处理对于工程投资控制起着相当重要的作用,在国际工程中一般施工索赔额都要达到合同价款的 $10\%\sim15\%$,个别情况甚至更多。为更好地处理建设工程中的索赔问题,须从加强工程项目建设施工计划和施工合同管理、加强人员培训等方面入手,积极探索、实践。

五、调查分析干扰事件的影响

在工程项目建设中,干扰事件直接影响的是承包商的施工过程,干扰事件造成施工方案、工程施工进度、劳动力、材料、机械的使用和各种费用支出的变化,最终表现为工期的延长和费用的增加,所以干扰事件对承包商施工过程的影响分析,是索赔管理工作中不可缺少的。

在实际工程中,干扰事件的原因比较复杂,许多因素甚至许多干扰事件搅在一起,常常双方都有责任,难以具体分清,在这方面的争执较多。通常可以从对如下三种状态的分析入手,分清各方的责任,分析各干扰事件的实际影响。

1. 合同状态分析

这里不考虑任何干扰事件的影响,仅对合同签订的情况做重新分析。

(1)合同状态及分析基础。从总体上说,合同状态分析是重新分析合同签订时的合同条件、工程环境、实施方案和价格。其分析基础为招标文件和各种报价文件,包括合同条件、合同规定的工程范围、工程量表、施工图纸、工程说明、规范、总工期、双方认可的施工方案和施工进度计划、合同报价的价格水平等。

在工程施工中,由于干扰事件的发生,造成合同状态其他几个方面——合同条件、工程环境、实施方案的变化,原合同状态被打破。这是干扰事件影响的结果,应按合同的规定,重新确定合同工期和价格。新的工期和价格必须在合同状态的基础上分析计算。

(2)合同状态分析的内容。合同状态分析的内容和次序为:

1)各分项工程的工程量;

2)按劳动组合确定人工费单价;

3)按材料采购价格、运输、关税、损耗等确定材料单价;

4)确定机械台班单价;

5)按生产效率和工程量确定总劳动力用量和总人工费;

6)列各事件表,进行网络计划分析,确定具体的施工进度和工期;

7)劳动力需求曲线和最高需求量;

8)工地管理人员安排计划和费用;

9)材料使用计划和费用;

10)机械使用计划和费用;

11)各种附加费用;

12)各分项工程单价、报价;

13)工程总报价等。

(3)合同状态分析的结论。如果合同条件、工程环境、实施方案等没有变化,则承包商应在合同工期内,按合同的要求完成工程施工,并得到相应的合同价格。

合同状态的计算方法和计算基础是极为重要的,它直接制约着可能状态与实际状态下的分析计算,其计算结果是整个索赔值计算的基础。在实际工作中,人们往往仅以自己的实际生产值、生产效率、工资水平和费用支出作为索赔值的计算基础,以为这即是索赔实际损失原则,其实这是一种误解。这样做常常会过高地计算了赔偿值,而使整个索赔报告被对方否定。

2. 可能状态分析

合同状态仅为计划状态或理想状态。在任何工程中，干扰事件是不可避免的，所以合同状态很难保持。要分析干扰事件对施工过程的影响，必须在合同状态的基础上加上干扰事件的分析。为了区分各方面的责任，这里的干扰事件必须为非承包商自身的原因所引起，而且不在合同规定的承包商应承担的风险范围内，才符合合同规定的赔偿条件。

3. 实际状态分析

按照实际的工程量、生产效率、人力安排、价格水平、施工方案和施工进度安排等确定实际的工期和费用。该分析以承包商的实际工程资料为依据。

比较上述三种状态的分析结果可以看到：

(1) 实际状态和合同状态结果之差即为工期的实际延长和成本的实际增加量。这里包括所有因素的影响，如发包人责任的，承包商责任的，其他外界干扰等。

(2) 可能状态和合同状态结果之差即为按合同规定承包商真正有理由提出工期和费用赔偿的部分。它可以直接作为工期和费用的索赔值。

(3) 实际状态和可能状态结果之差为承包商自身责任造成的损失和合同规定的承包商应承担的风险。它应由承包商自己承担，得不到补偿。

上述分析方法从总体上将双方的责任区分开来，同时又体现了合同精神，比较科学合理。分析时应注意：

(1) 索赔处理方法不同，分析的对象也会有所不同。在日常的单项索赔中仅需分析与该干扰事件相关的分部分项工程或单位工程的各种状态；而在一揽子索赔（总索赔）中，必须分析整个工程项目的各种状态。

(2) 三种状态的分析必须采用相同的分析对象、分析方法、分析过程和分析结果表达形式，如相同格式的表格，从而便于分析结果的对比，索赔值的计算，对方对索赔报告的审查分析等。

(3) 分析要详细，能分出各干扰事件、各费用项目、各工程活动，这样使用分项法计算索赔值更方便。

(4) 在实际工程中，不同种类、不同责任人、不同性质的干扰事件常常搅在一起，要准确地计算索赔值，必须将它们的影响区别开来。由合同双方分别承担责任，这常常是很困难的，会带来很大的争执。如果几类干扰事件搅在一起,互相影响,则分析就很困难。这里特别要注意各干扰事件的发生和影响之间的逻辑关系,即先后顺序关系和因果关系。这样干扰事件的影响分析和索赔值的计算才是合理的。

(5)如果分析资料多,对于复杂的工程或重大的索赔,采用人工处理必然花费许多时间和人力,常常达不到索赔的期限和准确度要求。在这方面引入计算机数据处理方法,将极大地提高工作效率。

第三节 工程反索赔

一、索赔与反索赔的关系

根据国际工程施工索赔规范,普遍按索赔的对象来界定索赔与反索赔,通常把承包商就非承包商原因所造成的承包商的实际损失,向业主提出的经济补偿或工期延长的要求,称为"索赔"。把业主向承包商提出的、由于承包商违约而导致业主损失的补偿要求,称为"反索赔"。并且此种要求均以补偿实际损失为原则,并不存在惩罚的意思。这一定义已为国际工程承包界所公认和普遍应用,具有特定的明确含义。当然,如果从广义的一般含义来说,承包商可以向业主提出某种索赔,业主可以反驳或拒绝承包商的此项索赔即进行反索赔。分包商可以向总承包商提出索赔,总承包商可以针对此项索赔进行反索赔。承包商可以向供货商提出索赔,供货商也可以反驳此项索赔,即进行反索赔等等。但是,在施工索赔实践中,一般并不是从广义的角度理解索赔和反索赔,而是按其特定的含义,把承包商向业向提出的补偿要求,称为"索赔";把业主对承包商提出的补偿要求,称为"反索赔",一般包括两个方面:一是对承包商提出的索赔要求进行分析、评审和修正,否定其不合理的要求,接受其合理的要求。二是对承包商在履约中的其他缺陷责任,如某部分工程质量达不到施工技术规程的要求,或拖期建成,独立地提出损失补偿要求。

二、反索赔的种类

依据工程承包的惯例和实践,常见的发包人反索赔主要有以下几种:

1. 工程质量问题反索赔

工程质量问题反索赔是指施工单位的施工质量不符合施工技术规程

的要求,或使用的设备和材料不符合合同规定,或在保修期未满以前未完成应该负责补修的工程时,建设单位有权向施工单位追究责任。如果施工单位未在规定的期限内完成补修的工作,建设单位有权雇佣他人来完成工作,发生的费用由施工单位承担。

常见的工程质量缺陷表现在以下内容:

(1)由承包商负责设计的部分永久工程和细部构造,虽然经过工程师的复核和审查批准,仍出现了质量缺陷或事故。

(2)承包商的临时工程或模板支架设计安排不当,造成了施工后的永久工程的缺陷,如悬臂浇筑混凝土施工的连续梁,由于挂篮设计强度及稳定性不够,造成梁段下挠严重,致使跨中无法合拢。

(3)承包商使用的工程材料和机械设备等不符合合同规定和质量要求,从而使工程质量产生缺陷。

(4)承包商施工的分项分部工程,由于施工工艺或方法问题,造成严重开裂、下挠、倾斜等缺陷。

(5)承包商没有完成按照合同条件规定的工作或隐含的工作,如对工程的保护和照管、安全及环境保护。

2. 工程拖延反索赔

工程拖延反索赔是指工期延误属于施工单位责任时,建设单位对施工单位进行索赔,即由施工单位支付延期竣工违约金。建设单位在确定违约金的费率时,一般要考虑以下因素:建设单位盈利损失;由于工期延长而引起的贷款利息增加;工程拖期带来的附加监理费;由于本工程拖期竣工不能使用,租用其他建筑时的租赁费。违约金的计算方法在每个合同文件中均有具体规定,一般按每延误一天赔偿一定的款额计算,累计赔偿额一般不超过合同总额的10%。

3. 经济担保反索赔

经济担保是国际工程承包活动中不可缺少的部分,担保人要承诺在其委托人不适当履约的情况下代替委托人来承担赔偿责任或原合同所规定的权利与义务。在土木工程项目承包施工活动中,常见的经济担保有预付款担保和履约担保等。

(1)预付款担保反索赔。预付款是指在合同规定开工前或工程价款支付之前,由发包人预付给承包商的款项。预付款的实质是发包人向承包商发放的无息贷款。对预付款的偿还,一般是由发包人在应支付给承包商的工程进度款中直接扣还。为了保证承包商偿还发包人的预付款,施工合同中规定了承包商必须对预付款提供等额的经济担保。若承包商不能按期归还预付款,发包人就可以从相应的担保款额中取得补偿,这实际上是发包人向承包商的索赔。

(2) 履约担保反索赔。履约担保是承包商和担保方为了发包人的利益不受损害而做的一种承诺,担保承包商按施工合同所规定的条件进行工程施工。履约担保有银行担保和担保公司担保两种方法,并以银行担保较常见,担保金额一般为合同价的 10%～20%,担保期限为工程竣工期或缺陷责任期满。

当承包商违约或不能履行施工合同时,持有履约担保文件的发包人,可以很方便地在承包商的担保人的银行中取得金钱补偿。

(3) 保留金的反索赔。保留金的作用是对履约担保的补充形式。一般的工程合同中都规定有保留金,其数额为合同价的 5% 左右。保留金是从应支付给承包商的月工程进度款中扣下一笔合同价百分比的基金,由发包人保留下来,以便在承包商违约时直接补偿发包人的损失。所以说保留金也是发包人向承包商索赔的手段之一。保留金一般应在整个工程或规定的单项工程完工时退还保留金款额的 50%,最后在缺陷责任期满后再退还剩余的 50%。

4. 其他损失反索赔

依据合同规定,除上述发包人的反索赔外,当发包人在受到其他由于承包商原因造成的经济损失时,发包人仍可提出反索赔要求。比如:由于承包商的原因,在运输施工设备或大型预制构件时,损坏了原有的道路或桥梁;承包商的工程保险失效,给发包人造成的损失等。

三、反索赔的内容

建设工程反索赔的任务是防范索赔事件的发生,重视风险管理,加强对对方向己方索赔的防范。

建设工程反索赔的具体内容如下:

(1) 主动防止对方提出索赔,采取积极的防御策略。建设工程反索赔的主要工作是防止合同对方当事人提出索赔,界定其索赔的合理性、合法性,同时积极防御,尽可能减少合同索赔事件的发生。反索赔也是合同管理的重要内容,加强合同管理,使对方找不到索赔的理由和依据,避免自己陷入被索赔的局面。实践中,体现积极防御策略的手段是要积极抢占主动地位,做到先发制人,在第一时间内向对方提出索赔。既可以防止自己因超过索赔时限而失去机会,又可以争取索赔中的有利地位,打乱对方的工作步骤,争取了主动权,并在时间上为索赔问题的最终处理留下一定的回旋余地。

(2)干扰事件发生后,反击或反驳对方的索赔要求。反驳索赔方的索赔报告通常涉及以下内容:

1)索赔要求或者索赔报告的时限性——是否在合同规定时限内提出了索赔要求和索赔报告;

2)判断索赔事件的真实性;

3)干扰事件责任分析——是否因索赔人自己疏忽大意、管理不善或自身其他原因造成;

4)索赔理由分析——索赔要求是否和合同条款或有关法律法规的规定一致;

5)干扰事件影响分析——索赔事件和影响之间是否存在因果关系,干扰事件影响范围的大小,索赔方是否采取了有效的减员控制措施;

6)索赔证据的分析——证据是否存在不足、不当或者片面的情形;

7)索赔值的审核——这是索赔反驳中的最后一步,也是关键的一个环节。分析的重点在于各项数据是否准确,计算方法是否合理,各种取费是否合理、适度,有无重复。

四、反索赔的工作步骤

在接到对方索赔报告后,就应着手进行分析、反驳。反索赔与索赔有相似的处理过程,但也有其特殊性。通常对方提出的索赔反驳处理过程如图5-1所示。

1. 合同总体分析

反索赔同样是以合同作为法律依据,作为反驳的理由和依据。合同分析的目的是分析、评价对方索赔要求的理由和依据。在合同中找出对对方不利,对自方有利的合同条文,以构成对对方索赔要求否定的理由。

第五章　水暖工程索赔

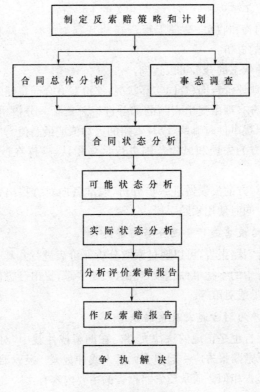

图 5-1　反索赔步骤

合同总体分析的重点是与对方索赔报告中提出的问题有关的合同条款，包括合同的法律基础；合同的组成及合同变更情况；合同规定的工程范围和承包商责任；工程变更的补偿条件、范围和方法；合同价格，工期的调整条件、范围和方法，以及对方应承担的风险；违约责任；争执的解决方法等。

2. 事态调查与分析

反索赔仍然基于事实基础之上，以事实为依据。该事实必须有己方对合同实施过程跟踪和监督的结果，即以各种实际工程资料作为证据，用以对照索赔报告所描述的事情经过所附证据。通过调查可以确定干扰事件的起因、事件经过、持续时间、影响范围等真实的详细的情况。

在此应收集整理所有与反索赔相关的工程资料。

在事态调查和收集、整理工程资料的基础上进行合同状态、可能状态、实际状态的分析。

通过三种状态的分析可以达到：

(1)全面地评价合同、合同实际状况，评价双方合同责任的完成情况。

(2)对对方有理由提出索赔的部分进行总概括。分析出对方有理由提出索赔的干扰事件有哪些，以及索赔的大约值或最高值。

(3)对对方的失误和风险范围进行具体指认，这样在谈判中才有攻击点。

(4)针对对方的失误做进一步分析，以准备向对方提出索赔，这样可以在反索赔中同时使用索赔手段。

3. 对索赔报告进行全面分析与评价

分析评价索赔报告，可以通过索赔分析评价表进行。其中，分别列出对方索赔报告中的干扰事件、索赔理由、索赔要求，提出己方的反驳理由、证据、处理意见或对策等。

4. 起草并向对方递交反索赔报告

反索赔报告也是正规的法律文件。在调解或仲裁中，对方的索赔报告和己方的反索赔报告应一起递交调解人或仲裁人。反索赔报告的基本要求与索赔报告相似。通常反索赔报告的主要内容有：

(1)合同总体分析简述。

(2)合同实施情况的简述和评价。这里重点针对对方索赔报告中的问题和干扰事件，叙述事实情况，应包括前述三种状态的分析结果，对双方合同责任完成情况和工程施工情况做评价。目标是推卸自己对对方索赔报告中提出的干扰事件的合同责任。

(3)反驳对方索赔要求。按具体的干扰事件，逐条反驳对方的索赔要求，详细叙述自己的反索赔理由和证据，全部或部分地否定对方的索赔要求。

(4)提出索赔。对经合同分析和三种状态分析得出的对方违约责任，提出己方的索赔要求，对此有不同的处理方法。通常，可以在反索赔报告中提出索赔，也可另外出具己方的索赔报告。

(5)总结。对反索赔做全面总结，通常包括如下内容：

1)对合同总体分析做简要概括;
2)对合同实施情况做简要概括;
3)对对方索赔报告做总评价;
4)对己方提出的索赔做概括;
5)双方要求,即索赔和反索赔最终分析结果比较;
6)提出解决意见;
7)附各种证据。即本反索赔报告中所述的事件经过、理由、计算基础、计算过程和计算结果等证明材料。

第六章 合同价款管理

第一节 合同价款约定

一、一般规定

(1)工程合同价款的约定是建设工程合同的主要内容。根据有关法律条款的规定,实行招标的工程合同价款应在中标通知书发出之日起30天内,由发承包双方依据招标文件和中标人的投标文件在书面合同中约定。

工程合同价款的约定应满足以下几个方面的要求：
1)约定的依据：招标人向中标的投标人发出的中标通知书；
2)约定的时间：自招标人发出中标通知书之日起30天内；
3)约定的内容：招标文件和中标人的投标文件；
4)合同的形式：书面合同。

在工程招投标及建设工程合同签订过程中,招标文件应视为要约邀请,投标文件为要约,中标通知书为承诺。因此,在签订建设工程合同时,若招标文件与中标人的投标文件有不一致的地方,应以投标文件为准。

(2)实行招标的工程,合同约定不得违背招标文件中关于工期、造价、资质等方面的实质性内容。所谓合同实质性内容,《中华人民共和国合同法》第三十条规定："有关合同标的、数量、质量、价款或者报酬、履行期限、履行地点和方式、违约责任和解决争议方法等的变更,是对要约内容的实质性变更"。

(3)不实行招标的工程合同价款,应在发承包双方认可的工程价款基础上,由发承包双方在合同中约定。

(4)工程建设合同的形式对工程量清单计价的适用性不构成影响,无论是单价合同、总价合同,还是成本加酬金合同均可以采用工程量清单计价。采用单价合同形式时,经标价的工程量清单是合同文件必不可少的组成内容,其中的工程量一般具备合同约束力(量可调),工程款结算时按照合同中约定应予计量并实际完成的工程量计算进行调整,由招标人提供统一的工程量清单则彰显了工程量清单计价的主要优点。总价合同是指总价包干或总价不变合同,采用总价合同形式,工程量清单中的工程量不具备合同的约束力(量不可调),工程量以合同图纸的标示内容为准,工程量以外的其他内容一般均赋予合同约束力,以方便合同变更的计量和计价。成本加酬金合同是承包人不承担任何价格变化风险的合同。

"13计价规范"中规定:"实行工程量清单计价的工程,应采用单价合同;建设规模较小,技术难度较低,工期较短,且施工图设计已审查批准的建设工程可采用总价合同;紧急抢险、救灾以及施工技术特别复杂的建设工程可采用成本加酬金合同"。单价合同约定的工程价款中所包含的工程量清单项目综合单价在约定条件内是固定的,不予调整,工程量允许调整。工程量清单项目综合单价在约定的条件外的,允许调整。但调整方式、方法应在合同中约定。

二、合同价款约定的内容

(1)发承包双方应在合同条款中对下列事项进行约定:

1)预付工程款的数额、支付时间及抵扣方式。预付款是发包人为解决承包人在施工准备阶段资金周转问题提供的协助。如使用大宗材料,可根据工程具体情况设置工程材料预付款;

2)安全文明施工措施的支付计划、使用要求等;

3)工程计量与支付工程进度款的方式、数额及时间;

4)工程价款的调整因素、方法、程序、支付及时间;

5)施工索赔与现场签证的程序、金额确认与支付时间;

6)承担计价风险的内容、范围以及超出约定内容、范围的调整办法;

7)工程竣工价款结算编制与核对、支付及时间;

8)工程质量保证金的数额、预留方式及时间;

9)违约责任以及发生合同价款争议的解决方法及时间;

10)与履行合同、支付价款有关的其他事项等。

由于合同中涉及工程价款的事项较多,能够详细约定的事项应尽可能具体的约定,约定的用词应尽可能唯一,如有几种解释,最好对用词进行定义,尽量避免因理解上的歧义造成合同纠纷。

(2)合同中没有按照上述第(1)条的要求约定或约定不明的,若发承包双方在合同履行中发生争议由双方协商确定;当协商不能达成一致时,应按"13计价规范"的规定执行。

第二节 合同价款调整

一、一般规定

(1)如下列事项(但不限于)发生,发承包双方应当按照合同约定调整合同价款:

1)法律法规变化;
2)工程变更;
3)项目特征不符;
4)工程量清单缺项;
5)工程量偏差;
6)计日工;
7)物价变化;
8)暂估价;
9)不可抗力;
10)提前竣工(赶工补偿);
11)误期赔偿;
12)索赔;
13)现场签证;
14)暂列金额;
15)发承包双方约定的其他调整事项。

(2)出现合同价款调增事项(不含工程量偏差、计日工、现场签证、索赔)后的14天内,承包人应向发包人提交合同价款调增报告并附上相关资料;承包人在14天内未提交合同价款调增报告的,应视为承包人对该事项不存在调整价款请求。

此处所指合同价款调增事项不包括工程量偏差,是因为工程量偏差的调整在竣工结算完成之前均可提出;不包括计日工、现场签证和索赔,是因为这三项的合同价款调增时限在"13计价规范"中另有规定。

(3)出现合同价款调减事项(不含工程量偏差、索赔)后的14天内,发包人应向承包人提交合同价款调减报告并附相关资料;发包人在14天内未提交合同价款调减报告的,应视为发包人对该事项不存在调整价款请求。

基于上述第(2)条同样的原因,此处合同价款调减事项中不包括工程量偏差和索赔两项。

(4)发(承)包人应在收到承(发)包人合同价款调增(减)报告及相关资料之日起14天内对其核实,予以确认的应书面通知承(发)包人。当有疑问时,应向承(发)包人提出协商意见。发(承)包人在收到合同价款调增(减)报告之日起14天内未确认也未提出协商意见的,应视为承(发)包人提交的合同价款调增(减)报告已被发(承)包人认可。发(承)包人提出协商意见的,承(发)包人应在收到协商意见后的14天内对其核实,予以确认的应书面通知发(承)包人。承(发)包人在收到发(承)包人的协商意见后14天内既不确认也未提出不同意见的,应视为发(承)包人提出的意见已被承(发)包人认可。

(5)发包人与承包人对合同价款调整的不同意见不能达成一致的,只要对发承包双方履约不产生实质影响,双方应继续履行合同义务,直到其按照合同约定的争议解决方式得到处理。

(6)根据财政部、原建设部印发的《建设工程价款结算暂行办法》(财建[2004]369号)第十五条规定:"发包人和承包人要加强施工现场的造价控制,及时对工程合同外的事项如实纪录并履行书面手续。凡由发、承包双方授权的现场代表签字的现场签证以及发、承包双方协商确定的索赔等费用,应在工程竣工结算中如实办理,不得因发、承包双方现场代表的中途变更改变其有效性","13计价规范"对发承包双方确定调整的合同价款的支付方法进行了约定,即:"经发承包双方确认调整的合同价款,作为追加(减)合同价款,应与工程进度款或结算款同期支付"。

二、合同价款调整方法

(一)法律法规变化

(1)工程建设过程中,发、承包双方都是国家法律、法规、规章及政策的执行者。因此,在发、承包双方履行合同的过程中,当国家的法律、法规、规章及政策发生变化,国家或省级、行业建设主管部门或其授权的工程造价管理机构据此发布工程造价调整文件,工程价款应当进行调整。"13计价规范"中规定:"招标工程以投标截止日前28天、非招标工程以合同签订前28天为基准日,其后因国家的法律、法规、规章和政策发生变化引起工程造价增减变化的,发承包双方应按照省级或行业建设主管部门或其授权的工程造价管理机构据此发布的规定调整合同价款"。

(2)因承包人原因导致工期延误的,按上述第(1)条规定的调整时间,在合同工程原定竣工时间之后,合同价款调增的不予调整,合同价款调减的予以调整。这就说明由于承包人原因导致工期延误,将按不利于承包人的原则调整合同价款。

(二)工程变更

建设工程施工合同实施过程中,如果合同签订时所依赖的承包范围、设计标准、施工条件等发生变化,则必须在新的承包范围、新的设计标准或新的施工条件等前提下对发承包双方的权利和义务进行重新分配,从而建立新的平衡,追求新的公平和合理。由于施工条件变化和发包人要求变化等原因,往往会发生合同约定的工程材料性质和品种、建筑物结构形式、施工工艺和方法等的变动,此时必须变更才能维护合同的公平。因此,"13计价规范"中对因分部分项工程量清单的漏项或非承包人原因引起的工程变更,造成增加新的工程量清单项目时,对新增项目综合单价的确定原则进行了约定,具体如下:

(1)因工程变更引起已标价工程量清单项目或其工程数量发生变化时,应按照下列规定调整:

1)已标价工程量清单中有适用于变更工程项目的,应采用该项目的单价。但当工程变更导致该清单项目的工程数量发生变化,且工程量偏差超过15%时,该项目单价应按照规定进行调整,即当工程量增加15%以上时,增加部分的工程量的综合单价应予调低;当工程量减少15%以上时,减少后剩余部分的工程量的综合单价应予调高。采用此条进行调整的前提条件是其采用的材料、施工工艺和方法相同,亦不因此增加关键线路上工程的施工时间;

2) 已标价工程量清单中没有适用但有类似于变更工程项目的,可在合理范围内参照类似项目的单价。采用此条进行调整的前提条件是其采用的材料、施工工艺和方法基本相似,不增加关键线路上工程的施工时间,则可仅就其变更后的差异部分,参考类似的项目单价由发、承包双方协商新的项目单价;

3) 已标价工程量清单中没有适用也没有类似于变更工程项目的,应由承包人根据变更工程资料、计量规则和计价办法、工程造价管理机构发布的信息价格和承包人报价浮动率提出变更工程项目的单价,并应报发包人确认后调整。承包人报价浮动率可按下列公式计算:

招标工程:

承包人报价浮动率 $L=(1-中标价/招标控制价)\times 100\%$

非招标工程:

承包人报价浮动率 $L=(1-报价/施工图预算)\times 100\%$

【例 6-1】 某工程招标控制价为 2383692 元,中标人的投标报价为 2276938 元,试计算该中标人的报价浮动率。

【解】 该中标人的报价浮动率为:

$$L=(1-2276938/2383692)\times 100\% = 4.48\%$$

【例 6-2】 若例 6-1 中工程项目,施工过程中室内采暖采用钢制散热器采暖,已标价清单项目中没有此类似项目,工程造价管理机构发布该种钢制散热器的单价为 189 元/组,试确定该项目综合单价。

【解】 由于已标价工程量清单中没有适用也没有类似于该工程项目的,故承包人应根据有关资料变更该工程项目的综合单价。查项目所在地该项目定额人工费为 46.85 元,除钢制散热器外的其他材料费为 10.35 元,管理费和利润为 37.96 元,则

该项目综合单价 $=(46.85+189+10.35+37.96)\times(1-4.48\%)$
$=271.43$ 元

发承包双方可按 271.43 元协商确定该项目综合单价。

4) 已标价工程量清单中没有适用也没有类似于变更工程项目,且工

程造价管理机构发布的信息价格缺价的,应由承包人根据变更工程资料、计量规则、计价办法和通过市场调查等取得有合法依据的市场价格提出变更工程项目的单价,并应报发包人确认后调整。

(2)工程变更引起施工方案改变并使措施项目发生变化时,承包人提出调整措施项目费的,应事先将拟实施的方案提交发包人确认,并应详细说明与原方案措施项目相比的变化情况。拟实施的方案经发承包双方确认后执行,并应按照下列规定调整措施项目费:

1)安全文明施工费应按照实际发生变化的措施项目依据国家或省级、行业建设主管部门的规定计算;

2)采用单价计算的措施项目费,应按照实际发生变化的措施项目,按上述第(1)条的规定确定单价;

3)按总价(或系数)计算的措施项目费,按照实际发生变化的措施项目调整,但应考虑承包人报价浮动因素,即调整金额按照实际调整金额乘以上述第(1)条规定的承包人报价浮动率计算。

如果承包人未事先将拟实施的方案提交给发包人确认,则应视为工程变更不引起措施项目费的调整或承包人放弃调整措施项目费的权利。

(3)当发包人提出的工程变更因非承包人原因删减了合同中的某项原定工作或工程,致使承包人发生的费用或(和)得到的收益不能被包括在其他已支付或应支付的项目中,也未被包含在任何替代的工作或工程中时,承包人有权提出并应得到合理的费用及利润补偿。这主要是为了维护合同的公平,防止发包人在签约后擅自取消合同中的工作,转而由发包人自己或其他承包人实施而使本合同工程承包人蒙受损失。

(三)项目特征不符

工程量清单的项目特征是确定一个清单项目综合单价不可缺少的主要依据,对工程量清单项目的特征描述具有十分重要的意义,其主要体现在三个方面:①项目特征是区分清单项目的依据。工程量清单项目特征是用来表述分部分项清单项目的实质内容,用于区分计价规范中同一清单条目下各个具体的清单项目。没有项目特征的准确描述,对于相同或相似的清单项目名称,就无从区分。②项目特征是确定综合单价的前提。由于工程量清单项目的特征决定了工程实体的实质内容,必然直接决定了工程实体的自身价值。因此,工程量清单项目特征描述得准确

第六章　合同价款管理

与否,直接关系到工程量清单项目综合单价的准确确定。③项目特征是履行合同义务的基础。实行工程量清单计价,工程量清单及其综合单价是施工合同的组成部分,因此,如果工程量清单项目特征的描述不清甚至漏项、错误,从而引起在施工过程中的更改,都会引起分歧,导致纠纷。

在按"13工程计量规范"对工程量清单项目的特征进行描述时,应注意"项目特征"与"工作内容"的区别。"项目特征"是工程项目的实质,决定着工程量清单项目的价值大小,而"工作内容"主要讲的是操作程序,是承包人完成能通过验收的工程项目所必须要操作的工序。在"13工程计量规范"中,工程量清单项目与工程量计算规则、工作内容具有一一对应的关系,当采用"13计价规范"进行计价时,工作内容即有规定,无须再对其进行描述。而"项目特征"栏中的任何一项都影响着清单项目的综合单价的确定,招标人应高度重视分部分项工程项目清单项目特征的描述,任何不描述或描述不清,均会在施工合同履约过程中产生分歧,导致纠纷、索赔。例如铸铁散热器,按照"13工程计量规范"编码为031005001项目中"项目特征"栏的规定,发包人在对工程量清单项目进行描述时,就必须要对铸铁散热器的型号、规格,安装方式,托架形式,器具、托架除锈、刷油设计要求等进行详细描述,因为这其中任何一项的不同都直接影响到铸铁散热器的综合单价。而在该项"工作内容"栏中阐述了铸铁散热器安装应包括组对、安装,水压试验,托架制作、安装,除锈、刷油等施工工序,这些工序即便发包人不提,承包人为安装合格铸铁散热器也必然要经过,因而发包人在对工程量清单项目进行描述时就没有必要对铸铁散热器安装施工工序对承包人提出规定。

正因为此,在编制工程量清单时,必须对项目特征进行准确而且全面的描述,准确地描述工程量清单的项目特征对于准确地确定工程量清单项目的综合单价具有决定性的作用。

"13计价规范"中对清单项目特征描述及项目特征发生变化后重新确定综合单价的有关要求进行了如下约定:

(1)发包人在招标工程量清单中对项目特征的描述,应被认为是准确的和全面的,并且与实际施工要求相符合。承包人应按照发包人提供的招标工程量清单,根据项目特征描述的内容及有关要求实施合同工程,直到项目被改变为止。

(2)承包人应按照发包人提供的设计图纸实施合同工程,若在合同履行期间出现设计图纸(含设计变更)与招标工程量清单任一项目的特征描述不符,且该变化引起该项目工程造价增减变化的,应按照实际施工的项目特征,按上述"(二)工程变更"中的有关规定重新确定相应工程量清单项目的综合单价,并调整合同价款。

(四)工程量清单缺项

导致工程量清单缺项的原因主要包括:①设计变更;②施工条件改变;③工程量清单编制错误。由于工程量清单的增减变化必然使合同价款发生增减变化,对工程变更进行了如下约定:

(1)合同履行期间,由于招标工程量清单中缺项,新增分部分项工程清单项目的,应按照前述"(二)工程变更"中的第(1)条的有关规定确定单价,并调整合同价款。

(2)新增分部分项工程清单项目后引起措施项目发生变化的,应按照前述"(二)工程变更"中的第(2)条的有关规定,在承包人提交的实施方案被发包人批准后调整合同价款。

(3)由于招标工程量清单中措施项目缺项,承包人应将新增措施项目实施方案提交发包人批准后,按照前述"(二)工程变更"中的第(1)、(2)条的有关规定调整合同价款。

(五)工程量偏差

施工过程中,由于施工条件、地质水文、工程变更等变化以及招标工程量清单编制人专业水平的差异,往往会造成实际工程量与招标工程量清单出现偏差,工程量偏差过大,对综合成本的分摊带来影响。或突然增加太多,仍按原综合单价计价,对发包人不公平;如突然减少太多,仍按原综合单价计价,对承包人不公平。并且,这给有经验的承包人的不平衡报价打开了大门。为维护合同的公平,"13计价规范"中进行了如下规定:

(1)合同履行期间,当应予计算的实际工程量与招标工程量清单出现偏差,且符合下述第(2)、(3)条规定时,发承包双方应调整合同价款。

(2)对于任一招标工程量清单项目,当因工程量偏差和前述"(二)工程变更"中规定的工程变更等原因导致工程量偏差超过15%时,可进行调整。当工程量增加15%以上时,增加部分的工程量的综合单价应予调低;当工程量减少15%以上时,减少后剩余部分的工程量的综合单价应予调高。调整后的某一分部分项工程费结算价可参照以下公式计算:

1) 当 $Q_1 > 1.15Q_0$ 时:
$$S = 1.15Q_0 \times P_0 + (Q_1 - 1.15Q_0) \times P_1$$

2) 当 $Q_1 < 0.85Q_0$ 时:
$$S = Q_1 \times P_1$$

式中　S——调整后的某一分部分项工程费结算价;
　　　Q_1——最终完成的工程量;
　　　Q_0——招标工程量清单中列出的工程量;
　　　P_1——按照最终完成工程量重新调整后的综合单价;
　　　P_0——承包人在工程量清单中填报的综合单价。

由上述两式可以看出,计算调整后的某一分部分项工程费结算价的关键是确定新的综合单价 P_1。确定的方法,一是发承包双方协商确定,二是与招标控制价相联系,当工程量偏差项目出现承包人在工程量清单中填报的综合单价与发包人招标控制价相应清单项目的综合单价偏差超过15%时,工程量偏差项目综合单价的调整可参考以下公式确定:

1) 当 $P_0 < P_2 \times (1-L) \times (1-15\%)$ 时,该类项目的综合单价 P_1 按 $P_2 \times (1-L) \times (1-15\%)$ 进行调整;

2) 当 $P_0 > P_2 \times (1+15\%)$ 时,该类项目的综合单价 P_1 按 $P_2 \times (1+15\%)$ 进行调整;

3) 当 $P_0 > P_2 \times (1-L) \times (1-15\%)$ 或 $P_0 < P_2 \times (1+15\%)$ 时,可不进行调整。

式中　P_0——承包人在工程量清单中填报的综合单价;
　　　P_2——发包人招标控制价相应项目的综合单价;
　　　L——承包人报价浮动率。

【例 6-3】 某工程项目投标报价浮动率为8%,各项目招标控制价及投标报价的综合单价见表6-1,试确定当招标工程量清单中工程量偏差超过15%时,其综合单价是否应进行调整?如调整应怎样调整。

【解】 该工程综合单价调整情况见表6-1。

表 6-1　　　　　　　工程量偏差项目综合单价调整

项目	综合单价(元)		投标报价浮动率 L	综合单价偏差	$P_2 \times (1-L) \times (1-15\%)$	$P_2 \times (1+15\%)$	结　论
	招标控制价 P_2	投标报价 P_0					
1	540	432	8%	20%	422.28	—	由于 $P_0 > 422.28$ 元，故当该项目工程量偏差超过 15% 时，其综合单价不予调整
2	450	531	8%	18%	—	517.5	由于 $P_0 > 517.5$ 元，故当该项目工程量偏差超过 15% 时，其综合单价应调整为 517.5 元

【例 6-4】 若例 6-3 中某工程，其招标工程量清单中项目 1 的工程数量为 500m，施工中由于设计变更调整为 410m；招标工程量清单中项目 2 的工程数量为 785m²，施工中由于设计变更调整为 942m²。试确定其分部分项工程费结算价应怎样进行调整。

【解】 该工程分部分项工程费结算价调整情况见表 6-2。

表 6-2　　　　　　　分部分项工程费结算价调整

项目	工程量数量		工程量偏差	调整后的综合单价①	调整后的分部分项工程结算价
	清单数量 Q_0	调整后数量 Q_1			
1	500	410	18%	432	$S = 410 \times 432 = 177120$ 元
2	785	942	20%	517.5	$S = 1.15 \times 785 \times 531 + (942 - 1.15 \times 785) \times 517.5$ $= 499672.13$ 元

① 调整后的综合单价取自例 6-3。

(3)如果工程量出现变化引起相关措施项目相应发生变化时，按系数或单一总价方式计价的，工程量增加的措施项目费调增，工程量减少的措施项目费调减。反之,如未引起相关措施项目发生变化,则不予调整。

(六)计日工

(1)发包人通知承包人以计日工方式实施的零星工作,承包人应予执行。

(2)采用计日工计价的任何一项变更工作,在该项变更的实施过程中,承包人应按合同约定提交下列报表和有关凭证送发包人复核:

1)工作名称、内容和数量;

2)投入该工作所有人员的姓名、工种、级别和耗用工时;

3)投入该工作的材料名称、类别和数量;

4)投入该工作的施工设备型号、台数和耗用台时;

5)发包人要求提交的其他资料和凭证。

(3)任一计日工项目持续进行时,承包人应在该项工作实施结束后的24小时内向发包人提交有计日工记录汇总的现场签证报告一式三份。发包人在收到承包人提交现场签证报告后的2天内予以确认并将其中一份返还给承包人,作为计日工计价和支付的依据。发包人逾期未确认也未提出修改意见的,应视为承包人提交的现场签证报告已被发包人认可。

(4)任一计日工项目实施结束后,承包人应按照确认的计日工现场签证报告核实该类项目的工程数量,并应根据核实的工程数量和承包人已标价工程量清单中的计日工单价计算,提出应付价款;已标价工程量清单中没有该类计日工单价的,由发承包双方按前述"(二)工程变更"中的相关规定商定计日工单价计算。

(5)每个支付期末,承包人应按规定向发包人提交本期间所有计日工记录的签证汇总表,并应说明本期间自己认为有权得到的计日工金额,调整合同价款,列入进度款支付。

(七)物价变化

1. 物价变化合同价款调整方法

(1)价格指数调整价格差额。

1)价格调整公式。因人工、材料和设备等价格波动影响合同价格时,根据投标函附录中的价格指数和权重表约定的数据,按以下公式计算差额并调整合同价格:

$$P = P_0 \left[A + \left(B_1 \times \frac{F_{t1}}{F_{01}} + B_2 \times \frac{F_{t2}}{F_{02}} + B_3 \times \frac{F_{t3}}{F_{03}} + \cdots + B_n \times \frac{F_{tn}}{F_{0n}} \right) - 1 \right]$$

式中　　　　　　P——需调整的价格差额；

P_0——约定的付款证书中承包人应得到的已完成工程量的金额。此项金额应不包括价格调整、不计质量保证金的扣留和支付、预付款的支付和扣回，约定的变更及其他金额已按现行价格计价的，也不计入在内；

A——定值权重（即不调部分的权重）；

$B_1, B_2, B_3, \cdots, B_n$——各可调因子的变值权重（即可调部分的权重），为各可调因子在投标函投标总报价中所占的比例；

$F_{t1}, F_{t2}, F_{t3}, \cdots, F_{tn}$——各可调因子的现行价格指数，指约定的付款证书相关周期最后一天的前42天的各可调因子的价格指数；

$F_{01}, F_{02}, F_{03}, \cdots, F_{0n}$——各可调因子的基本价格指数，指基准日期的各可调因子的价格指数。

以上价格调整公式中的各可调因子、定值和变值权重，以及基本价格指数及其来源在投标函附录价格指数和权重表中约定。价格指数应首先采用有关部门提供的价格指数，缺乏上述价格指数时，可采用有关部门提供的价格代替；

2）暂时确定调整差额。在计算调整差额时得不到现行价格指数的，可暂用上一次价格指数计算，并在以后的付款中再按实际价格指数进行调整。

3）权重的调整。约定的变更导致原定合同中的权重不合理时，由监理人与承包人和发包人协商后进行调整；

4）承包人工期延误后的价格调整。由于承包人原因未在约定的工期内竣工的，则对原约定竣工日期后继续施工的工程，在使用第1）条的价格调整公式时，应采用原约定竣工日期与实际竣工日期的两个价格指数中较低的一个作为现行价格指数；

5）若人工因素已作为可调因子包括在变值权重内，则不再对其进行单项调整。

【例6-5】　某工程项目合同约定采用价格指数调整价格差额，由发承包双方确认的《承包人提供主要材料和工程设备一览表》见表 6-3。已知本期完成合同价款为 589073 元,其中包括已按现行价格计算的计日工价款 2600 元,发承包双方确认应增加的索赔金额 2879 元。试对此工程项目该期应调整的合同价款差额进行计算。

表 6-3　　　　承包人提供主要材料和工程设备一览表
(适用于价格指数调整法)

工程名称:某工程　　　　　　　标段:　　　　　　　第 1 页 共 1 页

序号	名称、规格、型号	变值权重 B	基本价格指数 F_0	现行价格指数 F_t	备注
1	人工费	0.15	120%	128%	
2	钢材	0.23	4500 元/t	4850 元/t	
3	水泥	0.11	420 元/t	445 元/t	
4	烧结普通砖	0.05	350 元/千块	320 元/千块	
5	施工机械费	0.08	100%	110%	
	定值权重 A	0.38	—	—	
	合　计	1			

【解】 1)本期完成的合同价款应扣除已按现行价格计算的计日工价款和双方确认的索赔金额,即

$$P_0 = 589073 - 2600 - 2879 = 583594 \text{ 元}$$

2)应调整的合同价款差额为:

$$\Delta P = 583594 \times \left[0.38 + \left(0.15 \times \frac{128}{120} + 0.23 \times \frac{4850}{4500} + 0.11 \times \frac{445}{420} + 0.05 \times \frac{320}{350} + 0.08 \times \frac{110}{100} \right) - 1 \right]$$

$$= 583594 \times 0.038$$

$$= 22176.57 \text{ 元}$$

即本期应增加合同价款 22176.57 元。

若本期合同价款中人工费单独按有关规定进行调整,则应扣除人工

费所占变值权重,将其列入定值权重,即

$$\Delta P = 583594 \times \left[(0.38+0.15) + \left(0.23 \times \frac{4850}{4500} + 0.11 \times \frac{445}{420} + 0.05 \times \frac{320}{350} + 0.08 \times \frac{110}{100} \right) - 1 \right]$$

$$= 583594 \times 0.028$$

$$= 16340.72 \text{ 元}$$

即本期应增加合同价款16340.72元。

(2)造价信息调整价格差额。

1)施工期内,因人工、材料和工程设备、施工机械台班价格波动影响合同价格时,人工、机械使用费按照国家或省、自治区、直辖市建设行政管理部门、行业建设管理部门或其授权的工程造价管理机构发布的人工成本信息、机械台班单价或机械使用费系数进行调整;需要进行价格调整的材料,其单价和采购数应由发包人复核,发包人确认需调整的材料单价及数量,作为调整合同价款差额的依据;

2)人工单价发生变化且该变化因省级或行业建设主管部门发布的人工费调整文件所致时,承包双方应按省级或行业建设主管部门或其授权的工程造价管理机构发布的人工成本文件调整合同价款。人工费调整时应以调整文件的时间为界限进行;

3)材料、工程设备价格变化按照发包人提供的《承包人提供主要材料和工程设备一览表(适用于造价信息差额调整法)》,由发承包双方约定的风险范围按下列规定调整合同价款:

①承包人投标报价中材料单价低于基准单价:施工期间材料单价涨幅以基准单价为基础超过合同约定的风险幅度值,或材料单价跌幅以投标报价为基础超过合同约定的风险幅度值时,其超过部分按实调整。

②承包人投标报价中材料单价高于基准单价:施工期间材料单价跌幅以基准单价为基础超过合同约定的风险幅度值,或材料单价涨幅以投标报价为基础超过合同约定的风险幅度值时,其超过部分按实调整。

③承包人投标报价中材料单价等于基准单价:施工期间材料单价涨、跌幅以基准单价为基础超过合同约定的风险幅度值时,其超过部分按实调整。

④承包人应在采购材料前将采购数量和新的材料单价报送发包人核

对,确认用于本合同工程时,发包人应确认采购材料的数量和单价。发包人在收到承包人报送的确认资料后 3 个工作日不予答复的视为已经认可,作为调整合同价款的依据。如果承包人未报经发包人核对即自行采购材料,再报发包人确认调整合同价款的,如发包人不同意,则不做调整;

4)施工机械台班单价或施工机械使用费发生变化超过省级或行业建设主管部门或其授权的工程造价管理机构规定的范围时,按其规定调整合同价款。

【例 6-6】 某工程项目合同约定工程中所用桑拿浴房由承包人提供,所需品种见表 6-4。在施工期间,采购的各品种桑拿浴房的单价分别为远红外线桑拿浴房:4800 元/套;芬兰桑拿浴房:4750 元/套;光波桑拿浴房:4900 元/套。试对合同约定的桑拿浴房单价进行调整。

表 6-4　　承包人提供主要材料和工程设备一览表
（适用于造价信息差额调整法）

工程名称:某工程　　　　　　标段:　　　　　　第 1 页 共 1 页

序号	名称、规格、型号	单位	数量	风险系数(%)	基准单价(元)	投标单价(元)	发承包人确认单价(元)	备注
1	远红外线桑拿浴房	套	15	≤5	4400	4500	4575	
2	芬兰桑拿浴房	套	38	≤5	4600	4550	4550	
3	光波桑拿浴房	套	26	≤5	4700	4700	4700	
4								

【解】 1)远红外线桑拿浴房:投标单价高于基准单价,现采购单价为 4800 元/t,则以投标单价为基准的桑拿浴房涨幅为:

$$(4800-4500)\div 4500=6.67\%$$

由于涨幅已超过约定的风险系数,故应对单价进行调整:

$$4500+4500\times(6.67\%-5\%)=4575 \text{ 元}$$

2)芬兰桑拿浴房:投标单价低于基准单价,现采购单价为 4750 元/t,则以基准单价为基准的桑拿浴房涨幅为:

$$(4750-4600)\div 4600=3.26\%$$

由于涨幅未超过约定的风险系数,故不应对单价进行调整。

3)光波桑拿浴房：投标单价等于基准单价，现采购单价为 4900 元/t，则以基准单价为基准的桑拿浴房涨幅为：

$$(4900-4700)\div 4700=4.26\%$$

由于涨幅未超过约定的风险系数，故不应对单价进行调整。

2. 物价变化合同价款调整要求

（1）合同履行期间，因人工、材料、工程设备、机械台班价格波动影响合同价款时，应根据合同约定，按上述"（七）物价变化"中"1."中介绍的方法之一调整合同价款。

（2）承包人采购材料和工程设备的，应在合同中约定主要材料、工程设备价格变化的范围或幅度；当没有约定，且材料、工程设备单价变化超过 5% 时，超过部分的价格应按照上述"（七）物价变化"中"1."中介绍的方法计算调整材料、工程设备费。

（3）发生合同工程工期延误的，应按照下列规定确定合同履行期的价格调整：

1）因非承包人原因导致工期延误的，计划进度日期后续工程的价格，应采用计划进度日期与实际进度日期两者的较高者；

2）因承包人原因导致工期延误的，计划进度日期后续工程的价格，应采用计划进度日期与实际进度日期两者的较低者。

（4）发包人供应材料和工程设备的，不适用上述第（1）和第（2）条规定，应由发包人按照实际变化调整，列入合同工程的工程造价内。

（八）暂估价

（1）按照《工程建设项目货物招标投标办法》（国家发改委、建设部等七部委 27 号令）第五条规定："以暂估价形式包括在总承包范围内的货物达到国家规定规模标准的，应当由总承包中标人和工程建设项目招标人共同依法组织招标"。若发包人在招标工程量清单中给定暂估价的材料、工程设备属于依法必须招标的，应由发承包双方以招标的方式选择供应商，确定价格，并应以此为依据取代暂估价，调整合同价款。

所谓共同招标，不能简单理解为发承包双方共同作为招标人，最后共同与招标人签订合同。恰当的做法应当是仍由总承包中标人作为招标人，采购合同应当由总承包人签订。建设项目招标人参与的所谓共同招标可以通过恰当的途径体现建设项目招标人对这类招标组织的参与、决策和控制。建设项目招标人约束总承包人的最佳途径就是通过合同约定相关的程序。建设项目招标人的参与主要体现在对相关项目招标文件、评标标准和方法等能够体现招标目的和招标要求的文件进行审批,未经审批不得发出招标文件;评标时建设项目招标人也可以派代表进入评标委员会参与评标,否则,中标结果对建设项目招标人没有约束力,并且,建设项目招标人有权拒绝对相应项目拨付工程款,对相关工程拒绝验收。

(2)发包人在招标工程量清单中给定暂估价的材料、工程设备不属于依法必须招标的,应由承包人按照合同约定采购,经发包人确认单价后取代暂估价,调整合同价款。暂估材料或工程设备的单价确定后,在综合单价中只应取代暂估单价,不应再在综合单价中涉及企业管理费或利润等其他费用的变动。

(3)发包人在工程量清单中给定暂估价的专业工程不属于依法必须招标的,应按照前述"(二)工程变更"中的相关规定确定专业工程价款,并应以此为依据取代专业工程暂估价,调整合同价款。

(4)发包人在招标工程量清单中给定暂估价的专业工程,依法必须招标的,应当由发承包双方依法组织招标选择专业分包人,并接受有管辖权的建设工程招标投标管理机构的监督,还应符合下列要求:

1)除合同另有约定外,承包人不参加投标的专业工程发包招标,应由承包人作为招标人,但拟定的招标文件、评标工作、评标结果应报送发包人批准。与组织招标工作有关的费用应当被认为已经包括在承包人的签约合同价(投标总报价)中;

2)承包人参加投标的专业工程发包招标,应由发包人作为招标人,与组织招标工作有关的费用由发包人承担。同等条件下,应优先选择承包人中标;

3)应以专业工程发包中标价为依据取代专业工程暂估价,调整合同价款。

(九)不可抗力

(1)因不可抗力事件导致的人员伤亡、财产损失及其费用增加,发承包双方应按下列原则分别承担并调整合同价款和工期:

1)合同工程本身的损害、因工程损害导致第三方人员伤亡和财产损失以及运至施工场地用于施工的材料和待安装的设备的损害,应由发包

人承担;

2)发包人、承包人人员伤亡应由其所在单位负责,并应承担相应费用;

3)承包人的施工机械设备损坏及停工损失,应由承包人承担;

4)停工期间,承包人应发包人要求留在施工场地的必要的管理人员及保卫人员的费用应由发包人承担;

5)工程所需清理、修复费用,应由发包人承担。

(2)不可抗力解除后复工的,若不能按期竣工,应合理延长工期。发包人要求赶工的,赶工费用应由发包人承担。

(十)提前竣工(赶工补偿)

《建设工程质量管理条例》第十条规定:"建设工程发包单位不得迫使承包方以低于成本的价格竞标,不得任意压缩合理工期"。因此为了保证工程质量,承包人除了根据标准规范、施工图纸进行施工外,还应当按照科学合理的施工组织设计,按部就班地进行施工作业。

(1)招标人应依据相关工程的工期定额合理计算工期,压缩的工期天数不得超过定额工期的20%,超过者,应在招标文件中明示增加赶工费用。赶工费用主要包括:①人工费的增加,如新增加投入人工的报酬,不经济使用人工的补贴等;②材料费的增加,如可能造成不经济使用材料而损耗过大,材料运输费的增加等;③机械费的增加,例如可能增加机械设备投入,不经济的使用机械等。

(2)发包人要求合同工程提前竣工的,应征得承包人同意后与承包人商定采取加快工程进度的措施,并应修订合同工程进度计划。发包人应承担承包人由此增加的提前竣工(赶工补偿)费用,除合同另有约定外,提前竣工补偿的金额可为合同价款的5%。

(3)发承包双方应在合同中约定提前竣工每日历天应补偿额度,此项费用应作为增加合同价款列入竣工结算文件中,与结算款一并支付。

(十一)误期赔偿

(1)如果承包人未按照合同约定施工,导致实际进度迟于计划进度的,承包人应加快进度,实现合同工期。即使承包人采取了赶工措施,赶工费用仍应由承包人承担。如合同工程仍然误期,承包人应赔偿发包人由此造成的损失,并按照合同约定向发包人支付误期赔偿费,除合同另有约定外,误期赔偿可为合同价款的5%。即使承包人支付误期赔偿费,也不能免除承包人按照合同约定应承担的任何责任和应履行的任何义务。

(2)发承包双方应在合同中约定误期赔偿费,并应明确每日历天应赔额度。误期赔偿费应列入竣工结算文件中,并应在结算款中扣除。

(3)在工程竣工之前,合同工程内的某单项(位)工程已通过了竣工验收,且该单项(位)工程接收证书中表明的竣工日期并未延误,而是合同工程的其他部分产生了工期延误时,误期赔偿费应按照已颁发工程接收证书的单项(位)工程造价占合同价款的比例幅度予以扣减。

(十二)索赔

当合同一方向另一方提出索赔时,应有正当的索赔理由和有效证据,并应符合合同的相关约定。

1. 承包人的索赔

(1)若承包人认为是非承包人原因发生的事件造成了承包人的损失,承包人应在确认该事件发生后,持证明索赔事件发生的有效证据和依据正当的索赔理由,按合同约定的时间向发包人发出索赔通知。发包人应按合同约定的时间对承包人提出的索赔进行答复和确认。发包人在收到最终索赔报告后并在合同约定时间内,未向承包人做出答复,视为该项索赔已经认可。

这种索赔方式称之为单项索赔,即在每一件索赔事项发生后,递交索赔通知书,编报索赔报告书,要求单项解决支付,不与其他的索赔事项混在一起。单项索赔是施工索赔通常采用的方式,它避免了多项索赔的相互影响制约,所以解决起来比较容易。

当施工过程中受到非常严重的干扰,以致承包人的全部施工活动与原来的计划不大相同,原合同规定的工作与变更后的工作相互混淆,承包人无法为索赔保持准确而详细的成本记录资料,无法采用单项索赔的方式,而只能采用综合索赔。综合索赔俗称一揽子索赔。即对整个工程(或某项工程)中所发生的数起索赔事项,综合在一起进行索赔。采取这种方式进行索赔,是在特定的情况下被迫采用的一种索赔方法。

采取综合索赔时,承包人必须提出以下证明:①承包商的投标报价是合理的;②实际发生的总成本是合理的;③承包商对成本增加没有任何责任;④不可能采用其他方法准确地计算出实际发生的损失数额。

(2)承包人要求赔偿时,可以选择下列一项或几项方式获得赔偿:

1)延长工期;
2)要求发包人支付实际发生的额外费用;
3)要求发包人支付合理的预期利润;
4)要求发包人按合同的约定支付违约金。

(3)索赔事件发生后,在造成费用损失时,往往会造成工期的变动。当索赔事件造成的费用损失与工期相关联时,承包人应根据发生的索赔事件向发包人提出费用索赔要求的同时,提出工期延长的要求。发包人在批准承包人的索赔报告时,应将索赔事件造成的费用损失和工期延长联系起来,综合两者做出批准费用索赔和工期延长的决定。

(4)发承包双方在按合同约定办理了竣工结算后,应被认为承包人已无权再提出竣工结算前所发生的任何索赔。承包人在提交的最终结清申请中,只限于提出竣工结算后的索赔,提出索赔的期限应自发承包双方最终结清时终止。

2. 发包人的索赔

(1)根据合同约定,发包人认为由于承包人的原因造成发包人的损失,宜按承包人索赔的程序进行索赔。

(2)发包人要求赔偿时,可以选择下列一项或几项方式获得赔偿:
1)延长质量缺陷修复期限;
2)要求承包人支付实际发生的额外费用;
3)要求承包人按合同的约定支付违约金。

(3)承包人应付给发包人的索赔金额可从拟支付给承包人的合同价款中扣除,或由承包人以其他方式支付给发包人。

(十三)现场签证

由于施工生产的特殊性,施工过程中往往会出现一些与合同工程或合同约定不一致或未约定的事项,这时就需要发承包双方用书面形式记录下来,这就是现场签证。签证有多种情形,一是发包人的口头指令,需要承包人将其提出,由发包人转换成书面签证;二是发包人的书面通知如涉及工程实施,需要承包人就完成此通知需要的人工、材料、机械设备等内容向发包人提出,取得发包人的签证确认;三是合同工程招标工程量清单中已有,但施工中发现与其不符,比如土方类别,出现流砂等,需承包人及时向发包人提出签证确认,以便调整合同价款;四是由于发包人原因未按合同约定提供场地、材料、设备或停水、停电等造成承包人停工,需承包人及时向发包人提出签证确认,以便计算索赔费用;五是合同中约定材料、设备等价格,由于市场发生变化,需承包人向发包人提出采纳数量及其单价,以便发包人核对后取得发包人的签证确认;六是其他由于施工条件、合同条件变化需现场签证的事项等。

(1) 承包人应发包人要求完成合同以外的零星项目、非承包人责任事件等工作的,发包人应及时以书面形式向承包人发出指令,并应提供所需的相关资料;承包人在收到指令后,应及时向发包人提出现场签证要求。

(2) 承包人应在收到发包人指令后的 7 天内向发包人提交现场签证报告,发包人应在收到现场签证报告后的 48 小时内对报告内容进行核实,予以确认或提出修改意见。发包人在收到承包人现场签证报告后的 48 小时内未确认也未提出修改意见的,应视为承包人提交的现场签证报告已被发包人认可。

(3) 现场签证的工作如已有相应的计日工单价,现场签证中应列明完成该类项目所需的人工、材料、工程设备和施工机械台班的数量。

如现场签证的工作没有相应的计日工单价,应在现场签证报告中列明完成该签证工作所需的人工、材料设备和施工机械台班的数量及单价。

(4) 合同工程发生现场签证事项,未经发包人签证确认,承包人便擅自施工的,除非征得发包人书面同意,否则发生的费用应由承包人承担。

(5) 根据财政部、建设部印发的《建设工程价款结算办法》(财建[2004]369 号)第十五条的规定:"发包人和承包人要加强施工现场的造价控制,及时对工程合同外的事项如实纪录并履行书面手续。凡由发、承包双方授权的现场代表签字的现场签证以及发、承包双方协商确定的索赔等费用,应在工程竣工结算中如实办理,不得因发、承包双方现场代表的中途变更改变其有效性"。"13 计价规范"规定:"现场签证工作完成后的 7 天内,承包人应按照现场签证内容计算价款,报送发包人确认后,作为增加合同价款,与进度款同期支付"。此举可避免发包方变相拖延工程款以及发包人以现场代表变更而不承认某些索赔或签证的事件发生。

(6) 在施工过程中,当发现合同工程内容因场地条件、地质水文、发包人要求等不一致时,承包人应提供所需的相关资料,并提交发包人签证认可,作为合同价款调整的依据。

(十四)暂列金额

(1)已签约合同价中的暂列金额应由发包人掌握使用。

(2)暂列金额虽然列入合同价款,但并不属于承包人所有,也不必然发生。只有按照合同约定实际发生后,才能成为承包人的应得金额,纳入工程合同结算价款中,发包人按照前述相关规定与要求进行支付后,暂列金额余额仍归发包人所有。

第三节　合同价款期中支付

一、预付款

(1)预付款是发包人为解决承包人在施工准备阶段资金周转问题提供的协助,预付款用于承包人为合同工程施工购置材料、工程设备,购置或租赁施工设备以及组织施工人员进场。预付款应专用于合同工程。

(2)按照财政部、原建设部印发的《建设工程价款结算暂行办法》的相关规定,"13 计价规范"中对预付款的支付比例进行了约定:包工包料工程的预付款的支付比例不得低于签约合同价(扣除暂列金额)的 10%,不宜高于签约合同价(扣除暂列金额)的 30%。预付款的总金额,分期拨付次数、每次付款金额、付款时间等应根据工程规模、工期长短等具体情况,在合同中约定。

(3)承包人应在签订合同或向发包人提供与预付款等额的预付款保函(如有)后向发包人提交预付款支付申请。

(4)发包人应在收到支付申请的 7 天内进行核实,向承包人发出预付款支付证书,并在签发支付证书后的 7 天内向承包人支付预付款。

(5)发包人没有按合同约定按时支付预付款的,承包人可催告发包人支付;发包人在预付款期满后的 7 天内仍未支付的,承包人可在付款期满后的第 8 天起暂停施工。发包人应承担由此增加的费用和延误的工期,并应向承包人支付合理利润。

(6)当承包人取得相应的合同价款时,预付款应从每一个支付期应支付给承包人的工程进度款中扣回,直到扣回的金额达到合同约定的预付款金额为止。通常约定承包人完成签约合同价款的比例在 20%～30%

时,开始从进度款中按一定比例扣还。

(7)承包人的预付款保函(如有)的担保金额根据预付款扣回的数额相应递减,但在预付款全部扣回之前一直保持有效。发包人应在预付款扣完后的 14 天内将预付款保函退还给承包人。

二、安全文明施工费

(1)财政部、国家安全生产监督管理总局印发的《企业安全生产费用提取和使用管理办法》(财企[2012]16 号)第十九条规定:"建设工程施工企业安全费用应当按照以下范围使用:

(一)完善、改造和维护安全防护设施设备支出(不含'三同时'要求初期投入的安全设施),包括施工现场临时用电系统、洞口、临边、机械设备、高处作业防护、交叉作业防护、防火、防爆、防尘、防毒、防雷、防台风、防地质灾害、地下工程有害气体监测、通风、临时安全防护等设施设备支出;

(二)配备、维护、保养应急救援器材、设备支出和应急演练支出;

(三)开展重大危险源和事故隐患评估、监控和整改支出;

(四)安全生产检查、评价(不包括新建、改建、扩建项目安全评价)、咨询和标准化建设支出;

(五)配备和更新现场作业人员安全防护用品支出;

(六)安全生产宣传、教育、培训支出;

(七)安全生产适用的新技术、新标准、新工艺、新装备的推广应用支出;

(八)安全设施及特种设备检测检验支出;

(九)其他与安全生产直接相关的支出"。

由于工程建设项目因专业及施工阶段的不同,对安全文明施工措施的要求也不一致,因此"13 工程计量规范"针对不同的专业工程特点,规定了安全文明施工的内容和包含的范围。在实际执行过程中,安全文明施工费包括的内容及使用范围,既应符合国家现行有关文件的规定,也应符合"13 工程计量规范"中的规定。

(2)发包人应在工程开工后的 28 天内预付不低于当年施工进度计划的安全文明施工费总额的 60%,其余部分应按照提前安排的原则进行分解,并应与进度款同期支付。

(3)发包人没有按时支付安全文明施工费的,承包人可催告发包人支付;发包人在付款期满后的 7 天内仍未支付的,若发生安全事故,发包人应承担相应责任。

(4)承包人对安全文明施工费应专款专用,在财务账目中应单独列项备查,不得挪作他用,否则发包人有权要求其限期改正;逾期未改正的,造成的损失和延误的工期应由承包人承担。

三、进度款

(1)发承包双方应按照合同约定的时间、程序和方法,根据工程计量结果,办理期中价款结算,支付进度款。

(2)发包人支付工程进度款,其支付周期应与合同约定的工程计量周期一致。工程量的正确计量是发包人向承包人支付工程进度款的前提和依据。计量和付款周期可采用分段或按月结算的方式。

1)按月结算与支付。即实行按月支付进度款、竣工后结算的办法。合同工期在两个年度以上的工程,在年终进行工程盘点,办理年度结算;

2)分段结算与支付。即当年开工、当年不能竣工的工程按照工程形象进度,划分不同阶段,支付工程进度款。

当采用分段结算方式时,应在合同中约定具体的工程分段划分,付款周期应与计量周期一致。

(3)已标价工程量清单中的单价项目,承包人应按工程计量确认的工程量与综合单价计算;综合单价发生调整的,以发承包双方确认调整的综合单价计算进度款。

(4)已标价工程量清单中的总价项目和采用经审定批准的施工图纸及其预算方式发包形成的总价合同应由承包人根据施工进度计划和总价构成、费用性质、计划发生时间和相应的工程量等因素按计量周期进行分解,分别列入进度款支付申请中的安全文明施工费和本周期应支付的总价项目的金额中,并形成进度款支付分解表,在投标时提交,非招标工程在合同洽商时提交。在施工过程中,由于进度计划的调整,发承包双方应对支付分解进行调整。

1)已标价工程量清单中的总价项目进度款支付分解方法可选择以下之一(但不限于):

①将各个总价项目的总金额按合同约定的计量周期平均支付；

②按照各个总价项目的总金额占签约合同价的百分比，以及各个计量支付周期内所完成的单价项目的总金额，以百分比方式均摊支付；

③按照各个总价项目组成的性质（如时间、与单价项目的关联性等）分解到形象进度计划或计量周期中，与单价项目一起支付。

2）采用经审定批准的施工图纸及其预算方式发包形成的总价合同，除由于工程变更形成的工程量增减予以调整外，其工程量不予调整。因此，总价合同的进度款支付应按照计量周期进行支付分解，以便进度款有序支付。

(5)发包人提供的甲供材料金额，应按照发包人签约提供的单价和数量从进度款支付中扣除，列入本周期应扣减的金额中。

(6)承包人现场签证和得到发包人确认的索赔金额应列入本周期应增加的金额中。

(7)进度款的支付比例按照合同约定，按期中结算价款总额计，不低于60%，不高于90%。

(8)承包人应在每个计量周期到期后的7天内向发包人提交已完工程进度款支付申请一式四份，详细说明此周期认为有权得到的款额，包括分包人已完工程的价款。支付申请应包括下列内容：

1）累计已完成的合同价款；

2）累计已实际支付的合同价款；

3）本周期合计完成的合同价款。

①本周期已完成单价项目的金额；

②本周期应支付的总价项目的金额；

③本周期已完成的计日工价款；

④本周期应支付的安全文明施工费；

⑤本周期应增加的金额。

4）本周期合计应扣减的金额。

①本周期应扣回的预付款；

②本周期应扣减的金额。

5）本周期实际应支付的合同价款。

上述"本周期应增加的金额"中包括除单价项目、总价项目、计日工、安全文明施工费外的全部应增金额，如索赔、现场签证金额，"本周期应扣减的金额"包括除预付款外的全部应减金额。

由于进度款的支付比例最高不超过90%，而且根据原建设部、财政部印发的《建设工程质量保证金管理暂行办法》第七条规定："全部或者部分使用政府投资的建设项目，按工程价款结算总额5%左右的比例预留保证金"，因此"13计价规范"未在进度款支付中要求扣减质量保证金，而是在竣工结算价款中预留保证金。

（9）发包人应在收到承包人进度款支付申请后的14天内，根据计量结果和合同约定对申请内容予以核实，确认后向承包人出具进度款支付证书。若发承包双方对部分清单项目的计量结果出现争议，发包人应对无争议部分的工程计量结果向承包人出具进度款支付证书。

（10）发包人应在签发进度款支付证书后的14天内，按照支付证书列明的金额向承包人支付进度款。

（11）若发包人逾期未签发进度款支付证书，则视为承包人提交的进度款支付申请已被发包人认可，承包人可向发包人发出催告付款的通知。发包人应在收到通知后的14天内，按照承包人支付申请的金额向承包人支付进度款。

（12）发包人未按照规定支付进度款的，承包人可催告发包人支付，并有权获得延迟支付的利息；发包人在付款期满后的7天内仍未支付的，承包人可在付款期满后的第8天起暂停施工。发包人应承担由此增加的费用和延误的工期，向承包人支付合理利润，并应承担违约责任。

（13）发现已签发的任何支付证书有错、漏或重复的数额，发包人有权予以修正，承包人也有权提出修正申请。经发承包双方复核同意修正的，应在本次到期的进度款中支付或扣除。

第四节　竣工结算价款支付

一、结算款支付

（1）承包人应根据办理的竣工结算文件向发包人提交竣工结算款支付申请。申请应包括下列内容：

第六章 合同价款管理

1) 竣工结算合同价款总额；
2) 累计已实际支付的合同价款；
3) 应预留的质量保证金；
4) 实际应支付的竣工结算款金额。

(2) 发包人应在收到承包人提交竣工结算款支付申请后7天内予以核实，向承包人签发竣工结算支付证书。

(3) 发包人签发竣工结算支付证书后的14天内，应按照竣工结算支付证书列明的金额向承包人支付结算款。

(4) 发包人在收到承包人提交的竣工结算款支付申请后7天内不予核实，不向承包人签发竣工结算支付证书的，视为承包人的竣工结算款支付申请已被发包人认可；发包人应在收到承包人提交的竣工结算款支付申请7天后的14天内，按照承包人提交的竣工结算款支付申请列明的金额向承包人支付结算款。

(5) 工程竣工结算办理完毕后，发包人应按合同约定向承包人支付工程价款。发包人按合同约定应向承包人支付而未支付的工程款视为拖欠工程款。根据《最高人民法院关于审理建设工程施工合同纠纷案件适用法律问题的解释》(法释[2004]14号)第十七条："当事人对欠付工程价款利息计付标准有约定的，按照约定处理；没有约定的，按照中国人民银行发布的同期同类贷款利率信息。发包人应向承包人支付拖欠工程款的利息，并承担违约责任。"和《中华人民共和国合同法》第二百八十六条："发包人未按照合同约定支付价款的，承包人可以催告发包人在合理期限内支付价款。发包人逾期不支付的，除按照建设工程的性质不宜折价、拍卖的以外，承包人可以与发包人协议将该工程折价，也可以申请人民法院将该工程依法拍卖。建设工程的价款就该工程折价或者拍卖的价款优先受偿。"等规定，"13计价规范"中指出："发包人未按照上述第(3)条和第(4)条规定支付竣工结算款的，承包人可催告发包人支付，并有权获得延迟支付的利息。发包人在竣工结算支付证书签发后或者在收到承包人提交的竣工结算款支付申请7天后的56天内仍未支付的，除法律另有规定外，承包人可与发包人协商将该工程折价，也可直接向人民法院申请将该工程依法拍卖。承包人应就该工程折价或拍卖的价款优先受偿"。

所谓优先受偿，最高人民法院在《关于建设工程价款优先受偿权的批

复》(法释[2002]16号)中规定如下:

1)人民法院在审理房地产纠纷案件和办理执行案件中,应当依照《中华人民共和国合同法》第二百八十六条的规定,认定建筑工程的承包人的优先受偿权优于抵押权和其他债权;

2)消费者交付购买商品房的全部或者大部分款项后,承包人就该商品房享有的工程价款优先受偿权不得对抗买受人;

3)建筑工程价款包括承包人为建设工程应当支付的工作人员报酬、材料款等实际支出的费用,不包括承包人因发包人违约所造成的损失;

4)建设工程承包人行使优先权的期限为六个月,自建设工程竣工之日或者建设工程合同约定的竣工之日起计算。

二、质量保证金

(1)发包人应按照合同约定的质量保证金比例从结算款中预留质量保证金。质量保证金用于承包人按照合同约定履行属于自身责任的工程缺陷修复义务的,为发包人有效监督承包人完成缺陷修复提供资金保证。原建设部、财政部印发的《建设工程质量保证金管理暂行办法》(建质[2005]7号)第七条规定:"全部或者部分使用政府投资的建设项目,按工程价款结算总额5%左右的比例预留保证金。社会投资项目采用预留保证金方式的,预留保证金的比例可参照执行"。

(2)承包人未按照合同约定履行属于自身责任的工程缺陷修复义务的,发包人有权从质量保证金中扣除用于缺陷修复的各项支出。经查验,工程缺陷属于发包人原因造成的,应由发包人承担查验和缺陷修复的费用。

(3)在合同约定的缺陷责任期终止后,发包人应按照规定,将剩余的质量保证金返还给承包人。原建设部、财政部印发的《建设工程质量保证金管理暂行办法》(建质[2005]7号)第九条规定:"缺陷责任期内,承包人认真履行合同约定的责任,到期后,承包人向发包人申请返还保证金"。

三、最终结清

(1)缺陷责任期终止后,承包人已完成合同约定的全部承包工作,但合同工程的财务账目需要结清,因此承包人应按照合同约定向发包人提交最终结清支付申请。发包人对最终结清支付申请有异议的,有权要求承包人进行修正和提供补充资料。承包人修正后,应再次向发包人提交修正后的最终结清支付申请。

(2)发包人应在收到最终结清支付申请后的14天内予以核实,并应向承包人签发最终结清支付证书。

(3)发包人应在签发最终结清支付证书后的14天内,按照最终结清支付证书列明的金额向承包人支付最终结清款。

(4)发包人未在约定的时间内核实,又未提出具体意见的,应视为承包人提交的最终结清支付申请已被发包人认可。

(5)发包人未按期最终结清支付的,承包人可催告发包人支付,并有权获得延迟支付的利息。

(6)最终结清时,承包人被预留的质量保证金不足以抵减发包人工程缺陷修复费用的,承包人应承担不足部分的补偿责任。

(7)承包人对发包人支付的最终结清款有异议的,应按照合同约定的争议解决方式处理。

第五节 合同解除的价款结算与支付

合同解除是合同非常态的终止,为了限制合同的解除,法律规定了合同解除制度。根据解除权来源划分,可分为协议解除和法定解除。鉴于建设工程施工合同的特性,为了防止社会资源浪费,法律不赋予发承包人享有任意单方解除权,因此,除了协议解除,按照《最高人民法院关于审理建设工程施工合同纠纷案件适用法律问题的解释》第八条、第九条的规定,施工合同的解除有承包人根本违约的解除和发包人根本违约的解除两种。

(1)发承包双方协商一致解除合同的,应按照达成的协议办理结算和支付合同价款。

(2)由于不可抗力致使合同无法履行解除合同的,发包人应向承包人支付合同解除之日前已完成工程但尚未支付的合同价款,此外,还应支付下列金额:

1)招标文件中明示应由发包人承担的赶工费用;

2) 已实施或部分实施的措施项目应付价款；

3) 承包人为合同工程合理订购且已交付的材料和工程设备货款；

4) 承包人撤离现场所需的合理费用，包括员工遣送费和临时工程拆除、施工设备运离现场的费用；

5) 承包人为完成合同工程而预期开支的任何合理费用，且该项费用未包括在本款其他各项支付之内。

发承包双方办理结算合同价款时，应扣除合同解除之日前发包人应向承包人收回的价款。当发包人应扣除的金额超过了应支付的金额，承包人应在合同解除后的 56 天内将其差额退还给发包人。

(3) 由于承包人违约解除合同的，对于价款结算与支付应按以下规定处理：

1) 发包人应暂停向承包人支付任何价款；

2) 发包人应在合同解除后 28 天内核实合同解除时承包人已完成的全部合同价款以及按施工进度计划已运至现场的材料和工程设备货款，按合同约定核算承包人应支付的违约金以及造成损失的索赔金额，并将结果通知承包人。发承包双方应在 28 天内予以确认或提出意见，并办理结算合同价款。如果发包人应扣除的金额超过了应支付的金额，则承包人应在合同解除后的 56 天内将其差额退还给发包人；

3) 发承包双方不能就解除合同后的结算达成一致的，按照合同约定的争议解决方式处理。

(4) 由于发包人违约解除合同的，对于价款结算与支付应按以下规定处理：

1) 发包人除应按照上述第(2)条的有关规定向承包人支付各项价款外，还应按合同约定核算发包人应支付的违约金以及给承包人造成损失或损害的索赔金额费用。该笔费用由承包人提出，发包人核实后与承包人协商确定后的 7 天内向承包人签发支付证书；

2) 发承包双方协商不能达成一致的，按照合同约定的争议解决方式处理。

第六节 合同价款争议的解决

施工合同履行过程中出现争议是在所难免的，解决合同履行过程中争议的主要方法包括协商、调解、仲裁和诉讼四种。当发承包双方发生争议后，可以先进行协商和解从而达到消除争议的目的，也可以请第三方进行调解；若争议继续存在，发承包双方可以继续通过仲裁或诉讼的途径解决，当然，也可以直接进入仲裁或诉讼程序解决争议。不论采用何种方式解决发承包双方的争议，只有及时并有效地解决施工过程中的合同价款争议，才是工程建设顺利进行的必要保证。

一、监理或造价工程师暂定

从我国现行施工合同示范文本、监理合同示范文本、造价咨询合同示范文本的内容可以看出，合同中一般均会对总监理工程师或造价工程师在合同履行过程中发承包双方的争议如何处理有所约定。为使合同争议在施工过程中就能够由总监理工程师或造价工程师予以解决，"13 计价规范"对总监理工程师或造价工程师的合同价款争议处理流程及职责权限进行了如下约定：

(1)若发包人和承包人之间就工程质量、进度、价款支付与扣除、工期延期、索赔、价款调整等发生任何法律上、经济上或技术上的争议，首先应根据已签约合同的规定，提交合同约定职责范围内的总监理工程师或造价工程师解决，并应抄送另一方。总监理工程师或造价工程师在收到此提交件后 14 天内应将暂定结果通知发包人和承包人。发承包双方对暂定结果认可的，应以书面形式予以确认，暂定结果成为最终决定。

(2)发承包双方在收到总监理工程师或造价工程师的暂定结果通知之后的 14 天内未对暂定结果予以确认也未提出不同意见的，应视为发承包双方已认可该暂定结果。

(3)发承包双方或一方不同意暂定结果的，应以书面形式向总监理工程师或造价工程师提出，说明自己认为正确的结果，同时抄送另一方，此时该暂定结果成为争议。在暂定结果对发承包双方当事人履约不产生实质影响的前提下，发承包双方应实施该结果，直到按照发承包双方认可的争议解决办法被改变为止。

二、管理机构的解释和认定

(1)合同价款争议发生后，发承包双方可就工程计价依据的争议以书面形式提请工程造价管理机构对争议以书面文件进行解释或认定。工程造价管理机构是工程造价计价依据、办法以及相关政策的制定和管理机构。发包人、承包人或工程造价咨询人在工程计价中，对计价依据、办法以及相关政策规定发生的争议进行解释是工程造价管理机构的职责。

(2)工程造价管理机构应在收到申请的 10 个工作日内就发承包双方提请的争议问题进行解释或认定。

(3)发承包双方或一方在收到工程造价管理机构书面解释或认定后仍可按照合同约定的争议解决方式提请仲裁或诉讼。除工程造价管理机构的上级管理部门做出了不同的解释或认定，或在仲裁裁决或法院判决中不予采信的外，工程造价管理机构做出的书面解释或认定应为最终结果，并应对发承包双方均有约束力。

三、协商和解

(1)合同价款争议发生后，发承包双方任何时候都可以进行协商。协商达成一致的，双方应签订书面和解协议，并明确和解协议对发承包双方均有约束力。

(2)如果协商不能达成一致协议，发包人或承包人都可以按合同约定的其他方式解决争议。

四、调解

根据《中华人民共和国合同法》的规定，当事人可以通过调解解决合同争议，但在工程建设领域，目前的调解主要出现在仲裁或诉讼中，即所谓司法调解；有的通过建设行政主管部门或工程造价管理机构处理，双方认可，即所谓行政调解。司法调解耗时较长，且增加了诉讼成本；行政调解受行政管理人员专业水平、处理能力等的影响，其效果也受到限制。因此，"13 计价规范"提出了由发承包双方约定相关工程专家作为合同工程争议调解人的思路，类似于国外的争议评审或争端裁决，可定义为专业调解，这在我国合同法的框架内为有法可依，使争议尽可能在合同履行过程中得到解决，确保工程建设顺利进行。

(1)发承包双方应在合同中约定或在合同签订后共同约定争议调解人，负责双方在合同履行过程中发生争议的调解。

(2)合同履行期间,发承包双方可协议调换或终止任何调解人,但发包人或承包人都不能单独采取行动。除非双方另有协议,否则,在最终结清支付证书生效后,调解人的任期应即终止。

(3)如果发承包双方发生了争议,任何一方可将该争议以书面形式提交调解人,并将副本抄送另一方,委托调解人调解。

(4)发承包双方应按照调解人提出的要求,给调解人提供所需要的资料、现场进入权及相应设施。调解人不应被视为是在进行仲裁人的工作。

(5)调解人应在收到调解委托后28天内或由调解人建议并经发承包双方认可的其他期限内提出调解书,发承包双方接受调解书的,经双方签字后作为合同的补充文件,对发承包双方均具有约束力,双方都应立即遵照执行。

(6)当发承包双方中任一方对调解人的调解书有异议时,应在收到调解书后28天内向另一方发出异议通知,并应说明争议的事项和理由。但除非并直到调解书在协商和解或仲裁裁决、诉讼判决中做出修改,或合同已经解除,否则承包人应继续按照合同实施工程。

(7)当调解人已就争议事项向发承包双方提交了调解书,而任一方在收到调解书后28天内均未发出表示异议的通知时,调解书对发承包双方应均具有约束力。

五、仲裁、诉讼

(1)发承包双方的协商和解或调解均未达成一致意见,其中的一方已就此争议事项根据合同约定的仲裁协议申请仲裁,应同时通知另一方。进行协议仲裁时,应遵守《中华人民共和国仲裁法》的有关规定,如第四条:"当事人采用仲裁方式解决纠纷,应当双方自愿,达成仲裁协议。没有仲裁协议,一方申请仲裁的,仲裁委员会不予受理";第五条:"当事人达成仲裁协议,一方向人民法院起诉的,人民法院不予受理,但仲裁协议无效的除外";第六条:"仲裁委员会应当由当事人协议选定。仲裁不实行级别管辖和地域管辖"。

(2)仲裁可在竣工之前或之后进行,但发包人、承包人、调解人各自的义务不得因在工程实施期间进行仲裁而有所改变。当仲裁是在仲裁机构要求停止施工的情况下进行时,承包人应对合同工程采取保护措施,由此增加的费用应由败诉方承担。

(3)在前述"一、"至"四、"中规定的期限之内,暂定或和解协议或调解书已经有约束力的情况下,当发承包中一方未能遵守暂定或和解协议或调解书时,另一方可在不损害他可能具有的任何其他权利的情况下,将未能遵守暂定或不执行和解协议或调解书达成的事项提交仲裁。

(4)发包人、承包人在履行合同时发生争议,双方不愿和解、调解或者和解、调解不成,又没有达成仲裁协议的,可依法向人民法院提起诉讼。

参 考 文 献

[1] 中华人民共和国住房和城乡建设部. GB 50500—2013 建设工程工程量清单计价规范[S]. 北京:中国计划出版社,2013.
[2] 王和平. 安装工程工程量清单计价原理与实务[M]. 北京:中国建筑工业出版社,2010.
[3] 张清奎. 安装工程预算员必读[M]. 3版. 北京:中国建筑工业出版社,2007.
[4] 林密. 工程项目招投标与合同管理[M]. 2版. 北京:中国建筑工业出版社,2007.
[5] 袁勇. 安装工程计量与计价[M]. 北京:中国电力出版社,2010.
[6] 采宁. 通风与空调系统安装[M]. 北京:中国建筑工业出版社,2006.
[7] 《通风空调工程》编委会. 定额预算与工程量清单计价对照使用手册(通风空调工程)[M]. 北京:知识产权出版社,2007.
[8] 马维珍,闫林君. 建筑工程工程量清单计价与造价管理[M]. 成都:西南交通大学出版社,2009.
[9] 工程造价员网校. 安装工程工程量清单分部分项计价与预算定额计价对照实例详解[M]. 北京:中国建筑工业出版社,2009.
[10] 曹丽君. 安装工程预算与清单报价[M]. 北京:机械工业出版社,2011.
[11] 张向群. 通风空调施工便携手册[M]. 北京:中国计划出版社,2006.
[12] 王晓东. 通风与空调施工工长手册[M]. 北京:中国建筑工业出版社,2009.

我们提供

图书出版、图书广告宣传、企业/个人定向出版、设计业务、企业内刊等外包、代选代购图书、团体用书、会议、培训，其他深度合作等优质高效服务。

编辑部	图书广告	出版咨询	图书销售	设计业务
010-68343948	010-68361706	010-68343948	010-68001605	010-88376510转1008

邮箱：jccbs-zbs@163.com　　网址：www.jccbs.com.cn

发展出版传媒　　服务经济建设

传播科技进步　　满足社会需求

（版权专有，盗版必究。未经出版者预先书面许可，不得以任何方式复制或抄袭本书的任何部分。举报电话：010-68343948）